CONSTRUCTION AND APPLICATION OF
TEMPORAL KNOWLEDGE GRAPH

时序知识图谱构建与应用

王亚珅　郭大宇　欧阳小叶　著

北京理工大学出版社
BEIJING INSTITUTE OF TECHNOLOGY PRESS

内 容 简 介

本书着重从方法论角度出发，对静态知识图谱和时序知识图谱在构建和应用等方面的差别进行详细对比，并梳理了翻译模型、张量分解模型、图神经网络、时序点过程等具有代表性的时序知识图谱推理技术路线。本书既涵盖了大量经典算法，又引入了近年来在该领域研究中涌现出的新方法、新思路，力求在内容上兼顾基础性和前沿性。同时，本书还融入了笔者多年来在以自然语言处理和知识工程为核心的人工智能研究与应用过程中对知识图谱和时序人工智能机理内涵的理解与发展趋势的研判。

本书可供计算机、人工智能、信息处理、自动化、系统工程、应用数学等专业的教师以及相关领域的研究人员和技术开发人员参考。

版权专有　侵权必究

图书在版编目（CIP）数据

时序知识图谱构建与应用 / 王亚珅，郭大宇，欧阳小叶著. -- 北京：北京理工大学出版社，2025.1.
ISBN 978-7-5763-4722-7

Ⅰ．TP273

中国国家版本馆 CIP 数据核字第 2025AM5576 号

责任编辑：李颖颖		**文案编辑**：宋　肖		
责任校对：刘亚男		**责任印制**：李志强		

出版发行	/	北京理工大学出版社有限责任公司
社　　址	/	北京市丰台区四合庄路 6 号
邮　　编	/	100070
电　　话	/	（010）68944439（学术售后服务热线）
网　　址	/	http://www.bitpress.com.cn

版 印 次	/	2025 年 1 月第 1 版第 1 次印刷
印　　刷	/	保定市中画美凯印刷有限公司
开　　本	/	710 mm×1000 mm　1/16
印　　张	/	13.75
字　　数	/	204 千字
定　　价	/	72.00 元

图书出现印装质量问题，请拨打售后服务热线，负责调换

前　言

"当我们通过思维来考察自然界或人类历史或我们自己的精神活动的时候，首先呈现在我们眼前的，是一幅由种种联系和相互作用无穷无尽地交织起来的画面，其中没有任何东西是不动的和不变的，而是一切都在运动、变化、生成和消逝。"

——德国思想家、哲学家、革命家　弗里德里希·恩格斯

在不断演进的世界环境中，事物的动态变化成为常态，这种变化性对人工智能技术的研发与应用提出了新的挑战。人工智能技术的发展与创新，特别是在知识图谱构建与应用领域，迫切需要处理时间要素的能力。

作为一种描述和表达事物及其关联关系的数据组织结构，知识图谱已经成为一种关键的基础设施和智库资源，它对人工智能领域众多应用的赋能效果显著。然而，传统的静态知识图谱构建与应用技术，由于其固有的局限性，无法有效处理无处不在的且对人工智能技术至关重要的时间要素。在当前大数据与智能化的时代背景下，对于时序数据的高效合理利用和推理的需求日益迫切，这使时序知识图谱构建与应用技术应运而生。

面向时序知识图谱构建与应用的推理技术，通过对时间信息的有效建模和处理，使其能够更好地适应时序数据的特点，不仅能够提高数据处理和利用的效率，还能够增强人工智能系统对复杂时序数据的分析能力，从而为各行业提供更加精准和实时的决策支持。因此，这一技术的发展，对于推动人工智能技术在金融、医疗、交通等领域的应用具有重要意义，对于提高人工智能系统在诸多领域的预测准确率和决策质效等具有极大助益。

然而，面向时序知识图谱构建与应用的深层次、智能化推理技术的发展仍面临诸多挑战。以数据角度为例，首先，时序数据的复杂性和不确定性给模型的建模和预测带来了挑战，因为时序数据可能受到包括环境变化、系统误差等多种因素的影响，导致数据中存在噪声和不确定性；其次，时序数据的高维性和稀疏性也给模型的训练和优化带来了极大困难，因为高维时序数据可能导致模型过拟合，而稀疏时序数据则可能导致模型无法准确捕捉到数据的内在规律。为了应对这些挑战，时序知识图谱构建与应用领域的相关研发进展不断提速，近年来已涌现诸多创新理论与实践成果，为时序知识图谱相关研究与应用技术的发展贡献了力量，进而为对时间要素有特殊需求的人工智能应用的进阶提供了更有力的支撑。

由于理论机理、设计思想、解释方式和具体应用的多样性，面向时序知识图谱构建与应用的知识推理的研究方法和技术路线众多，研究成果非常分散，缺乏系统性的梳理总结，这不利于初学者在短时间内系统地掌握其方法和技术。因此，本书着重从方法论角度对时序知识图谱构建与应用的相关研究进行了分类梳理，并挑选了基于翻译模型的推理、基于张量分解模型的推理、基于图神经网络的推理、基于时序点过程的推理这四个具有代表性的时序知识图谱推理方法论，在每个方法论下遴选出近年来具有里程碑意义的典型研究成果，详细介绍面向时序知识图谱构建与应用的知识推理的理论模型和应用情况。本书既涵盖了大量经典算法，又引入了近年来在该领域研究中涌现出的新方法、新思路，力求保证内容的基础性和前沿性。同时，本书还融入了笔者多年来从事以自然语言处理和知识工程为核心的人工智能研究与应用过程中对于时序知识图谱及其推理的机理内涵理解与发展趋势研判，详细介绍了时序知识图谱的相关定义分类、特征机理、应用案例、科学问题、构建技术、推理技术、技术挑战及发展趋势等内容。

本书内容（除第 1 章外）可分为三部分。第一部分，从传统静态知识图谱（第 2 章）和时序知识图谱（第 3 章）两个角度，阐述知识图谱作为重要基础设施对于当前人工智能技术发展的重要意义以及时序知识图谱研发的技术挑战与发展趋势。第 2 章从知识概述和静态知识图谱概述这两个角度，介绍知识图谱的基本概念及其对人工智能技术发展的支撑作用。从知识概述角度，介绍知识的定义与分类、知识在人工智能技术体系中的定位及其对人工智能技术发展的作用及知识动态性的表现等；从静态知识图谱概述角度，介绍静态知识图谱的定义与内涵、静态知识图谱的历史发展脉络、静态知识图谱与其他学科的关系、常见的静态知识图谱及图数据库、静态知识图谱的构建与推理技术等。第 3 章在概述时间的基本定义与分类、时间的内涵特征与建模机理的基础上，介绍时序知识图谱的定义与内涵、应用与案例，着重从构建和推理角度对比静态知识图谱与时序知识图谱的区别，剖析时序知识图谱构建与推理所面临的技术挑战与发展趋势。第二部分（第 4 章），详细介绍面向时序知识图谱构建与应用的时序知识图谱推理技术的实现机理与实施途径，重点对基于翻译模型的时序知识图谱推理、基于张量分解模型的时序知识图谱推理、基于图神经网络的时序知识图谱推理、基于时序点过程的时序知识图谱推理等时序知识图谱推理的当前主要方法论，分别阐释了典型成果的技术路线和总结分析等。第三部分（第 5 章），总结全书并展望时序知识图谱构建与应用的未来研究发展趋势。

本书可供计算机、人工智能、信息处理、自动化、系统工程、应用数学等专业的教师以及相关领域的研究人员和技术开发人员参考。

本书在撰写过程中得到了网络电磁空间智能实验室、社会安全风险感知与防控大数据应用国家工程实验室、中国电科认知与智能技术重点实验室及各实验室中老师和学生的支持和帮助。笔者在此对给予支持和资助的单位与个人表示衷心感谢！

因笔者水平有限，书中疏漏之处在所难免，敬请读者批评指正。

目 录

第1章 绪论 1
　1.1 研究背景与意义 1
　1.2 研究问题与内容 2
　1.3 本书内容组织结构 3

第2章 知识图谱 5
　2.1 引言 5
　2.2 知识概述 6
　　2.2.1 知识的定义与分类 6
　　2.2.2 知识与数据、信息的区别 9
　　2.2.3 知识对于人工智能的作用 11
　　2.2.4 知识的动态性 15
　2.3 静态知识图谱概述 18
　　2.3.1 静态知识图谱的定义与内涵 18
　　2.3.2 静态知识图谱的发展脉络 23
　　2.3.3 静态知识图谱与其他学科的关系 27
　　2.3.4 常见的静态知识图谱及图数据库 32
　　2.3.5 静态知识图谱构建技术 37
　　2.3.6 静态知识图谱推理技术 41

第3章 时间与时序知识图谱 　　46

3.1 引言 　　46

3.2 时间概述 　　47
 3.2.1 时间的定义与分类 　　47
 3.2.2 时间的内涵 　　47
 3.2.3 时间信息的建模方式及其对人工智能技术的支撑 　　53

3.3 时序知识图谱概述 　　61
 3.3.1 时序知识图谱的定义与内涵 　　61
 3.3.2 时序知识图谱的应用与案例 　　66

3.4 时序知识图谱构建与推理 　　70
 3.4.1 时序知识图谱的构建 　　70
 3.4.2 时序知识图谱的推理 　　77
 3.4.3 时序知识图谱构建与推理的底层科学问题 　　87
 3.4.4 时序知识图谱构建与推理的研究意义 　　89
 3.4.5 时序知识图谱构建与推理的发展趋势展望 　　92

第4章 面向时序知识图谱构建与应用的推理 　　95

4.1 引言 　　95

4.2 时序知识图谱推理的研究内容 　　96

4.3 符号定义 　　102

4.4 基于翻译模型的时序知识图谱推理 　　102
 4.4.1 基于时间演化矩阵的时序知识图谱推理 　　102
 4.4.2 知识图谱中有效时间的提取 　　110
 4.4.3 基于超平面的时序知识图谱推理 　　116

4.5 基于张量分解模型的时序知识图谱推理 　　122
 4.5.1 基于历时嵌入的时序知识图谱推理 　　123
 4.5.2 融合复数空间和时间编码的时序知识图谱推理 　　126
 4.5.3 融合链接预测和时间时序的时序知识图谱推理 　　131

4.6 基于图神经网络的时序知识图谱推理 　　137

  4.6.1 基于 EvolveGCN 模型的时序知识图谱推理 137
  4.6.2 基于时序消息传递的时序知识图谱推理 145
  4.6.3 基于跨时间戳建模的可解释性时序知识图谱推理 150
  4.6.4 基于多视角交互框架的时序知识图谱推理 159
 4.7 基于时序点过程的时序知识图谱推理 166
  4.7.1 基于多变量点过程时序知识图谱推理 166
  4.7.2 基于图霍克斯神经网络模型的时序知识图谱推理 174
  4.7.3 基于异构霍克斯过程的时序知识图谱推理 182

第5章 总结与展望 190
 5.1 总结 190
 5.2 趋势展望 191

参考文献 195

第1章 绪 论

1.1 研究背景与意义

随着人工智能（Artificial Intelligence，AI）技术的蓬勃发展，知识图谱（Knowledge Graph）作为其重要基石，对于人工智能技术研发与应用的意义日益凸显。知识图谱通过将现实世界中的实体、概念、属性以及它们之间的关系进行结构化表示，为人工智能提供了强大的语义理解能力和推理能力。在知识图谱的推动下，人工智能技术在金融、医疗、交通等领域的应用日益广泛，成为推动社会进步的重要力量。

然而，随着数据量的爆炸式增长和对实时性需求的提升，传统的静态知识图谱（Static Knowledge Graph）已无法满足日益增长的应用需求。时序知识图谱（Temporal Knowledge Graph，TKG）作为一种全新的知识表示形式应运而生，并迅速成为当前人工智能浪潮下知识图谱构建与应用研究领域的热点。具体而言，时序知识图谱通过引入时间维度要素，捕捉实体和关系随时间的变化，符合"事物是不断变化发展"的客观规律，从而为人工智能技术及系统提供更准确、更及时的决策支持。当前，在金融市场预测、医疗健康监测、智能交通调度等领域，时序知识图谱的应用前景广阔。

尽管时序知识图谱在人工智能领域具有巨大的潜力，但其研发面临着诸多挑战，与传统静态知识图谱的构建与应用存在诸多区别。首先，时序知识图谱的时间敏感性要求模型能够准确捕捉和理解时间信息，并能够处理和推理时间序列形式以及动态变化的数据。其次，时序知识图谱的构建需要考虑时间信息的连续性和动态性，以适应复杂多变的环境和实际任务。此外，时序知识图谱的更新与维护也是一个挑战，如何及时地处理和融合新信息，保持知识图谱的时效性、降低新旧知识之间的冲突，是亟待解决的关键科学问题之一。

综上所述，时序知识图谱作为当前人工智能时代的前沿研究方向，具有广泛的应用前景。同时，其研发过程中面临的挑战也不容忽视。随着相关技术的不断进步和创新，时序知识图谱有望为人工智能技术的发展提供新的动力，同时需要重点关注时序知识图谱推理技术在实际应用中可能遇到的挑战，并积极探索面向时序知识图谱构建与应用的时序知识图谱推理技术解决方案，以推动时序知识图谱在人工智能领域的深入研究和广泛应用。

1.2 研究问题与内容

本书旨在从技术角度探讨如何实现时序知识图谱的构建与应用，所要解决的关键问题概述为面向时序知识图谱构建和应用的时序知识图谱推理技术的理论机理与实施路径是怎样的。

围绕上述关键问题，本书重点对以下研究内容展开详细论述。

首先，研究知识图谱对于人工智能技术发展的基础性、基础设施的支撑作用，重点从知识和传统静态知识图谱这两个角度切入。对于前者，分别描述了知识的定义与分类、知识在人工智能技术体系中的定位及其对人工智能技术发展的作用、知识动态性的表现等内容，对于后者，分别描述了静态知识图谱的定义与内涵、静态知识图谱的历史发展脉络、静态知识图谱与其他学科的关联关系、常见静态知识图谱及图数据库、静态知识图谱的构建与推理技术等内容。

其次，研究时间信息要素的引入对于知识图谱研究与应用所带来的新变化、新挑战和新机遇，重点从时间和时序知识图谱及其构建与推理这两个角度切入。对于前者，分别描述了时间的定义与分类、时间的内涵与特征、时间建模方式及其对于人工智能发展的独特支撑效益等内容；对于后者，分别描述了时序知识图谱的定义与内涵、时序知识图谱的应用与案例、时序知识图谱构建及推理与静态知识图谱构建及推理的区别、时序知识图谱构建及推理的评价指标与难点挑战、时序知识图谱构建及推理的底层科学问题与发展趋势等内容。

最后，研究面向时序知识图谱构建与应用的时序知识图谱推理技术的实现机理与典型成果，重点从基于翻译模型的时序知识图谱推理、基于张量分解（Tensor Factorization）的时序知识图谱推理、基于图神经网络（Graph Neural Network，GNN）的时序知识图谱推理、基于时序点过程的时序知识图谱推理等方法论角度，对相关研究进行归类梳理，介绍近年来时序知识图谱推理技术的典型理论成果。

1.3 本书内容组织结构

本书内容的组织结构及各章之间的关联如图1-1所示。

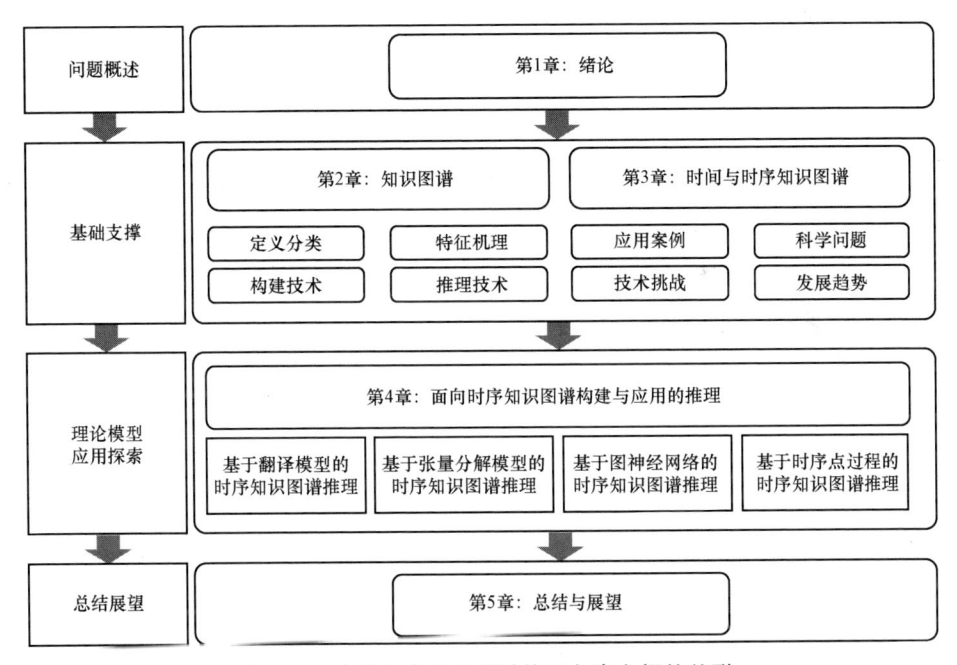

图1-1 本书内容的组织结构及各章之间的关联

本书按照"明确研究问题→阐述基础支撑→分析理论模型→总结研究成果"的结构组织内容。全书分为5章。其中，第1章为绪论，介绍本书的研究背景和意义，并对本书重点研究的问题与内容进行了介绍。第2章和第3章分别介绍了知识图谱和时序知识图谱的相关定义分类、特征机理、应用案例、科学问题、构建技术、推理技术、技术挑战、发展趋势等内容，为阐释时序知识图谱推理奠定理论基础。第 4 章分析时序知识图谱推理的实现机理，概述面向时序知识图谱构建与应用的推理技术的主要研究路线和方法论的分类，并分别从基于翻译模型的时序知识图谱推理、基于张量分解模型的时序知识图谱推理、基于图神经网络的时序知识图谱推理、基于时序点过程的时序知识图谱推理等研究方向，介绍了各自方向上近年来典型的理论成果及其应用。第 5 章对全书进行总结，并展望未来的研究趋势。

第 2 章

知识图谱

2.1 引言

知识图谱作为现代信息科技领域的璀璨明珠，对学术研究和生产生活具有举足轻重的意义。它是数据科学与人工智能深度融合的产物，以结构化的方式展示了实体间的复杂关联，进而揭示出隐藏在海量数据背后的深层知识和规律。

更高阶的人工智能的"精髓"，在于借助知识构建，协助其构建内在的世界认知体系，进而赋予其"理解"深层含义、事件脉络及任务目标的能力。知识图谱，作为人工智能研究与应用的坚实支柱与智慧之源，为机器赋予了理解、分析与决策的高级能力，使其在从"感知智能"向"认知智能"的跃迁中，扮演着无可替代的关键角色。知识图谱被誉为大数据时代的知识工程之集大成者，是符号主义与连接主义完美结合的典范，更是迈向认知智能的坚实基石。如今，知识图谱技术已广泛运用于数据治理、搜索推荐等通用领域，以及智慧生产、智能营销、智能运维、智能管理等垂直领域，深度融合了算力、算法与场景化落地的三大核心能力，使计算机能够真正替代人类专家，实地解决一系列复杂问题，也展现出其深远的应用价值与广阔的发展前景。

2.2 知识概述

2.2.1 知识的定义与分类

（1）知识的定义

知识（Knowledge）可以定义为对信息（Information）的理解和应用，通常是通过学习、经验和教育获得。知识不仅是信息或事实的集合，还是对这些信息和事实的理解，以及如何将它们应用于特定的环境和情境中。知识的获取和传播是一个复杂的过程，它涉及学习、理解、应用、创新、分享等多个环节。在这个过程中，知识可以从一个人传递给另一个人，也可以通过教育和培训机构以及各种媒体和技术进行广泛的传播。

关于知识的概念，国内外的学者从不同的角度赋予了知识不同的定义，而且这些定义对知识范畴的理解也存在较大的分歧，但是大多数都认为知识是对客观事物的认识和人们经验的总结。主要的几种观点如下。

1）韦伯斯特（Webster）词典 1997 年的定义：知识是通过实践、研究、联系或调查获得的关于事物的事实和状态的认识，是对科学、艺术或技术的理解，是人类获得的关于真理和原理的认识的总和。总之，知识是人类积累的关于自然和社会的认识和经验的总和。

2）"现代管理学之父"彼得·德鲁克（Peter F. Drucker）认为：知识是一种能够改变某些人或某些事的信息，这既包括使信息成为行动的基础的方式，也包括通过对信息的运用使某个个体（或机构）有能力进行改变或进行更为有效的行为的方式。

3）知识管理权威专家托马斯·达文波特（Thomas H. Davenport）认为：知识是一种流动性质的综合体，包括结构化的经验、价值以及经过文字化的信息，也包含专家的独特意见以及为新经验做评估、整合与提供信息的框架等。

4）中国科学院计算机语言信息工程研究中心的中国知网智库的定义：知识是一个系统，揭示了概念与概念之间，以及概念的属性与属性之间的关系；知识体系的广度与深度取决于上述关系的多少；面向计算机的知识体系的质量的关键是它的可计算性以及由此能够为具体的应用提供的服务。

（2）知识的特征

知识的特征可以从多个角度来理解，以下是一些常见的特征。

1）明确性。知识应该是明确的，且容易理解的。它应该具有明确的定义和解释，使接收者能够准确理解其含义。例如，科学定律和数学公式是明确的知识，因为它们有明确的定义和解释。

2）可验证性。知识应该是可以验证的，这意味着知识应该能够被证实或被反驳。例如，科学理论是可以通过实验来验证的。

3）系统性。知识应该是系统的、有内在的逻辑关系。知识的各个部分应该相互关联，形成一个完整的知识体系。例如，生物学知识体系中的细胞论、遗传论等都是相互关联的。

4）客观性。知识应该是客观的，不受个人主观意识的影响。例如，地球绕太阳转的事实是客观的，不受任何个人观点的影响。

5）实用性。知识应该具有实用性，能够被用于解决实际问题。例如，工程技术知识可以用于建设桥梁、飞机等。

6）创新性。知识应该具有创新性，能够推动社会进步和发展。例如，计算机科学的发展推动了信息技术的革新。

7）普遍性。知识应该具有普遍性，适用于广泛的情况和环境。例如，牛顿的运动定律在许多情况下都适用。

8）动态性。知识是不断发展和变化的，随着科学技术的进步和社会的发展，知识会不断更新和深化。例如，医学知识的更新改进了人们对疾病的理解和治疗方式。

（3）知识的分类

知识可以从多个角度进行分类。以下是几种常见的知识分类方式。

1）根据知识的性质，知识可以分为显性知识和隐性知识。

显性知识（Explicit Knowledge）是可以被清晰表述、编码、存储和传输的知识，如书籍、数据库、网络等所包含的知识。

隐性知识（Tacit Knowledge）是个人经验、观点、洞察力等形成的，难以形式化表达和传递的知识，如技能、习惯、直觉、观念等所包含的知识。

2）根据知识的来源，知识可以分为内部知识和外部知识。

内部知识（Internal Knowledge）是组织机构内部产生的知识，如员工的经验、技能、观念等所包含的知识。

外部知识（External Knowledge）是组织机构从外部获取的知识，如市场研究、竞争对手分析、专家咨询等所包含的知识。

3）根据知识的应用，知识可以分为理论知识和应用知识。

理论知识（Theoretical Knowledge）是关于事物本质、原理、规律的知识，通常通过学习、研究等方式获取。

应用知识（Applied Knowledge）是将理论知识运用到实践中的知识，如技能、方法、程序等。

4）根据知识的领域，知识可以分为通用知识和专业知识。

通用知识（General Knowledge）是适用于多个领域（如数学、逻辑、语言等）的知识。

专业知识（Specialized Knowledge）是特定领域（如医学、法律、工程等）的专业知识。

以上是知识的一些基本分类方式（见图2-1），实际上，知识的分类可以更加复杂和多样，因为知识的性质、来源、应用和领域等都可能有交叉和重叠。

图 2-1　知识的分类

2.2.2 知识与数据、信息的区别

（1）数据的定义

数据（Data）被视为形成信息和知识的基石。从一个抽象的角度理解，数据广泛指代对客观事物的数量、特性、位置以及它们之间关系的抽象表现，这些数据被设计为以人工或自然的方式进行存储、传输和处理。观察数据的发展轨迹，可以看到数据最初是用来描述客观事物的数量、特性等信息的。数据提供了对客观世界的清晰理解。随着计算机硬件和软件的进步以及应用领域的扩展，数据的范畴也扩大到了计算机能够处理的图像、声音等。在计算机科学中，数据被定义为所有能被输入到计算机并由计算机程序处理的符号的载体的总和，是输入到计算机进行处理的具有一定意义的数字、字母、符号和模拟量的通用名称。关于数据的定义，有几种比较经典的理解方式：数据被看作是一组定性或定量变量的数值的集合，是可识别、可解释的符号或符号序列；数据被看作是事实或观察的结果，是对客观事物的逻辑归纳，是用于表现客观事物的未经处理的原始素材；从计算机处理的角度看，数据是计算机程序处理的"原材料"。

因此，本书将数据定义为一种抽象的表现形式，它利用文字、声音、图像、视频等描述方式，对客观事物的数量、特性、位置以及它们的相互关系进行表述，以便于在该领域内以人工或自然的方式进行存储、传输和处理。数据可能是连续的，如声音或图像，这种数据被称为模拟数据。同时，数据也可能是离散的，如符号或文字，这种数据被称为数字数据。数据不仅包括狭义上的数字，还包括具有特定含义的文字、字母、数字符号的组合、图形、图像、视频、音频等。换言之，数据是对客观事物的特性、数量、位置及其相互关系的抽象表现。

（2）信息的定义

信息是一个在当前时代频繁使用的概念。由于在基础科学层面上难以明确定义信息，系统科学领域曾经一度并未将信息视为基本概念，而是选择在条件更为成熟的时候再进行补充。至今，关于信息定义的流行观点已经超过百种。以下是一些较为典型且具有代表性的观点：1948 年，信息论的创始人克劳德·香农（Claude E. Shannon）在研究广义通信系统理论时，将信息定义为信源的不确定性；

1950年，控制论的创始人诺伯特·维纳（Norbert Wiener）认为信息是人们在适应客观世界，并使这种适应被客观世界感知的过程中与客观世界交换的内容；到了20世纪80年代，哲学家们提出了广义信息的概念，他们认为信息是对客观世界的直接或间接描述，并将信息作为与物质并列的范畴纳入哲学体系；进入20世纪90年代后，一些经典的定义出现了：数据是从自然和社会现象中收集的原始材料，根据数据使用者的目标以特定的方式进行处理，找出其中的联系，这就形成了信息。综上所述，信息是具有一定含义的、经过处理的、对决策有价值的数据；信息是人们对数据进行系统组织、整理和分析，使其产生相关性，但并未与特定用户的行为相关联；信息可以被数字化。

数据只有在被用来描述一个客观实体及其关系，形成逻辑连贯的数据流时，才能被称为信息。在本书中，信息被定义为具有特定含义的、经过处理并形成逻辑连贯的、具有时效性的数据。信息的时效性对于它的使用和传播具有重要意义。如果信息失去了其时效性，那么它就不再是完整的信息，甚至可能变成无意义的数据流。因此，本书认为信息是具有时效性的、具有特定含义的、逻辑连贯的、经过处理的、对决策有价值的数据流（信息＝数据＋时间＋处理）。

（3）关联关系分析

数据、信息、知识这三者是信息处理和认知过程中的不同阶段，它们之间有着密切的关系。

首先，数据是最基本的原始材料，通常以数字、文字、图片等形式存在。数据本身没有上下文，因此其意义不明确。例如，一组数字序列"34，22，45"就是数据。

其次，当数据被处理、组织和结构化后，就成了信息。信息为数据提供了上下文，使其具有意义。例如，当这些数字代表温度读数时，"34 ℃，22 ℃，45 ℃"就变成了信息。

最后，知识是理解和解释信息的能力，它通常涉及对信息的内在联系、模式、原理和概念的理解。知识可以用来预测、解决问题和作出决策。例如，知道在什么条件下温度读数可能对健康有风险。

在知识图谱构建与应用研究领域，数据通常被收集并转化为信息，然后通过分析这些信息来创建知识图谱，从而进一步转化为知识。知识图谱是一种结构化的语义知识库，它通过实体、概念和它们之间关系的图形化表示来模拟现实世界的复杂性。

2.2.3 知识对于人工智能的作用

知识在人工智能技术体系中占据着非常重要的位置，它被视为人工智能系统理解、处理和解决问题的重要基础之一。以下是知识在人工智能技术体系中的位置以及对人工智能技术发展的作用。

（1）知识在人工智能技术体系中的位置

在人工智能技术体系的浩瀚海洋中，知识无疑是一颗璀璨的明珠，其重要性不言而喻。具体来说，知识主要体现在以下两个方面，它们相互交织、互为支撑，共同构成了人工智能技术体系的核心。

1）知识库。知识库作为人工智能系统的大脑记忆库，储存着海量的信息，涵盖了事实、规则、概念和理论等诸多元素。这些元素如同构建智能大厦的砖石，为推理和解决问题提供了坚实的基础。知识库的质量和数量，直接决定了人工智能系统在执行任务时的准确性和效率。一个丰富而精准的知识库，能够使人工智能系统在面对复杂问题时，游刃有余地进行推理和判断，从而得出合理的解决方案。而知识库的构建并非一蹴而就，它需要收集、清洗和整理大量的数据。同时，随着技术的不断发展，知识库也需要不断更新和完善，以适应新的应用场景和需求。因此，知识库的维护和管理同样是一个长期而艰巨的任务。

2）知识表示和知识处理。知识表示是将人类的语言、概念、规则等转化为计算机能够理解和处理的形式。这一过程需要借助一系列的表示方法和技术，如规则表示、框架表示、语义网络等。这些表示方法能够将知识以结构化的形式存储，便于计算机进行高效的检索和推理。知识处理则是对已表示的知识进行一系列的操作和应用，包括知识的获取、整合、推理和学习等多个环节。知识的获取是指从各种数据源中提取有用的信息，并将其转化为计算机可处理的形式。知识的整合则是将不同来源、不同形式的知识进行融合，形成更为完整和丰富的知识体系。知识的推理则是利用已有的知识，通过逻辑推理、规则匹配等方式，得出新的结论或解决方案。而知识的学习则是人工智能系统通过不断积累经验、优化模型，实现自我提升和自我进化的过程。在知识处理的过程中，人工智能系统需要运用各种算法和模型，如机器学习、深度学习等，以实现对知识的深入挖掘和应用。这些算法和模型能够帮助系统从海量数据中提取出有价值的信息，发现数据之间的关联和规律，从而进一步提升系统的智能水平。值得一提的是，知识表示和知识处理并非孤立存在的，它们与知识库之间存在着密切的联系。一方面，知识库为知识表示和知识处理提供了丰富的素材和支撑；另一方面，通过知识表示和知识处理，可以更好地利用和发挥知识库的价值。三者相互促进、相互依存，共同构成了人工智能技术体系的核心。

知识在人工智能技术体系中的核心地位不容置疑，其重要性犹如智慧的源泉，为人工智能系统的发展提供源源不断的动力。知识库作为存储和管理知识的基石，其丰富性和准确性直接决定了人工智能系统在解决问题时的效能。而知识表示和知识处理则是将知识转化为计算机可理解形式的关键环节，通过高效的知识表示和精细的知识处理，人工智能系统能够实现对知识的深入挖掘和应用，从而展现出卓越的智能水平。随着技术的不断进步和应用场景的不断拓展，知识在人工智能技术体系中的作用将更加凸显。未来的人工智能系统不仅需要具备强大的数据处理能力，还需要具有深厚的知识储备和灵活的知识应用能力。因此，应加强对知识库的建设和维护，不断优化知识表示和知识处理的技术手段，推动人工智能技术在各个领域的广泛应用和深度融合。在这个信息化、智能化的时代，知识已成为推动社会进步和发展的重要力量。我们有理由相信，通过深入研究和应用知识，人工智能技术将为人类创造更加美好的未来，助力我们迈向一个更加智慧、更加美好的世界。

（2）知识对于人工智能技术发展的作用

知识对于人工智能技术发展的作用，可谓深邃且多维度。它不仅构成了人工智能技术的根基，更为其注入了无限活力与可能。从更广泛的角度来看，知识的作用可以细化为以下几个重要层面（见图2-2）。

1）提供人工智能系统的理解和决策的基础。知识为人工智能系统提供了理解和决策的基础。在人工智能的广阔领域中，无论是自然语言处理、计算机视觉还是机器学习，知识都是不可或缺的基石。通过构建庞大而精细的知识库，人工智能系统得以深入探索数据的内在逻辑和关联，进而实现对复杂问题的精准理解。这些知识库不仅包含了基本的事实和规则，还涵盖了各种专业领域的知识体系。正是基于这些知识的支撑，人工智能系统才能够通过复杂的推理和决策过程，有效地解决各种实际问题。例如，在医疗领域，人工智能系统可以通过分析海量的医学知识库，辅助医生进行疾病诊断和治疗方案的制订。

1. 提供人工智能系统的理解和决策的基础
通过构建庞大而精细的知识库，人工智能系统得以深入探索数据的内在逻辑和关联，进而实现对复杂问题的精准理解

2. 实现人工智能系统的自我学习和适应
通过自动获取和学习新知识，人工智能系统能够不断完善自身的知识体系，进而更好地适应新的应用场景和需求

3. 增强人工智能系统的解释能力
通过引入知识表示和推理机制，人工智能系统能够将其决策过程以人类可理解的形式进行呈现和解释

4. 推动人工智能技术的创新发展
随着知识的不断积累和更新，人工智能系统能够不断突破自身的局限，探索新的应用场景和解决方案

图 2-2　知识对于人工智能技术发展的作用

2）实现人工智能系统的自我学习和适应。知识是实现人工智能系统自我学习和适应的关键。人工智能系统的核心在于其能够不断地从环境中学习新知识，并通过优化算法和模型来提升自身的性能。这种自我学习和适应的能力，使得人工智能系统能够灵活应对各种复杂多变的环境和任务。通过自动获取和学习新知识，人工智能系统能够不断完善自身的知识体系，进而更好地适应新的应用场景和需求。这种能力不仅使人工智能系统能够在不断变化的世界中保持竞争力，还为其带来了无限的创新和发展空间。

3）增强人工智能系统的解释能力。知识有助于增强人工智能系统的解释能力。随着人工智能技术的广泛应用，人们对于其决策过程的透明度和可解释性的需求也日益增加。通过引入知识表示和推理机制，人工智能系统能够将其决策过程以人类可理解的形式进行呈现和解释。这不仅可以提高系统的透明度和可信

度，还有助于建立人类与人工智能系统之间的信任关系。当人工智能系统在金融、交通、医疗等关键领域发挥作用时，其解释能力显得尤为重要。通过提供清晰、合理的解释，人工智能系统能够赢得人们的信任和支持，进而推动其在更广泛领域的应用和发展。

4）推动人工智能技术的创新发展。知识在推动人工智能技术的创新和发展方面也起到了至关重要的作用。随着知识的不断积累和更新，人工智能系统能够不断突破自身的局限，探索新的应用场景和解决方案。这种创新能力使得人工智能技术在各个领域都取得了显著的进展和突破。无论是自动驾驶、智能家居还是智能制造，都离不开知识的支撑和推动。

综上所述，知识在人工智能技术体系中的地位至关重要。它不仅是人工智能系统实现智能的基础，还是推动其技术发展的重要动力。因此，应该高度重视知识的积累和更新，不断推动人工智能技术的创新和发展，为人类社会的进步贡献更多的智慧和力量。同时，也需要加强对人工智能技术的监管和规范，确保其应用符合伦理和法律的要求，为人类带来真正的福祉和进步。

知识在人工智能技术体系中占据着无可替代的核心地位，其重要性不言而喻。知识不仅为人工智能系统提供了理解和决策的基础，更是实现其自我学习和适应的关键所在。同时，知识的存在显著增强了人工智能系统的解释能力，为其赢得了广泛的信任与支持。知识的积累和更新，是推动人工智能技术不断创新的源泉。随着知识体系的日益丰富和深化，人工智能系统得以不断拓展应用场景，探索出更加高效、更加精准的解决方案。在医疗、金融、交通、制造等领域，人工智能技术的应用都取得了显著的进展，为人类社会的发展带来了深远的影响。然而，也要清醒地认识到，知识在推动人工智能技术发展的同时，也带来了一系列的挑战和问题。如何确保知识的质量和准确性？如何平衡人工智能系统的透明度和性能？如何防范知识的滥用和误用？这些问题都需要深入思考和解决。因此，必须高度重视知识的价值和作用，加强知识的管理和更新，以推动人工智能技术的健康发展。同时，也需要加强相关法规的制定和执行，确保人工智能技术的应用符合伦理和法律的要求。只有这样，才能真正发挥知识在人工智能技术中的巨大潜力，为人类社会的进步贡献更多的智慧和力量。

2.2.4　知识的动态性

（1）知识的动态性表现

知识的动态性无疑是其内在生命力与活力的展现，它绝非静态的存在，而是如同一条奔腾不息的江河，在时光的长河中，随着环境的演变和人类认知的深化，不断翻涌着新的浪花，流淌着新的智慧。这一特性赋予了知识无尽的鲜活性与强大的适应性，使其能够在不断变化的世界中持续焕发新的生机与活力。深入剖析，知识的动态性在以下层面得以体现（见图 2-3）。

图 2-3　知识的动态性表现

1）随着时间的推移，知识会发生变化。时间的流转见证了知识的蜕变与升华。随着科学技术日新月异的发展，新知识的涌现如同繁星点点，璀璨夺目。同时，旧有的知识也在时间的洗礼中，或被更新迭代，或被淘汰出局。这种新旧交替、不断进化的过程，正是知识动态性的生动写照。以科学理论和技术为例，我们不难发现，曾经的重大发现往往会在新的理论和技术面前黯然失色，被更为先进、更为精确的知识所替代。这种持续不断的演进，不仅推动了科学的进步，还为我们提供了更为广阔的认知视野。

2）知识的动态性表现在其创新性。知识的动态性在其创新性上得到了充分的体现。知识的生命力在于创新，它不断激励着人类去探索未知的领域，去挑战传统的观念，去创造新的奇迹。这种创新精神是推动知识发展的强大动力，也是人类社会不断前进的重要支撑。在知识的海洋中，不仅需要汲取已有的智慧，更需要拥有敢于创新的勇气和智慧，去开辟新的领域，去发现新的真理。

3）知识的动态性体现在其适应性。知识的动态性还体现在其强大的适应性上。面对日新月异的社会环境和复杂多变的问题挑战，知识需要灵活调整、不断更新以适应新的需求。无论是管理知识在组织变革中的灵活应用，还是医学知识在疾病新发现中的及时更新，都充分展示了知识动态性的适应力。这种适应性不仅使知识能够在变化中保持其价值和意义，更使得我们能够更好地应对各种挑战和问题。

4）知识的动态性也体现在个人学习和成长过程。知识的动态性在个人学习和成长过程中发挥着至关重要的作用。学习是一个永无止境的过程，而知识的动态性正是我们学习的源泉和动力。通过不断吸收新知识、理解新观点，并对已有知识体系进行持续调整与重构，使其保持与时俱进的状态。这种动态更新的过程不仅丰富了我们的知识体系，更提升了我们的认知能力和适应能力，使我们在面对新的挑战时能够从容应对、游刃有余。

知识的动态性作为知识体系的内在本质之一，以其无尽的活力与变革力量，持续地塑造着我们的认知世界，引领着人类社会的进步与发展。它不仅是一种流动的智慧，更是一种不断自我更新、自我超越的力量，它让我们在时间的洪流中，不断追寻真理，探索未知。深入剖析，不难发现，知识的动态性正是人类文明进步的源泉。它推动我们不断挑战传统，勇于创新，从而创造出更加先进、更加完善的知识体系。同时，知识的动态性也赋予了我们强大的适应性，使我们能够在复杂多变的社会环境中，灵活应对各种挑战，实现自我提升与超越。站在历史的高度，可以清晰地看到，知识的动态性在推动人类社会进步中发挥着举足轻重的作用。它促使我们不断学习、不断进步，从而推动科技的飞速发展，提升社会的文明程度。在这个日新月异的时代，只有深刻理解和把握知识的动态性，才能紧跟时代的步伐，实现个人和社会的共同发展。因此，必须珍视并充分利用知识的动态性，不断拓宽视野、深化认知、提升能力。只有这样，才能在知识的海洋中畅游无阻，实现自我价值的最大化，为人类社会的进步与发展贡献我们的力量。综上所述，知识的动态性不仅是认知世界的基石，更是推动人类社会进步的重要动力。让我们共同拥抱知识的动态性，以开放的心态和创新的精神，迎接未来的挑战与机遇。

（2）知识的动态性对于人工智能技术发展的作用

知识的动态性作为一种固有的属性，它不断地在生成、更新和淘汰中演绎着知识的生命历程。这种动态的演变不仅赋予知识无尽的活力，更为人工智能技术的迅猛发展提供了强大的动力（见图 2-4）。

图 2-4　知识的动态性对于人工智能技术发展的作用

1）适应性。从适应性这一维度来看，人工智能技术与系统需要不断地适应外界环境的变化和内部需求的演变。而知识的动态性为其提供了这种适应性基础。随着知识的持续更新和拓展，人工智能系统能够实时地吸纳新知识，并将其应用于自身的性能优化和功能完善中。无论是面对新的应用场景还是复杂多变的环境，人工智能系统都能够凭借知识的动态性，灵活调整自身的策略和行为，以适应新的挑战和需求。

2）迭代性。知识的动态性赋予了人工智能技术与系统强大的迭代性。在知识的不断更新和演化中，人工智能技术与系统能够进行持续的技术迭代和性能优化。通过不断地学习和更新知识，人工智能系统可以逐步提高解决问题的能力和效率，使其在面对复杂问题时能够更加精准、高效地找到解决方案。这种迭代性的提升不仅加快了人工智能技术的发展速度，更为其在实际应用中的广泛推广提供了有力支持。

3）智能性。知识的动态性是实现人工智能系统真正智能化的核心所在。智能化不仅仅是对现有知识的简单应用，更是对知识的深度理解和灵活运用。通过不断学习和更新知识，人工智能系统能够逐步提升其认知能力，包括理解、推理、判断、决策等多个方面。这使得人工智能系统能够更加接近人类的思维方式，能够像人类一样进行独立思考和自主学习。这种智能化的提升不仅使人工智能系统在解决复杂问题时更加得心应手,还为其未来的发展奠定了坚实的基础。

4)创新性。知识的动态性为人工智能技术的创新提供了广阔的空间。在知识的不断更新和演化中,人工智能能够发现新的问题、提出新的解决方案,从而推动技术的创新和进步。这种创新性不仅体现在人工智能技术的突破上,更体现在其对社会、经济等各个领域的深刻影响上。通过知识的动态性,人工智能技术能够为社会带来更多的创新机会和发展空间,推动人类社会向更加智能、更加高效的方向发展。

综上所述,知识的动态性在人工智能技术的发展中扮演着举足轻重的角色。它提高了人工智能技术与系统的适应性和迭代性,推动了其智能化的实现和创新能力的提升。因此,应该深入研究和利用知识的动态性,以推动人工智能技术的持续发展和进步,为人类社会的繁荣与进步贡献更多的力量。知识的动态性,作为知识体系的固有属性,在人工智能技术的发展中发挥着至关重要的作用。它不仅为人工智能系统提供了适应多变环境和需求的基石,还推动了其技术的迭代优化和智能化水平的提升。

2.3 静态知识图谱概述

2.3.1 静态知识图谱的定义与内涵

(1)静态知识图谱的定义

知识图谱是一种结构化的信息表示形式,它以图的形式表示现实世界中的实体(如人、地点或事物)以及这些实体间的各种关系。知识图谱的目的是模拟人类的知识结构,使机器能够理解和处理复杂的人类知识。不包含时间要素或不着重考虑时间要素的知识图谱,可以视为静态知识图谱。静态知识图谱是目前研究与应用较多的知识图谱。

(2)静态知识图谱的符号表示

在静态知识图谱中,通常使用三元组(Triple)的形式来表示知识,即(实体,关系,实体)。以下是静态知识图谱的形式化符号定义。

1）实体集合。$\mathcal{E} = \{e_1, e_2, \cdots, e_{|\mathcal{E}|}\}$，其中，每个 e_i（$i \in [1, |\mathcal{E}|]$）代表一个实体。

2）关系集合。$\mathcal{R} = \{r_1, r_2, \cdots, r_{|\mathcal{R}|}\}$，其中，每个 r_j（$j \in [1, |\mathcal{R}|]$）代表一种实体间的关系。

3）知识图谱。$\mathcal{G} = \{(e_i, r_j, e_k) | e_i, e_k \in \mathcal{E}, r_j \in \mathcal{R}\}$，其中，每个三元组 (e_i, r_j, e_k) 代表一条知识（或事实），表示实体 e_i 和实体 e_k 间存在 r_j 关系。

这是静态知识图谱的基本形式化定义。然而，实际应用中知识图谱可能会更复杂，可能包含属性（如实体的特性）、类别（如实体的分类）以及这些元素之间的复杂关系等。

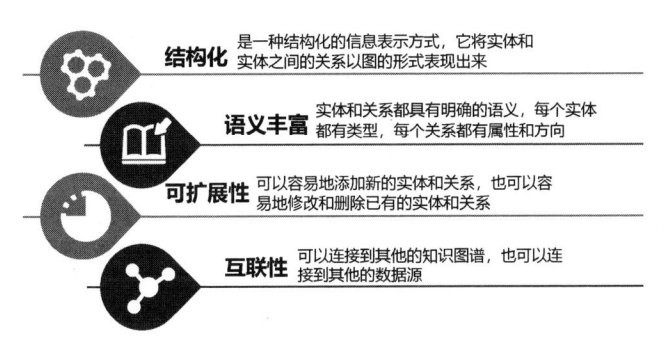

（3）静态知识图谱的特征

静态知识图谱是一种结构化的信息表示方式，可以将复杂的实体关系以图的形式表现出来。静态知识图谱的主要特征可以分为以下几个方面（见图2-5）。

结构化 是一种结构化的信息表示方式，它将实体和实体之间的关系以图的形式表现出来

语义丰富 实体和关系都具有明确的语义，每个实体都有类型，每个关系都有属性和方向

可扩展性 可以容易地添加新的实体和关系，也可以容易地修改和删除已有的实体和关系

互联性 可以连接到其他的知识图谱，也可以连接到其他的数据源

图2-5 静态知识图谱的特征

1）结构化。静态知识图谱是一种结构化的信息表示方式，它将实体和实体间的关系以图的形式表现出来——每个实体都是图中的一个节点，每个关系都是图中的一条边。这种结构化的表示方式使静态知识图谱可以直观地表示出复杂的实体关系，同时也使静态知识图谱具有很高的可解释性和可操作性。因此，静态知识图谱可以方便地进行查询、分析和推理，从而为各种应用提供强大的支持。

2）语义丰富。静态知识图谱中的实体和关系都具有明确的语义。每个实体都有类型，每个关系都有属性和方向。这种丰富的语义信息使静态知识图谱可以准确地表示出实体间的复杂关系，同时也使静态知识图谱可以进行深度的语义分

析和推理。这种语义丰富性是静态知识图谱的一个重要特征,也是其区别于其他数据结构的一个重要特点。

3)可扩展性。静态知识图谱具有很强的可扩展性。一方面,它可以容易地添加新的实体和关系,也可以容易地修改和删除已有的实体和关系。这种可扩展性使静态知识图谱可以随着知识的增长和变化而不断更新和扩展从而始终保持最新和最完整的知识表示。另一方面,这种可扩展性也使静态知识图谱可以适应各种不同的应用需求,从而具有很高的实用性。

4)互联性。静态知识图谱具有很强的互联性。它可以连接到其他的静态知识图谱,也可以连接到其他的数据源。这种互联性使静态知识图谱可以集成和利用各种不同的知识和数据,从而形成一个大规模、复杂和全面的知识网络。这种互联性也使静态知识图谱可以进行跨源和跨领域的知识查询、分析和推理,从而具有很高的知识发现能力。

综上所述,静态知识图谱,这一前沿的信息表示方式,以其结构化、语义丰富、可扩展性和互联性的独特优势,成为现代信息技术的璀璨明珠。它巧妙地将实体与关系以图形的方式展现,使复杂纷繁的实体关系得以直观呈现,其高度的可解释性和可操作性,为各类应用提供了强大支撑。在静态知识图谱的世界里,每个实体都拥有其独特的类型,每条关系都蕴含丰富的属性和方向,这种深度的语义信息赋予了静态知识图谱精准表示复杂关系的能力,也使其在语义分析和推理中独领风骚。静态知识图谱的可扩展性更是其魅力所在,它能轻易容纳新知识的加入,也能灵活调整已有知识的结构,这种随知识增长而不断进化的特性,使静态知识图谱始终保持着最新、最完整的知识面貌。同时,它的互联性也为其打开了更广阔的应用空间,无论是与其他静态知识图谱的连接,还是与各类数据源的融合,都使静态知识图谱能够汇聚各类知识和数据,形成一个庞大而复杂的知识网络,为跨源、跨领域的知识发现提供了强大动力。静态知识图谱不仅能够直观展示复杂的实体关系,还能够进行深度的语义分析和推理,同时,其强大的可扩展性和互联性,也为其在未来的知识发现和创新应用中展现了无限的可能性。

(4) 静态知识图谱的分类

可以从多个角度进行静态知识图谱的分类（见图 2-6）。

图 2-6 静态知识图谱的分类

1）按照来源分类，静态知识图谱分为开源知识图谱和闭源知识图谱。

开源知识图谱主要来源于开放的网络资源，如维基百科、公开的数据库等。这类知识图谱的主要特点是数据来源广泛、覆盖面广，但是由于数据来源的开放性和多样性，数据的准确性和一致性可能会存在问题。例如，DBpedia 和 YAGO（Yet Another Great Ontology）就是开源知识图谱的例子。

闭源知识图谱主要来源于特定的数据源，如企业内部的业务数据、专业的数据库等。这类知识图谱的主要特点是数据的准确性和一致性较高，但是覆盖面可能较窄。

2）按照结构分类，静态知识图谱分为层次结构知识图谱和网络结构知识图谱。

层次结构知识图谱的主要特点是数据之间存在明确的层次关系，如类别和实例的关系、父子关系等。这类知识图谱的优点是结构清晰，易于理解和查询，但是可能无法很好地表示复杂的关系。

网络结构知识图谱的主要特点是数据之间可以存在任意的关系，形成复杂的网络结构。这类知识图谱的优点是可以表示复杂的关系，但是结构可能较为复杂，理解和查询的难度较高。

3）按照开放性分类，静态知识图谱分为开放知识图谱和封闭知识图谱。

开放知识图谱是一种自由获取、使用和贡献的知识图谱，主要特点是开放和共享。这种知识图谱的数据来源广泛，包括互联网上的各种公开信息，如维基百科、社交媒体等。开放知识图谱的目标是构建一个全球共享的知识库，不仅为个人用户提供信息检索和数据分析服务，还为企业和科研机构提供大规模的知识数据支持。DBpedia 和 YAGO 就是典型的开放知识图谱，其中，DBpedia 是从维基百科中抽取和整理的知识图谱，包含了维基百科中所有的结构化信息；YAGO 则是结合了维基百科、WordNet 和 GeoNames 等多源数据，构建了一个大规模、高精度的知识图谱。开放知识图谱的优点在于其开放性和广泛性，可以覆盖各个领域的知识，为用户提供丰富的信息服务。但是，由于数据源的开放性和多样性，开放知识图谱的质量控制和数据准确性是一个挑战。

封闭知识图谱是一种专有的、受限的知识图谱，它的数据来源和使用都受到严格的限制。这种知识图谱通常由个别的企业或机构专门构建和维护，用于特定的业务或研究需求。Google Knowledge Graph 就是一个典型的封闭知识图谱。它是由 Google 公司构建的大规模知识图谱，主要用于支持 Google 公司的搜索引擎服务。Google Knowledge Graph 的数据来源主要是 Google 公司自身的各种服务，如 Google 搜索、Google 地图等，以及一些合作伙伴的数据。Google Knowledge Graph 的使用也受到严格的限制，只能通过 Google 公司的应用程序接口（Application Program Interface，API）进行访问。封闭知识图谱的优点在于其数据的准确性和专业性，可以为特定的业务需求提供高质量的知识服务。但是，由于其数据封闭性和专有性，封闭知识图谱的使用和获取都受到一定的限制，不适合广泛应用。

4）按照领域分类，常见的针对特定领域的知识图谱如下。

医疗领域知识图谱是通过整合各类医疗数据（包括疾病、症状、药品、医生、医疗机构等信息），构建出的一个大规模的医疗领域知识网络。这种知识图谱可以用来进行疾病诊断、药物推荐、医生推荐等。例如，医疗知识图谱提供疾病的基本信息、症状、治疗方法等。通过医疗领域知识图谱，医生可以更好地理解病人的病情，病人也可以更好地理解自己的病情和治疗方案。

教育领域知识图谱是通过整合各类教育资源（包括课程、教材、教师、学生、学校等信息），构建出的一个大规模的教育领域知识网络。这种知识图谱可以用来进行课程推荐、教材推荐、教师推荐等。例如，Coursera 知识图谱提供各类课程的基本信息、教师信息、课程评价等。通过 Coursera 知识图谱，教师可以更好地理解学生的学习需求，学生也可以更好地找到适合自己的学习资源。

电商领域知识图谱是通过整合各类电商数据（包括商品、用户、商家、交易记录等信息），构建出的一个大规模的电商领域知识网络。这种知识图谱可以用来进行商品推荐、商家推荐、价格预测等。例如，亚马逊知识图谱提供商品的基本信息、用户评价、价格历史等。通过亚马逊知识图谱，商家可以更好地理解用户的购买需求，用户也可以更好地找到自己想要的商品。

金融领域知识图谱是通过整合各类金融数据（包括股票、债券、基金、公司、经济指标等信息），构建出的一个大规模的金融领域知识网络。这种知识图谱可以用来进行投资策略推荐、风险预测、市场分析等。例如，金融知识图谱提供各类金融产品的基本信息、历史价格、市场动态等。通过金融知识图谱，投资者可以更好地理解市场的发展趋势，从而做出更好的投资决策。

新闻领域知识图谱是通过整合各类新闻数据（包括新闻文章、事件、人物、地点、时间等信息），构建出的一个大规模的新闻领域知识网络。这种知识图谱可以用来进行新闻推荐、事件跟踪、舆情分析等。例如，新闻知识图谱提供新闻的基本信息、相关事件、相关人物等。通过新闻知识图谱，读者可以更好地理解新闻背后的事件脉络，从而更好地理解新闻。

2.3.2 静态知识图谱的发展脉络

静态知识图谱的概念和发展过程可以追溯到 20 世纪 60 年代的人工智能研究。以下是静态知识图谱发展的一些关键节点和里程碑事件（见图 2-7）。

20 世纪 60—70 年代：在这个阶段，人们开始尝试将知识以图形的形式进行表示，这是静态知识图谱的雏形。例如，语义网（Semantic Network）就被认为是一种早期的静态知识图谱，它试图模拟人脑的认知过程。

1) 语义网是一种知识表示方法，以图形的方式表示知识，是一种对事物及其关系的图形化表示。在语义网中，节点代表对象或概念，边代表这些对象或概念之间的关系。语义网的内涵主要包括以下方面：概念的表示，在语义网中每个节点都代表一个概念，这个概念可以是具体的、抽象的、简单的或复杂的，如"猫""动物""生物"都可以是一个概念；关系的表示，在语义网中边用来表示概念之间的关系，这些关系可以是各种各样的，如"是""有""属于"等；继承性，语

24　■　时序知识图谱构建与应用

雏形期：开始探索将知识以图形化方式进行表示的方法，构成了静态知识图谱的早期形态（20世纪60—70年代）

表达能力丰富：本体论和描述逻辑的出现，为静态知识图谱提供了更丰富的语义表达能力（20世纪80年代）

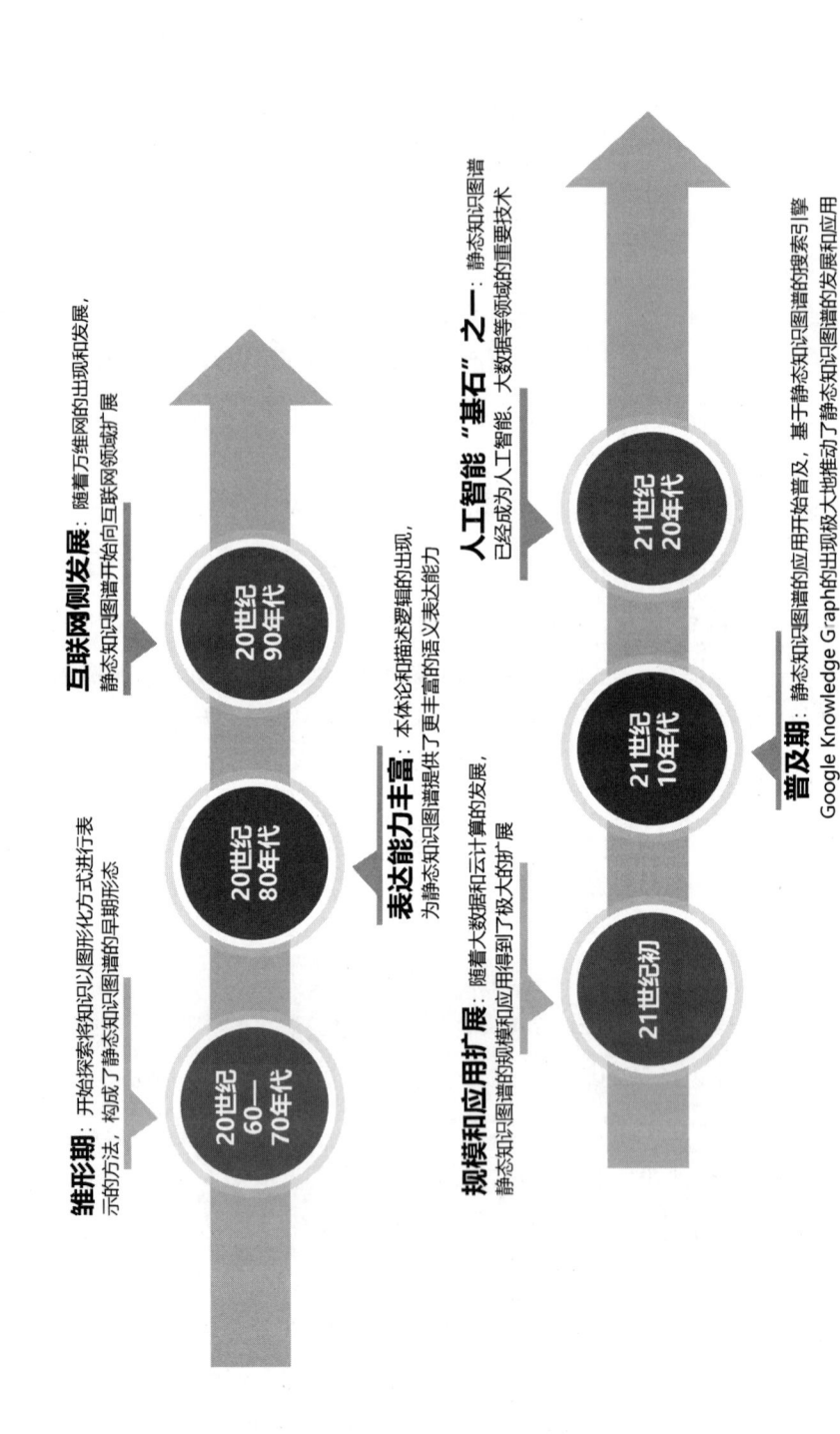

互联网侧发展：随着万维网的出现和发展，静态知识图谱开始向互联网领域扩展（20世纪90年代）

规模和应用扩展：随着大数据和云计算的发展，静态知识图谱的规模和应用得到了极大的扩展（21世纪初）

普及期：静态知识图谱的应用开始普及，Google Knowledge Graph的出现极大地推动了静态知识图谱的发展和应用（21世纪10年代）

人工智能"基石"之一：静态知识图谱已经成为人工智能、大数据等领域的重要技术（21世纪20年代）

图 2-7　静态知识图谱的发展脉络

义网具有继承性，即如果一个概念 A 是另一个概念 B 的子概念，那么 A 就继承了 B 的所有属性和关系；语义的表示，语义网不仅仅是表示概念和关系，它还表示了这些概念和关系的语义（即它们的含义）。语义网被广泛应用于自然语言理解、知识工程、人工智能等领域，它可以用来表示和处理各种类型的知识，包括事实、规则、过程等。

20 世纪 80 年代：本体论（Ontology）和描述逻辑（Description Logic）的出现，为静态知识图谱提供了更丰富的语义表达能力。

2）本体论是哲学的一个分支，主要研究事物的存在本质和宇宙的基本构成，其关注的问题包括"什么是存在？""存在的性质是什么？""哪些类型的事物存在？""这些事物如何分类和关联？"等。在计算机科学和信息科学中，本体论是一种表达知识的形式，它提供了一种用于定义和组织信息的框架。在这个领域，本体论是用来表示和理解一个领域的知识，包括该领域的概念（实体、属性等）、关系及规则。本体论的主要目的是使机器可以理解和解释复杂的知识，在人工智能、语义网、知识图谱等领域中，本体论被广泛应用于知识的表示和推理。本体论的主要内涵包括三部分：一是描述概念，即本体论描述了一个领域的基本概念和它们的属性；二是描述关系，即本体论描述了这些概念之间的关系；三是描述规则，即本体论描述了这些概念和关系的行为规则。

3）描述逻辑是一种为表达和推理关于概念、角色和个体的知识而设计的形式化的知识表示语言。它是一种用于处理结构化知识的逻辑形式，主要用于知识表示和推理，特别是在语义网和本体论中。描述逻辑的基本组成部分包括三部分：一是概念（Concept），这些是描述逻辑的主要构造对象，也可以看作是一组个体的集合，例如，"人"或"动物"都是概念；二是角色（Role），这些是关系的描述，通常用于连接两个概念，例如，"父母"或"朋友"都是角色；三是个体（Individual），这些是具体的实例，例如，特定的人或物。描述逻辑的内涵主要包括以下几个方面：描述逻辑提供了一种形式化的语言，用于定义和表达关于概念、角色和个体的知识；描述逻辑具有强大的推理能力，可以用于检查知识库的一致性、推断概念之间的包含关系、推断个体的类别等；描述逻辑的语义是明确的，通常基于集合论且提供了精确的推理规则；描述逻辑是可计算的，存在有效的算法可以进行推理和查询；描述逻辑是模块化的，可以根据需要添加或删除构造（例如，可以添加数值角色、角色层次、复杂角色包含等以增强表达能力）。

20世纪90年代：随着万维网的出现和发展，静态知识图谱开始向互联网领域扩展。1999年，万维网联盟（World Wide Web Consortium，W3C）发布了资源描述框架（Resource Description Framework，RDF），这是一种用于描述网络资源的元数据模型，为静态知识图谱的构建提供了重要的工具。

RDF是一种基于可扩展标记语言（Extensible Markup Language，XML）的元数据（Meta-Data）模型，被设计出来是为了在Web上描述网络资源（如Web页面的内容）以及它们之间的关系。RDF提供了一种灵活的方式来表示和交换复杂的结构化和非结构化的数据。

RDF的主要内涵包括以下几个方面。

1）三元组。RDF的基础是三元组（即主体—谓词—对象的结构），其中，主体是资源、谓词是属性、对象是属性的值，例如，"北京（主体）是（谓词）中国的首都（对象）"。

2）统一资源标识符（Uniform Resource Identifier，URI）。在RDF中每个资源和属性都被唯一的URI来标识，这使得RDF能够清晰地描述Web上的资源。

3）描述网络资源。RDF可以描述任何类型的资源，包括实体（如人、地点、事件），概念（如类别、关系），以及Web页面和其他文档。

4）互操作性。由于RDF基于XML，因此RDF具有很好的互操作性，这使得RDF可以与其他基于XML的互联网技术（如XML Schema、XSLT等）和标准一起使用。

5）扩展性。RDF的模型非常灵活，可以轻松地扩展和修改，这使RDF可以很容易地适应不断变化的需求和环境。

21世纪初：随着大数据和云计算的发展，静态知识图谱的规模和应用得到了极大的扩展，并开始普及。2006年，DBpedia项目启动，这是一个旨在从维基百科中提取结构化知识的项目，它的出现标志着静态知识图谱的规模和复杂性达到了新的高度。2012年，Google公司发布了Google Knowledge Graph，这是一个基于静态知识图谱的搜索引擎，它的出现极大地推动了静态知识图谱的发展和应用。

21 世纪 20 年代：静态知识图谱已经成为人工智能、大数据等领域的重要技术，被广泛应用于搜索引擎、推荐系统、语义分析等方面。随着技术的发展，静态知识图谱的规模和复杂性正在不断增长。

2.3.3 静态知识图谱与其他学科的关系

（1）静态知识图谱与图论的关系

静态知识图谱和图论是两个不同的学科领域，但它们之间又有着密切的关系。静态知识图谱是一种结构化的知识表达方式，它以图的形式表达知识，而图论是研究图的数学理论。

1）静态知识图谱的构建和理解需要图论的支持。

① 静态知识图谱的构建方面。静态知识图谱是一种以实体为节点，以实体间的关系为边构建的图结构——这种图结构的构建过程就需要图论的支持。在构建静态知识图谱的过程中，需要确定哪些实体和关系应该被纳入图中，如何连接这些实体和关系，以及如何处理一些特殊情况（如环路、多重边等），这些问题都可以通过图论理论和方法来解决。

② 静态知识图谱的理解方面。静态知识图谱的理解主要包括两个方面，一是理解图中的实体和关系，二是理解图的结构。理解图中的实体和关系主要依赖于领域知识，而理解图的结构则需要图论的支持——通过图论，可以分析图的性质，如连通性、稳定性等，从而理解图的结构。

2）图论为静态知识图谱的应用提供了理论和工具。

① 图的遍历方面。在静态知识图谱中，经常需要遍历图来查找某个实体的相关实体或查找两个实体间的关系。这就需要图的遍历算法，如深度优先搜索（Depth First Search，DFS）、广度优先搜索（Breadth First Search，BFS）等，这些算法都是图论的基本内容。

② 图的分析方面。在静态知识图谱中，还需要分析图的性质（如图的连通性、图的稳定性、图的社区结构等），这就需要图论的分析方法（如连通性分析、稳定性分析、社区发现等）。

③ 图的优化方面。在静态知识图谱中，还需要优化图的结构，以提高知识图谱的质量和效率，这就需要图论的优化方法，如最短路径算法、最大流算法等。

总的来说，静态知识图谱和图论是相辅相成的，静态知识图谱的构建和理解需要图论的支持，而图论又为静态知识图谱的应用提供了理论和工具。

（2）静态知识图谱与语义网的关系

1）定义与基础理念方面。静态知识图谱和语义网都是为了解决信息检索和知识表示的问题而提出的概念。静态知识图谱是一种基于图的数据结构，通过实体、属性和关系来表示知识，使机器可以理解和处理人类的知识；语义网是万维网联盟提出的一个概念，其目标是将网页内容转化为计算机可以理解的语义信息，使机器可以理解和处理网页内容。

2）数据表示方面。静态知识图谱和语义网在数据表示上有共同之处。它们都采用了图结构来表示数据，其中，节点表示实体，边表示实体间的关系。这种图结构的表示方式使知识的组织和检索变得更加直观和高效。它们都使用了 RDF 作为数据表示的基础，通过 RDF 可以将数据表示为三元组（主体，谓词，对象）的形式。

3）技术框架方面。静态知识图谱和语义网的技术框架有所不同。静态知识图谱的技术框架主要包括知识采集、知识存储、知识查询和知识推理（Knowledge Reasoning）等部分。语义网的技术框架则包括了 RDF、RDFS（RDF Schema）、万维网本体语言（Web Ontology Language，OWL）、SPARQL 等技术，这些技术使语义网可以表示复杂的语义关系，进行高效的语义查询以及进行语义推理。

4）应用领域方面。静态知识图谱和语义网的应用领域也有所不同。静态知识图谱主要应用于知识管理、智能搜索、推荐系统、问答系统等领域，通过知识图谱可以提高这些系统的智能化程度。而语义网则主要应用于网页内容的语义化处理，通过语义网可以提高网页内容的可理解性和可利用性。

5）发展趋势方面。静态知识图谱和语义网的发展趋势也有所不同。静态知识图谱的当前发展趋势是向着更大规模、更高质量、更深层次的方向发展，通过深度学习等技术来提高知识图谱的质量和规模；而语义网的发展趋势则是向着更广泛的应用、更高效的技术、更丰富的语义方向发展，通过提高语义网的技术水平和应用范围来推动语义网的发展。

总的来说，静态知识图谱和语义网在目标、理念、技术和应用上都有共同之处,但也有各自的特点和侧重点。它们都是为了实现信息的智能化处理而提出的重要概念,都在推动着信息技术的发展。

(3) 静态知识图谱与人工智能的关系

静态知识图谱与人工智能之间存在着密切的关系。静态知识图谱是一种新型的数据模型,它以图论为基础,将数据以实体和关系的方式进行组织和表达,从而形成了一种能够表示丰富知识的数据结构。当前,静态知识图谱是人工智能系统的重要组成部分,能够为其提供大量的结构化知识,帮助其更好地理解世界。

静态知识图谱对人工智能的支撑作用是深远且多维度的。它不仅为人工智能系统提供了强大的知识表示和知识获取能力,还在知识推理、知识检索与问答方面提升了人工智能系统的理解能力和决策能力,以及在跨领域知识融合(Knowledge Fusion)等方面发挥着不可或缺的作用。

1) 在知识表示与知识获取层面,知识图谱以其独特的图结构形式,将实体与实体间的关系进行了精准而直观的结构化表示。这种高度结构化的知识表示方式,使人工智能系统能够更加深入地理解知识和获取知识,从而实现对知识的精准捕捉和解析。通过静态知识图谱,人工智能系统可以轻松地获取到实体的属性、关系以及它们之间的复杂联系,进而构建出丰富而准确的知识体系。

2) 在知识推理方面,静态知识图谱的实体与关系构成了强大的逻辑推理基础。人工智能系统可以依托这些关系进行复杂的逻辑推理,从而得出新的知识和结论。这种推理能力不仅增强了人工智能系统的逻辑思维能力,也为其在复杂场景下的决策提供了有力支持。通过知识推理,人工智能系统可以更加深入地理解世界,发现知识间的内在联系,进而做出更为准确和更为合理的决策。

3) 在知识检索与问答功能上,静态知识图谱为人工智能系统提供了高效而准确的知识检索和问答能力。用户只需通过简单的查询语句,便可从静态知识图谱中检索到所需的实体信息和相关知识。同时,静态知识图谱还能支持复杂的问题解答,通过推理和匹配等方式,为用户提供准确而全面的答案。这种便捷性不仅提升了用户体验,也极大地扩展了人工智能系统的应用范围。

知识图谱对于提升人工智能系统的理解能力和决策能力同样具有显著作用。通过结构化的知识表示,人工智能系统能够更好地理解世界,提高对自然语言、图像等非结构化数据的解析能力。同时，静态知识图谱中的丰富知识为人工智能系统提供了更为全面的决策依据，使其能够在复杂多变的环境中做出更为准确和更为合理的决策。这种能力的提升不仅提升了人工智能系统的智能化水平，也为其在更多领域的应用提供了可能。

静态知识图谱在跨领域知识融合方面展现出了卓越的能力。它能够将来自不同领域、不同来源的知识进行有机整合，形成一个庞大而复杂的知识网络。这种跨领域的融合不仅拓宽了人工智能系统的知识边界，还为其在更多领域的应用提供了丰富的知识资源。通过静态知识图谱，人工智能系统可以轻松地获取到不同领域的知识，进而实现跨领域的推理和决策。

综上所述，静态知识图谱以其独特的知识表示方式、强大的推理能力、便捷的知识检索功能，提升了人工智能系统的理解能力和决策能力以及跨领域知识融合的能力，为人工智能技术的发展提供了强有力的支撑。在未来的发展中，静态知识图谱将继续发挥重要作用，推动人工智能技术的不断进步和应用拓展。

静态知识图谱为人工智能系统提供了一个强大的知识基础，使人工智能系统能够更好地理解世界、处理问题，从而提高其性能和效率。当前，静态知识图谱作为一种重要的人工智能技术，它正在支撑和推动许多其他人工智能技术的发展和应用，以下是静态知识图谱的一些主要应用领域（见图 2-8）。

图 2-8 静态知识图谱深刻推动人工智能应用

1）搜索引擎优化。静态知识图谱作为现代搜索引擎技术的核心组件，以其卓越的语义理解能力，为搜索引擎的精准度赋予了全新的定义。它凭借对实体、关系、属性等信息的深度整合，使搜索引擎能够更精确地解析用户查询背后的真实意图。Google Knowledge Graph，以其庞大的数据规模与精准的关系抽取（Relation Extraction）能力，不仅为用户提供了直接相关的实体信息，还通过关联关系的挖掘，为用户呈现了一个完整的知识网络。这样的优化，极大地提升了搜索结果的准确性与用户体验，使搜索引擎成为用户获取信息的重要工具。

2）自然语言处理。静态知识图谱在自然语言处理领域的应用，是一次革命性的突破。它通过构建实体、关系、事件等丰富的语义信息，为机器理解和生成自然语言提供了坚实的基础。在实体识别方面，静态知识图谱能够准确识别文本中的关键实体，为后续的语义理解提供支撑；在关系抽取方面，它能够自动抽取实体间的关系，构建出复杂的语义网络；在语义理解方面，静态知识图谱能够深度解析文本的含义，实现文本的自动分类、情感分析等；在自动问答方面，它能够理解用户的自然语言问题，并给出精准的答案。这些应用，使自然语言处理技术在各个领域得到了广泛应用。

3）推荐系统。静态知识图谱的引入，为推荐系统带来了前所未有的变革。传统的推荐系统主要依赖用户的历史行为数据进行推荐，而静态知识图谱则能够为用户提供更加全面、更加深入的上下文信息。通过挖掘用户的兴趣点、偏好以及实体间的关系，静态知识图谱能够帮助推荐系统更准确地理解用户的需求，为用户提供更加个性化、更加精准的推荐内容。无论是电商平台的商品推荐，还是视频平台的内容推荐，静态知识图谱都发挥着不可或缺的作用。

4）语音识别和语音助手。静态知识图谱在语音识别和语音助手领域的应用，使人机交互变得更加自然、高效。通过深度挖掘知识图谱中的语义信息，语音助手能够更准确地理解用户的问题，并给出精准的答案。无论是查询天气、查询新闻，还是询问路线，静态知识图谱都能为语音助手提供丰富的背景知识和上下文信息，使其能够更好地满足用户的需求。亚马逊公司的 Alexa 和苹果公司的 Siri 等先进语音助手，正是得益于知识图谱技术的支持，才能够实现高效、智能的人机交互。

5）机器学习和深度学习。静态知识图谱作为一种强大的先验知识库，为机器学习模型和深度学习模型提供了丰富的数据支持。通过将静态知识图谱中的实体、关系、属性等信息融入机器学习模型中，可以使模型更好地理解数据的内在规律和结构，提高模型的预测精度和泛化能力。同时，静态知识图谱还可以为深度学习模型提供丰富的特征表示和上下文信息，有助于模型更好地学习数据的深层特征。这些应用，使机器学习技术和深度学习技术在各个领域取得了显著的进展。

6）数据分析和数据挖掘。静态知识图谱在数据分析和数据挖掘领域的应用，为数据科学家提供了强大的支持。通过构建静态知识图谱，数据科学家能够发现数据中的复杂模式和关系，揭示数据的深层含义。无论是社交网络分析、用户行为分析，还是市场趋势预测，静态知识图谱都能够为数据科学家提供有力的工具。通过挖掘静态知识图谱中的关联关系和属性信息，数据科学家能够更深入地理解数据的本质，为决策提供有力的支持。

7）语义网和互联网的未来。静态知识图谱作为语义网的核心技术之一，正推动着互联网向更加智能、更加个性化的方向发展。通过构建庞大而精细的知识网络，知识图谱为互联网注入了丰富的语义信息，使信息检索、信息理解、信息推荐等任务变得更加高效和精准。随着技术的不断进步和应用场景的不断拓展，静态知识图谱将在未来发挥更加重要的作用，助力构建一个更加智能、更加高效的数字世界。

2.3.4　常见的静态知识图谱及图数据库

（1）常见的静态知识图谱

1）DBpedia。

DBpedia 是一个从维基百科中抽取结构化信息的项目，旨在使这些信息能够被网络上的机器更好地理解和使用。DBpedia 的知识图谱包含了大量的实体和关系，涵盖了各种主题（如地理、历史、科技、艺术、体育等）。例如，DBpedia 中有一个实体是"巴黎"，它与其他实体（如"法国""卢浮宫""埃菲尔铁塔"等）有各种关系（如"巴黎是法国的首都""卢浮宫位于巴黎"等）。这些实体和关系构成了一个大规模的静态知识图谱，可以帮助机器理解和处理与巴黎相关的信息。

DBpedia 的目标是将维基百科转化为一个大型的、多语言的、免费的静态知识图谱。DBpedia 中的每个实体都是一个节点，而节点之间的关系则通过边来表示。这种结构使 DBpedia 能够以一种直观和易于理解的方式展现复杂的信息。例如，如果在 DBpedia 中搜索"Barack Obama"，会看到一个包含了关于奥巴马的详细信息的页面，包括他的生日、出生地、教育经历、政治生涯等。这些信息都是从维基百科中提取出来的，并经过 DBpedia 的处理和整合。

2）YAGO。

YAGO 是一个由德国马克斯·普朗克信息科学研究所创建和维护的静态知识图谱。YAGO 是一个大型的静态知识图谱，主要基于维基百科、WordNet 和 GeoNames 等资源构建。YAGO 不仅包含了大量的实体和关系，还有丰富的类别信息，可以表示实体的种类和层次结构。例如，YAGO 中有一个实体是"苹果公司"，它与其他实体（如"乔布斯""iPhone""硅谷"等）有各种关系（如"乔布斯是苹果公司的创始人""iPhone 是苹果公司的产品"等）。同时，YAGO 还把"苹果公司"归类为"公司""科技公司"等类别。这些实体、关系和类别构成了一个大规模的静态知识图谱，可以帮助机器理解和处理与苹果公司相关的信息。例如，如果在 YAGO 中搜索"Apple Inc."，会看到一个包含了关于苹果公司的详细信息的页面，包括它的创立日期、创始人、产品、市场地位等。这些信息都是从各种在线资源中提取出来的，并经过 YAGO 的处理和整合。

3）Freebase。

Freebase 是一个由社区贡献和维护的大型静态知识图谱，包含了各种主题的实体和关系。Freebase 的特点是它的数据是由用户贡献的，因此它的内容非常丰富，包括了很多其他静态知识图谱没有的信息。例如，Freebase 中有一个实体是"哈利·波特"，它与其他实体（如"J.K.罗琳""霍格沃茨"等）有各种关系（如"哈利·波特是 J.K.罗琳的作品""哈利·波特在霍格沃茨学习魔法"等）。这些实体和关系构成了一个大规模的静态知识图谱，可以帮助机器理解和处理与哈利·波特相关的信息。

4）Wikidata。

Wikidata 是一个自由的、可编辑的、多语言的知识库，旨在为维基媒体项目（如维基百科、维基共享资源等）提供结构化数据。Wikidata 的知识图谱包含了大量的实体和关系，涵盖了各种主题（如地理、历史、科技、艺术、体育等）。例如，Wikidata 中有一个实体是"火星"，它与其他实体（如"地球""太阳系""NASA"等）有各种关系（如"火星是太阳系的一部分""NASA 进行了火星探测任务"等）。这些实体和关系构成了一个大规模的静态知识图谱，可以帮助机器理解和处理与火星相关的信息。

5）Google Knowledge Graph。

Google Knowledge Graph 是一种由 Google 公司创建和维护的大型知识库，它使用机器学习技术从互联网中提取和整合信息，然后将这些信息以图谱的形式展现出来。Google Knowledge Graph 中的每个实体都是一个节点，而节点之间的关系则通过边来表示。这种结构使得 Google Knowledge Graph 能够以一种直观和易于理解的方式展现复杂的信息。例如，如果在 Google 搜索引擎中搜索"Albert Einstein"，Google Knowledge Graph 会提供一个包含了关于爱因斯坦的详细信息的框，包括他的生日、出生地、教育经历、重要贡献等。这些信息都是从互联网上的各种来源中提取出来的，并经过 Google 公司的机器学习算法进行处理和整合。

（2）常见的图数据库

图数据库是一种非关系型数据库，它以图形的方式存储、映射和查询数据，被广泛用作知识图谱的载体。图数据库中的关键概念包括节点和边，节点通常代表实体（如人、地点、事物等），而边则代表节点之间的关系。

图数据库的主要特点是能够直接且高效地表示实体（节点）与实体间的关系（边），从而形成了一个错综复杂的图结构。这种结构化的数据表示方式使图数据库在处理关系型数据时具有得天独厚的优势，尤其适用于那些关系数据占据主导地位的场景（如社交网络、推荐系统、知识图谱等）。图数据库通常具备以下特征。

首先，图数据库在处理高度连接的数据时表现出色。在现实世界中，许多数据都呈现出高度的互联性，即实体间存在着复杂而多样的关系。传统的关系型数据库在处理这类数据时往往显得力不从心，因为它们需要通过复杂的连接操作来间接地表示实体间的关系。然而，图数据库直接以图的形式存储和表示数据，能够直接展示实体间的连接关系，而无须额外的连接操作。这使得图数据库在处理社交网络中的用户关系、推荐系统中的商品关联以及知识图谱中的实体联系时，能够实现更高效、更准确的查询和分析。

其次，图数据库的数据模型具有极高的灵活性。与传统的关系型数据库相比，图数据库的数据模型更加贴近现实世界的复杂性。它允许用户根据实际需求添加或修改实体类型、关系类型以及属性，从而构建出适应特定场景的数据结构。这种灵活性使图数据库能够应对各种复杂多变的数据需求，为用户提供了更大的数据建模空间。

再次，图数据库在性能方面也表现出色。由于图数据库直接存储了实体间的关系，因此它能够在常数时间内执行复杂的查询操作。这意味着无论数据量多么庞大，图数据库都能迅速找到相关的数据，满足用户的查询需求。此外，图数据库还采用了高效的索引技术和查询优化技术，进一步提升了查询性能。这使得图数据库在处理大规模数据时能够保持出色的响应速度，为用户提供了更好的使用体验。

最后，图数据库支持实时查询，这使得它在许多应用中具有不可替代的地位。在实时推荐系统、在线社交网络等场景中，用户需要实时获取最新的数据和信息。图数据库能够在极短的时间内完成复杂的查询任务，为用户提供实时的数据反馈。这使得系统能够迅速响应用户的需求，提供个性化的推荐服务或社交互动体验。

综上所述，图数据库以其直接表示实体间关系的能力、高度连接的数据处理能力、灵活的数据模型、高性能以及实时查询能力等特点，在数据处理领域中展现出了强大的竞争力和广泛的应用前景。随着技术的不断发展，图数据库将在更多领域发挥重要作用，推动数据处理技术的创新与应用。未来，可以期待图数据库在社交网络分析、推荐系统优化、知识图谱构建等领域发挥更大的作用，为我们的生活带来更多的便利和智能化体验。

图数据库可以根据它们处理图数据的方式分类，主要有两种类型的图数据库：原生图数据库和非原生图数据库。原生图数据库从一开始就设计为图数据库，它们的存储和处理机制都是为了优化图操作，例如，Neo4j 和 JanusGraph 等图数据库；非原生图数据库原本是其他类型的数据库，但后来添加了对图操作的支持，例如，OrientDB（同时支持文档和图形数据）和 ArangoDB（同时支持键值、文档和图形数据）。图数据库已经在许多领域（包括社交网络分析、网络安全、生物信息学、推荐系统等）得到了广泛应用。

1）Neo4j 图数据库。

Neo4j 是最早也是最流行的图数据库之一，它是一个基于 Java 语言的、完全事务型的数据库管理系统，被广泛用于存储大量的结构化数据。Neo4j 的最大特点是其强大的 Cypher 查询语言，这是一种声明式的图查询语言，使复杂的图形查询变得非常简单。

在结构方面，Neo4j 的存储结构是基于节点和关系的，每个节点和关系都可以拥有多个属性，而关系总是从一个节点指向另一个节点。这种结构使 Neo4j 非常适合存储和查询复杂的网络结构数据。

在性能方面，Neo4j 采用了一种名为"原生图处理"的技术，使其在处理大规模数据时性能非常优秀。同时，Neo4j 还支持分布式处理，可以在多台机器上进行分布式存储和计算，以处理更大规模的数据。

在应用场景方面，Neo4j 被广泛用于社交网络分析、实时推荐系统、网络安全、生物信息学等多个领域。

2）ArangoDB。

ArangoDB 是一个开源的多模型数据库，支持键值对模型、文档模型和图形数据模型。在图数据库方面，ArangoDB 提供了强大的图查询语言 AQL，可以进行复杂的图查询和分析。

ArangoDB 的一个显著特点是多模型的支持，这使 ArangoDB 可以同时处理多种类型的数据，非常适合现代复杂的数据需求。同时，ArangoDB 的性能也非常强大，它采用了"多版本并发控制"的技术，可以实现高并发的读写操作。在分布式方面，ArangoDB 支持分片和复制，可以在多台机器上进行分布式存储和计算。同时，ArangoDB 还提供了"智能图"的功能，可以实现图数据的分布式查询和处理。

在应用场景方面，ArangoDB 被广泛用于实时推荐系统、社交网络分析、物联网、网络安全等多个领域。

3）Amazon Neptune。

Amazon Neptune 是亚马逊公司提供的一种全托管的图数据库服务，支持属性图和 RDF 两种图模型，同时支持 Gremlin 和 SPARQL 两种图查询语言。

Amazon Neptune 的一个显著特点是其完全托管的特性，用户无须关心数据库的管理和运维，可以将更多的精力放在业务开发上。同时，Amazon Neptune 的性能也非常强大，它支持高并发的读写操作，可以处理大规模的图数据。在分布式方面，Amazon Neptune 支持分片和复制，可以在多台机器上进行分布式存储和计算；同时，Amazon Neptune 还提供了"快照"的功能，可以实现数据的备份和恢复。

在应用场景方面，Amazon Neptune 被广泛用于实时推荐系统、社交网络分析、欺诈检测等多个领域。

2.3.5 静态知识图谱构建技术

静态知识图谱构建技术主要包括以下几个主要组成部分：信息抽取（Information Extraction）、实体链接（Entity Linking）、关系抽取、知识融合（见图 2-9）。

图 2-9 静态知识图谱构建技术

（1）信息抽取

信息抽取是静态知识图谱构建的重要步骤，它的主要任务是从非结构化的文本数据中抽取出有用的信息，如实体、属性和关系等。信息抽取主要包括实体抽取、属性抽取和关系抽取。其中，实体抽取是识别出文本中的命名实体，如人名、地名、机构名等；属性抽取是识别出实体的属性，如人的年龄、性别等；关系抽取是识别出实体间的关系，如人与人之间的亲属关系、人与地点的所在关系等。信息抽取的方法主要包括基于规则的方法、基于统计的方法、基于深度学习的方法。

静态知识图谱构建的信息抽取技术主要包括以下几种。

1）命名实体识别。命名实体识别是一种将文本中的元素分类为预定义的类别（如人名、地点、组织等）的过程。它是信息抽取的第一步，因为需要知道文本中的哪些词或短语是重要的实体。

2）关系抽取。在识别出实体后，关系抽取技术用于确定这些实体间的关系。

这些关系可以是预定义的（如属于、位于等），也可以通过机器学习技术从文本中自动学习。

3）事件抽取。事件抽取是识别文本中描述的特定事件及其相关实体的过程。例如，"苹果公司发布了新的 iPhone"这句话中的事件是"发布"，相关的实体是"苹果公司"和"新的 iPhone"。

4）情感分析。情感分析是一种确定文本中表达的情感或观点的过程。情感分析可以用于确定文本中提到的实体或事件的情感色彩，例如，确定某一产品的公众评价是正面还是负面。

5）主题建模。主题建模是一种从大量文档中发现主题的过程。这些主题可以用于理解文档的主要内容，也可以用于构建静态知识图谱。

面向静态知识图谱构建的信息抽取技术的发展脉络，概述如下。

1）20 世纪 60—80 年代：主要是基于规则的方法，如正则表达式、语法分析等。

2）20 世纪 90 年代：随着机器学习的崛起，信息抽取技术开始转向基于统计的方法，如隐马尔可夫模型（Hidden Markov Model，HMM）、最大熵模型等。

3）21 世纪初至今：随着深度学习的发展，神经网络模型开始被广泛应用于信息抽取，如循环神经网络（Recurrent Neural Network，RNN）、长短期记忆网络（Long Short-Term Memory，LSTM）、变换器模型等。预训练语言模型如 BERT、GPT 等开始在信息抽取任务中表现出色，推动了信息抽取技术的发展。

（2）实体链接

实体链接是将文本中的命名实体链接到静态知识图谱中的对应实体。实体链接的主要挑战在于消歧，即如何正确地将文本中的模糊实体链接到静态知识图谱中的具体实体。实体链接的方法主要包括基于规则的方法、基于机器学习的方法、基于深度学习的方法。

实体链接作为静态知识图谱构建中的一项重要技术，其目标是将文本中的名词短语映射到相应的知识库实体。以下是一些主要的实体链接技术。

1）基于规则的方法。这种方法主要依赖于预定义的规则或模板，通过模式匹配的方式进行实体链接。这种方法的优点是简单易实现，但缺点是泛化能力较弱，对规则和模板的依赖度较高。

2）基于机器学习的方法。这种方法主要使用监督学习或者无监督学习的方式进行实体链接。其中，监督学习方法需要大量地标注数据，而无监督学习方法则通过学习数据的分布特性进行实体链接。这种方法的优点是泛化能力较强，但缺点是需要大量的计算资源。

3）基于深度学习的方法。这种方法主要使用神经网络模型［如卷积神经网络、循环神经网络（Recurrent Neural Network，RNN）、Transformer 等］进行实体链接。这种方法可以自动学习特征，减少了特征工程的工作量。但是，深度学习模型的训练需要大量的数据和计算资源。

面向静态知识图谱构建的实体链接技术的发展脉络大致如下。

1）在初始阶段，实体链接主要依赖于手工规则和词典匹配，这种方法简单但是泛化能力较弱。

2）随着机器学习的发展，实体链接开始使用监督学习和无监督学习的方法，这种方法的泛化能力较强，但是需要大量的计算资源。

3）近年来，随着深度学习的发展，实体链接开始使用神经网络模型，这种方法可以自动学习特征，从而减少了特征工程的工作量，但是需要大量的数据和计算资源。

4）在未来，随着知识图谱和人工智能技术的进一步发展，实体链接技术可能会朝着更加智能、更加自动化的方向发展。

（3）关系抽取

关系抽取是从文本中抽取实体间的关系。关系抽取（如间接关系、隐含关系等）的主要挑战在于理解复杂的语义关系。关系抽取的方法主要包括基于规则的方法、基于机器学习的方法和基于深度学习的方法。

知识图谱的构建主要依赖于关系抽取技术，这是一种从非结构化或半结构化数据中提取实体间的关系的技术。以下是一些主要的关系抽取技术。

1）基于规则的关系抽取。这种关系抽取技术是最早的关系抽取方法，主要通过预定义的规则（通常是基于语法和词汇的模式）来抽取实体间的关系。这种方法的优点是可以获得高精度的结果，但缺点是规则编写成本高，且难以应对语言的多样性和复杂性。

2）基于机器学习的关系抽取。随着机器学习技术的发展，基于监督学习、半监督学习和无监督学习的关系抽取方法逐渐出现。这些方法通过学习大量标注数据（监督学习）或未标注数据（半监督学习和无监督学习）中的模式，自动地抽取实体间的关系。这种方法的优点是可以处理更复杂的关系，但缺点是需要大量的标注数据，且可能存在过拟合的问题。

3）基于深度学习的关系抽取。近年来，随着深度学习技术的发展，基于神经网络的关系抽取方法开始受到关注。这些方法通过学习数据的深层次特征，可以抽取更复杂的关系，并且不需要手动设计特征。常用的深度学习模型包括卷积神经网络、循环神经网络、LSTM 和 Transformer 等。这种方法的优点是可以自动学习特征并处理复杂关系，但缺点是需要大量地标注数据和计算资源。

在技术发展脉络上，关系抽取技术从基于规则的方法开始，逐渐发展到基于机器学习的方法，再到现在的基于深度学习的方法。在这个过程中，关系抽取技术的性能和能力都有了显著的提升，但同时也面临着新的挑战，例如，如何减少标注数据的依赖、如何处理长尾关系等。未来的发展方向可能包括弱监督学习、迁移学习、多模态学习等。

（4）知识融合

知识融合是将从不同来源抽取的知识融合到一起，构建统一的知识图谱。知识融合的主要挑战在于处理知识的冲突和不一致，如实体的重复、关系的矛盾等。知识融合的方法主要包括基于规则的方法、基于统计的方法和基于深度学习的方法。

知识融合是知识图谱构建过程中的一个重要环节，主要用于解决从多源异构数据中抽取的知识存在的冗余问题和矛盾问题。其主要的任务包括实体对齐（Entity Alignment）、实体消歧（Entity Disambiguation）、数据清洗（Data Cleaning）和事实融合（Fact Fusion）等。

1）实体对齐。实体对齐主要是识别并链接描述同一实体的不同表达。其主要方法包括基于规则的方法、基于机器学习的方法和基于深度学习的方法。其中，基于规则的方法主要通过设计一套规则来进行实体对齐；基于机器学习的方法主要通过训练模型来进行实体对齐；基于深度学习的方法主要通过深度神经网络来进行实体对齐。

2）实体消歧。实体消歧主要是解决同名异义的问题。其主要方法包括基于规则的方法、基于机器学习的方法和基于深度学习的方法。其中，基于规则的方法主要通过设计一套规则来进行实体消歧；基于机器学习的方法主要通过训练模型来进行实体消歧；基于深度学习的方法主要通过深度神经网络来进行实体消歧。

3）数据清洗。数据清洗主要是对抽取的知识进行清洗，包括去除冗余数据、修正错误数据等。其主要方法包括基于规则的方法、基于机器学习的方法和基于深度学习的方法。其中，基于规则的方法主要通过设计一套规则来进行数据清洗；基于机器学习的方法主要通过训练模型来进行数据清洗；基于深度学习的方法主要通过深度神经网络来进行数据清洗。

4）事实融合。事实融合主要是对抽取的知识进行融合，包括去除冗余事实、解决矛盾事实等。其主要方法包括基于规则的方法、基于机器学习的方法和基于深度学习的方法。其中，基于规则的方法主要通过设计一套规则来进行事实融合；基于机器学习的方法主要通过训练模型来进行事实融合；基于深度学习的方法主要通过深度神经网络来进行事实融合。

面向静态知识图谱构建的知识融合技术的发展脉络可以概括为从基于规则的方法，到基于机器学习的方法，再到基于深度学习的方法。其中，基于规则的方法主要依赖人工设计的规则，存在规则设计难、覆盖面窄等问题；基于机器学习的方法通过训练模型来进行知识融合，能够处理更复杂的情况，但需要大量地标注数据；基于深度学习的方法通过深度神经网络来进行知识融合，能够处理更复杂的情况，且能够自动学习特征，但需要大量的标注数据和计算资源。

2.3.6 静态知识图谱推理技术

目前，静态知识图谱被用来存储现实世界的事实，可以用于自然语言的各种应用。然而，任何一个静态知识图谱都不可能完全包含现实世界中的所有事实，不完整的知识图谱也会导致许多自然语言任务有效性的下降，因此，推理预测静态知识图谱中缺失的事实成为一项非常重要的任务（见图2-10）。大多数推理任务都是在静态知识图谱上进行的，其中，每个事实都表示为一个包含主体实体、对象实体及关系的三元组，静态知识图谱推理技术基于现有的三元组信息预测实体间的关系或与实体关系相对应的目标实体。目前，其主要有两种实施路径，分别是基于距离模型的嵌入变换方法和基于语义匹配模型的双线性模型方法，两者的思想都是将包含位置和关系的知识图谱嵌入到连续的低维度实向量空间中。

图 2-10 静态知识图谱推理技术

（1）知识图谱表示学习

知识图谱表示学习（Knowledge Graph Embedding）是一种将静态知识图谱中的实体和关系映射到向量空间中的方法，以便计算机更好地理解和处理。知识图谱表示学习主要的技术如下。

1）基于矩阵分解的方法。基于矩阵分解的方法是最早的知识图谱表示学习方法之一，典型模型是 RESCAL 等。这种方法将静态知识图谱中的每个关系视为一个矩阵，然后通过矩阵分解来学习实体和关系的嵌入。这种方法能够较好地处理一对多、多对一和多对多的关系，但计算复杂度高，难以处理大规模的静态知识图谱。

2）基于翻译模型的方法。基于翻译模型的方法代表模型是 TransE 模型。这种方法将每个关系视为向量空间中的一个"翻译"（或"转换"），即头实体向量加上关系向量应该等于尾实体向量。TransE 模型的计算复杂度低，但对于一对多、多对一和多对多的关系处理不够理想，后续很多基于 TransE 模型的其他翻译模型均是在力图改变这种问题。

3）基于神经网络的方法。基于神经网络的方法代表模型有 ComplEx 模型、DistMult 模型等。这种方法通过设计不同的打分函数和优化策略，学习静态知识图谱的表示学习。这种方法能够很好地处理各种类型的关系，但需要大量的训练数据。

4）基于图神经网络的方法。基于图神经网络的方法是一种新兴的知识图谱表示学习方法，如 R-GCN 等。这种方法可以捕捉实体和关系的复杂交互，并可以很好地处理图结构的数据。

从技术发展脉络来看，知识图谱表示学习从最初的基于矩阵分解的方法，发展到基于翻译模型的方法，然后发展到基于神经网络的方法，最近又发展到基于图神经网络的方法。这个过程中不断引入新的模型和算法，以便更好地处理静态知识图谱的复杂性和大规模性，同时，也不断引入新的优化策略和训练策略，以提高模型的性能和效率。

（2）知识推理

知识推理是在静态知识图谱上进行推理，发现新的知识。知识推理的主要挑战在于处理复杂的逻辑关系，如传递关系、否定关系等。知识推理的实施途径主要包括基于规则的方法、基于统计的方法和基于深度学习的方法。

知识推理的技术主要有以下几种。

1）符号主义推理。符号主义推理是最早的知识推理方法，主要包括基于逻辑的推理和基于图的推理。其中，基于逻辑的推理主要依赖于形式逻辑（如谓词逻辑）来进行推理，例如，OWL 是基于描述的逻辑进行推理；基于图的推理则主要依赖于图的拓扑结构进行推理，例如，RDF 的语义扩展 RDFS 和 SPARQL 的推理机制。

2）统计关联推理。统计关联推理主要是基于统计的学习方法，通过学习实体和关系的统计特性进行推理。其主要包括基于马尔可夫逻辑网络（Markov Logic Network，MLN）的统计关联推理方法以及基于随机游走（Random Walk）的推理方法。

3）知识图谱嵌入推理。知识图谱嵌入推理主要通过将知识图谱中的实体和关系映射到低维向量空间，然后在这个空间中进行推理。其主要的方法包括 TransE 模型、TransH 模型、TransR 模型、TransD 模型等。

4）基于深度学习的推理。基于深度学习的推理主要通过深度学习模型（如卷积神经网络、循环神经网络、图神经网络等）进行推理。此类方法可以处理更复杂的推理问题，但需要大量的训练数据。

静态知识图谱推理技术的发展主要经历了从符号主义推理到统计关联推理，再到知识图谱嵌入推理，最后到基于深度学习的推理的过程。其中，最早的知识图谱推理主要是基于符号主义的方法，但这种方法的推理能力有限，不能处理不确定性和复杂性问题。为了解决这个问题，研究者开始尝试使用统计关联推理方法，这种方法可以处理一定的不确定性和复杂性问题，但推理能力仍然有限。随着计算能力的提高和大数据的出现，研究者开始尝试使用知识图谱嵌入方法进行推理，这种方法可以处理更复杂的推理问题，但需要大量的训练数据。最近，随着深度学习技术的发展，研究者开始尝试使用基于深度学习的推理方法，这种方法可以处理更复杂的推理问题，但也需要大量的训练数据。

（3）知识迁移

知识迁移（Knowledge Transfer）是一种新兴机器学习技术，其目标是将在一个任务或领域（源任务或源领域）中学习到的知识应用到另一个任务或领域（目标任务或目标领域）。以下是知识迁移技术的主要技术路线。

1）归纳迁移。归纳迁移是最早的知识迁移技术之一，主要是将在源任务中学习到的知识泛化，以便在目标任务中使用。这种方法通常需要源任务和目标任务有一定的相似性。

2）迁移学习。迁移学习是一种更复杂的知识迁移技术，不仅将知识从源任务迁移到目标任务，还需要在源任务和目标任务之间建立一种映射关系。这种方法通常需要源任务和目标任务有一定的相似性，但不需要完全相同。

3）多任务学习。多任务学习是一种在多个相关任务中共享知识的技术。这种方法可以有效地利用不同任务之间的相关性，从而提高学习效率和性能。

4）领域自适应。领域自适应是一种在源领域和目标领域之间进行知识迁移的技术。这种方法主要是通过对源领域和目标领域的分布进行对比和调整，以减少领域间的分布差异。

5）对抗性训练。对抗性训练是一种利用对抗性网络进行知识迁移的技术。这种方法主要是通过在源领域和目标领域之间建立一个对抗性的学习过程，以减少领域间的分布差异。

6）元学习。元学习是一种学习如何学习的技术，它可以实现从一个任务到另一个任务的快速迁移。

7）零样本学习和少样本学习。零样本学习和少样本学习是在只有少量或没有标签数据的情况下进行知识迁移的技术。

8）自监督学习。自监督学习是一种通过利用未标注数据进行预训练，然后在目标任务上进行微调的技术，也是一种知识迁移策略。

以上是知识迁移技术的主要技术路线和发展脉络，但这是一个不断发展和进化的领域，未来可能会有更多的新技术和方法出现。

知识迁移技术的发展脉络可以从以下几个阶段进行详细介绍。

1）早期阶段（归纳迁移）。在 20 世纪 80—90 年代，归纳迁移就被提出，用于将在一个任务中学习到的知识泛化，以便在新的任务中使用。这种方法通常需要源任务和目标任务有一定的相似性。

2）迁移学习的兴起。21 世纪初，随着机器学习的发展，研究者们开始关注如何将在一个任务中学习到的知识迁移到另一个任务。这导致了迁移学习领域的兴起。迁移学习不仅将知识从源任务迁移到目标任务，还需要在源任务和目标任务之间建立一种映射关系。

3）多任务学习和领域自适应。随着大规模数据和复杂任务的增多，研究者们开始探索如何在多个相关任务中共享知识（多任务学习），以及如何在源领域和目标领域之间进行知识迁移（领域自适应）。

4）深度学习时代。深度学习的兴起为知识迁移技术提供了新的可能。例如，预训练的深度网络可以在大规模未标注数据上进行训练，然后在特定任务上进行微调，这是一种有效的知识迁移策略。

5）对抗性训练和元学习。近年来，对抗性训练和元学习等新的技术也被应用于知识迁移。这些技术可以进一步提高知识迁移的效率和性能。

6）自监督学习。自监督学习是一种通过利用未标注数据进行预训练，然后在目标任务上进行微调的技术，这也是一种知识迁移策略。这种技术在很多任务中都表现出了优秀的性能，如自然语言处理、计算机视觉等。

总的来说，知识迁移技术的发展脉络反映了机器学习从简单任务到复杂任务、从单一领域到多领域、从标注数据到未标注数据的发展趋势。在未来，知识迁移技术可能会在更多的场景和任务中发挥重要作用。

第 3 章
时间与时序知识图谱

3.1 引言

时序知识图谱作为知识图谱领域的一个新兴分支，以其独特的时间维度特性为人工智能的研究与应用注入了新的活力。这一高级数据结构不仅精细地刻画了实体与实体间关系随时间演变的复杂模式，更深刻揭示了现实世界动态变化的本质。时序知识图谱的相关研究与应用近年来备受重视，原因在于其独特的必要性和重要性：一方面，它能够有效地整合历史数据，捕捉时态信息，从而实现对动态过程的精准描述与分析；另一方面，它为人工智能系统提供了更加全面、更加深入的数据支撑，使人工智能系统能够更准确地理解世界的动态性，进而做出更合理的决策。

在人工智能的研究与应用中，时序知识图谱发挥着举足轻重的作用。它不仅能够为机器学习模型提供丰富的时序特征，提升模型的预测性能；还能够为自然语言理解提供有力的支持，使人工智能系统能够更准确地理解含有时态信息的文本。此外，时序知识图谱还能够为推荐系统、决策支持系统等提供有力的数据支撑，帮助系统实现更精准、更智能地推荐与决策。因此，时序知识图谱不仅是当前人工智能领域的一个研究热点，更是推动人工智能向更高层次发展的重要力量。随着技术的不断进步和应用的不断拓展，时序知识图谱将在人工智能领域发挥更加重要的作用，为人类社会的智能化发展贡献更多力量。

3.2 时间概述

3.2.1 时间的定义与分类

（1）时间的定义

"时间"是一个复杂而抽象的概念，它在物理学、哲学、生物学等许多学科领域都有不同的定义和理解。以下是对"时间"的定义、特征和分类的一些基本概述。

物理定义。在物理学中，时间被视为物理现象发生的顺序和持续性的度量。它是相对论和量子力学等理论的基本概念之一。

哲学定义。在哲学中，时间被视为存在和经验的连续性。它涉及许多复杂的主题，如现象学、存在主义和元物理学。

（2）时间的分类

时间可以分为物理时间、生物时间、心理时间、社会时间等类别（见图3-1）。

物理时间。物理时间是指通过物理过程（如地球绕太阳的运动）来度量的时间。

生物时间。生物时间是指生物体内部过程的节奏，如昼夜节律、生长周期等。

心理时间。心理时间是指个体感知到的时间流逝的速度，通常会受到许多因素的影响，如注意力、情绪和环境等。

图3-1 时间的分类

社会时间。社会时间是指由社会约定和文化习俗决定的时间结构，如工作日和节假日、工作时间和休息时间等。

3.2.2 时间的内涵

（1）时间的特征

时间的主要特征可概述为一维性、不可逆性、可度量性（见图3-2）。

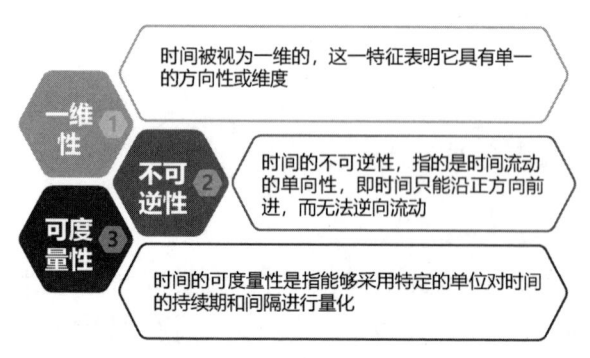

一维性：时间被视为一维的，这一特征表明它具有单一的方向性或维度

不可逆性：时间的不可逆性，指的是时间流动的单向性，即时间只能沿正方向前进，而无法逆向流动

可度量性：时间的可度量性是指能够采用特定的单位对时间的持续期和间隔进行量化

图 3-2　时间的特征

一维性。时间是一个一维的概念，这意味着它只有一个方向或者说一个维度：我们不能同时在两个或多个不同的时间点存在，只能在一个时间点存在，然后移动到另一个时间点。这种一维性使时间成为我们生活中的一个基本框架，我们的活动、思想和感受都在这个一维的时间轴上发生和变化。我们不能跳跃到过去或未来，只能顺着时间的流逝从现在向未来移动。这种一维性是时间的一个基本特征，也是理解和感知时间的基础。

不可逆性。时间的不可逆性又称时间的箭头，是指时间只能向前流动，不能倒流。这是一个基本的物理定律，也是生活中的常识：我们不能回到过去，也不能预知未来，只能在现在的时间点上生活和行动。这种不可逆性使时间成为我们生活中的一个重要因素，我们的决策、行动和结果都在这个不可逆的时间流中产生和发生。我们不能改变过去，也不能确定未来，只能在现在做出最好的决策和行动，以影响我们的未来。

可度量性。时间的可度量性是指我们可以用一定的单位来度量时间的长度和间隔（这些单位可以是秒、分钟、小时、天、周、月、年等），进而可以用这些单位来描述、计划和记录我们的活动和事件——这种可度量性使时间成为生活和工作中的一个重要工具，可以用它来安排日程、计划、活动，评估效率和成果等。这种可度量性也使时间成为科学研究和技术开发的一个重要因素，可以用来描述和预测自然现象、科学实验和技术进程等。

（2）时间的无处不在

时间是无处不在的，因为它是人类理解和解释现象的基本框架。以下是一些关于时间无处不在的原因。

物理现象方面。无论在宇宙的哪个角落，物理现象都是在时间的流动中发生的。例如，行星围绕太阳的运动、原子的振动、光的传播等，都需要时间作为参照。

生物过程方面。所有生物的生命周期都是在时间中进行的。生物的生长、衰老、生殖等过程都是随着时间的推移而发生的。同样，生物的内部生物钟也是根据时间的流动来调整的。

心理感知方面。我们的心理感知也是建立在时间的基础上的，我们的记忆、预期、感知等都依赖于时间的流动。例如，我们通过回忆过去和预测未来来理解和解释现在。

社会活动方面。在社会活动中，时间也起着关键的作用。例如，我们根据时间来安排日常活动，如工作、学习、休息等。此外，社会事件，如节日、纪念日等，也是在时间的框架内进行的。

因此，无论是在物理层面、生物层面、社会层面还是心理层面，时间都是无处不在的。

（3）理解时间的益处

1）理解世界的连续性和变化性。

时间是世界的基本属性之一，它使我们能够理解世界的连续性和变化性。我们通过时间的推移来感知、记录和预测事物的变化。例如，通过观察天气的变化来预测未来的天气情况，通过观察经济的发展趋势来预测未来的经济形势。这种对时间的理解使我们能够对世界有一个连续的和动态的认识，而不是一个静态的和断裂的认识。

此外，时间还使我们能够理解事物的因果关系。通常认为，如果一个事件在另一个事件之前发生，并且这两个事件之间存在一定的逻辑关系，那么前一个事件可能是后一个事件的原因。这种对因果关系的理解对于理解世界的运行规律至关重要。

2）理解人类社会的历史和文化。

时间也是理解人类社会的历史和文化的重要工具。通过研究历史事件的时间顺序和时间跨度，可以理解历史的发展脉络和历史事件的影响。例如，我们通过研究古代文明的发展历程，来理解人类社会的发展规律和人类文明的起源；我们通过研究历史事件的时间背景，来理解这些事件的文化含义和社会影响。

此外，时间还使我们能够理解人类社会的习俗和传统。许多社会习俗和传统都与特定的时间（如节日、纪念日和生日）相关。我们通过理解这些习俗和传统的时间背景，可以更好地理解它们的文化含义和社会价值。

3）理解生命的生长和衰老。

时间是理解生命的生长和衰老的重要工具。所有的生命都有生命周期，从出生到成长、再到衰老和死亡，这个过程是由时间推动的。我们通过观察生命的生长过程，来理解生命的发展规律和生命的价值。例如，通过观察植物的生长过程可以理解植物的生长规律和生态价值；通过观察人的生长过程，可以理解人的成长规律和人生价值。

此外，时间还使我们能够理解生命的衰老过程。衰老是生命的自然过程，它是由时间推动的。通过观察衰老的过程，可以理解衰老的规律和衰老的影响，这种理解对于我们理解生命的有限性和珍贵性至关重要。

4）理解科学的发展和创新。

时间也是理解科学发展和创新的重要工具。科学是一个不断发展和创新的过程，这个过程是由时间推动的。我们通过研究科学理论和科学技术的发展历程，可以理解科学的发展规律和科学的价值。例如，我们通过研究物理学的发展历程，来理解物理学的发展规律和物理学的价值；我们通过研究科技创新的过程，来理解科技创新的规律和科技创新的价值。

此外，时间还使我们能够理解科学的预测和预期。科学预测是科学的重要功能之一，它是基于对时间的理解。通过预测未来的科学发展，可以更好地规划科学研究和科技创新，这种对未来的预期使我们能够更好地应对未来的挑战和机遇。

（4）时序关系的特征与分类

在数据管理和知识表示领域，有时序属性的关系是一种重要的关系类型，这种关系反映了实体之间的关系如何随时间的推移而变化。以下是有时序属性的关系的一些特征和分类。

1）时序关系的特征。

时序关系的主要特征可概述为时间敏感性、历史记录的保留、时间粒度的不同（见图 3-3）。

图 3-3 时序关系的特征

时间敏感性。时序关系的主要特征是时间敏感性。这意味着关系的存在和性质可能会随着时间的推移而变化。例如，一个人的工作状态可能会从"在职"变为"离职"，这是一个时序关系的例子。

历史记录的保留。与非时序关系不同，时序关系通常需要保留历史记录。这是因为在许多情况下，过去的信息对于理解当前的情况和预测未来的趋势是非常重要的。例如，医生可能需要查看患者的医疗历史记录，以便更好地诊断和治疗当前的病症。

时间粒度的不同。时序关系的另一个重要特征是时间粒度的不同。不同的应用可能需要不同的时间粒度。例如，股票市场的分析可能需要以分钟或秒为单位的时间粒度，而人口统计学的研究可能需要以年为单位的时间粒度。

2）时序关系的分类。

快照关系。快照关系是一种特殊类型的时序关系，它只记录在特定时间点的状态。例如，每日股票市场的收盘价就是一个快照关系的例子，每天的收盘价都是一个新的快照，它记录了那一天股票市场的状态。

历史关系。历史关系是另一种类型的时序关系，它记录了过去所有的状态。

例如，患者的医疗历史记录就是一个历史关系的例子，医生可以通过查看这些历史记录，了解患者的病史和治疗过程。

时间序列关系。时间序列关系是一种特殊类型的历史关系，它记录了随时间推移的连续状态。例如，气象站记录的每小时的气温就是一个时间序列关系的例子，这些数据可以用来分析气温的变化趋势和季节性模式。

（5）时序关系与因果关系的异同

时序关系和因果关系都是描述事件之间关系的方式，然而，它们之间存在着显著的差异。以下是对这两类关系的详细分析。

1）时序关系与因果关系的相同点。

顺序性。时序关系和因果关系都具有顺序性。在时序关系中，一个事件发生在另一个事件之前或之后；在因果关系中，原因总是在结果之前发生。例如，如果说"日出后，鸟儿开始歌唱"，这既表达了时序关系（日出在歌唱之前）又表达了因果关系（日出引起了鸟儿的歌唱）。

关联性。时序关系和因果关系都体现了事件之间的关联性。在时序关系中，事件按照时间顺序进行排列；在因果关系中，事件之间存在因果联系。例如，如果说"我先吃了早餐，然后去上班"，这就表达了时序关系；如果说"我因为吃了早餐，所以有了精力去上班"，这就表达了因果关系。

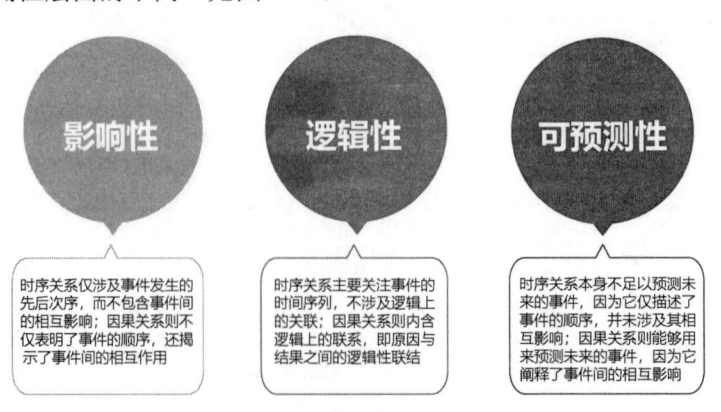

2）时序关系与因果关系的不同点。

时序关系与因果关系的不同可概述为影响性层面的不同、逻辑性层面的不同、可预测性层面的不同（见图3-4）。

影响性：时序关系仅涉及事件发生的先后次序，而不包含事件间的相互影响；因果关系则不仅表明了事件的顺序，还揭示了事件间的相互作用

逻辑性：时序关系主要关注事件的时间序列，不涉及逻辑上的关联；因果关系则内含逻辑上的联系，即原因与结果之间的逻辑性联结

可预测性：时序关系本身不足以预测未来的事件，因为它仅描述了事件的顺序，并未涉及其相互影响；因果关系则能够用来预测未来的事件，因为它阐释了事件间的相互影响

图3-4 时序关系与因果关系的不同点

影响性。时序关系只是描述事件发生的顺序,而不涉及事件之间的影响关系;因果关系则不仅描述了事件的顺序,还描述了一个事件对另一个事件的影响。例如,"我先刷牙,然后吃早餐"表达的是时序关系,刷牙并不会影响吃早餐;而"我因为没吃早餐,所以胃疼"表达的是因果关系,不吃早餐导致了胃疼。

逻辑性。时序关系主要关注的是事件的时间顺序,而不涉及逻辑关系;因果关系则包含了逻辑关系,即原因和结果之间的逻辑联系。例如,"我先做作业,然后看电视"表达的是时序关系,做作业和看电视之间没有逻辑关系;而"因为下雨,所以我没去公园"表达的是因果关系,下雨是我没去公园的逻辑原因。

可预测性。时序关系不能用来预测未来的事件,因为它只描述了事件的顺序,而不涉及事件之间的影响关系;因果关系则可以用来预测未来的事件,因为它描述了事件之间的影响关系。例如,"我先吃早餐,然后去上班"表达的是时序关系,不能预测我是否会去上班;而"因为我吃了早餐,所以我有精力去上班"表达的是因果关系,可以预测我有精力去上班。

总的来说,时序关系和因果关系在某些方面是相似的,但它们在影响性、逻辑性和可预测性等方面有显著的差异。理解这两种关系的相同点和不同点对于理解和解释事件之间的关系是非常重要的。

3.2.3 时间信息的建模方式及其对人工智能技术的支撑

(1)时间信息的表示和建模方式

在人工智能领域,时间建模在许多应用场景中起着关键作用,包括时间序列预测、事件检测、序列生成等。

时间信息的表示方法主要包括三类:时间点表示法、时间区间表示法和时间序列表示法。

时间点表示法。该方法是最简单的时间信息表示方法,它将时间看作是一系列的瞬间点,每个点都对应一个具体的时间。这种方法适用于表示一些简单的时间信息,如事件的发生时间、对象的生命周期等。

时间区间表示法。该方法是一种更复杂的时间信息表示方法,它将时间看作是一系列的区间,每个区间都对应一个时间段。这种方法适用于表示一些复杂的时间信息,如事件的持续时间、对象的存在期限等。

时间序列表示法。该方法是一种专门用来表示时间序列数据的方法,它将时间看作是一系列的有序点,每个点都对应一个时间和一个值。这种方法适用于表示一些连续的时间信息,如股票价格、气候数据等。

这三种方法各有优缺点,需要根据具体的应用需求和数据特性来选择。在实际应用中,可能需要结合使用三种方法,以便更好地表示和处理时间信息。

相应地,时间信息的建模技术主要包括三类:时间关系建模、时间序列建模和时间决策建模技术(见图3-5)。

图3-5 时间信息的建模技术

时间关系建模。时间关系建模是一种用来表示时间关系和处理时间关系的技术,它可以用来表示事件的先后顺序、并发关系、重叠关系等。这种技术在自然语言处理、知识图谱等领域有广泛的应用。

时间序列建模。时间序列建模是一种用来表示和处理时间序列数据的技术,它可以用于预测未来的数据、检测数据的趋势和周期性以及分析数据的相关性。这种技术在金融分析、气候预测等领域有广泛的应用。

时间决策建模。时间决策建模是一种用来表示和处理时间决策的技术,它可以用来模拟和优化与时间相关的决策过程。这种技术在智能调度、智能交通等领域有广泛的应用。

这三种技术各有优缺点,需要根据具体的应用需求和数据特性来选择。在实际应用中,可能需要结合使用三种技术,以便更好地建模和处理时间信息。

总的来说,时间信息的表示和建模在人工智能技术中有着重要的意义,它是人工智能技术的基础和核心,是实现人工智能技术的关键。

重点介绍三种时间信息的建模方法,分别是时间序列模型、隐马尔可夫模型、循环神经网络。

1）时间序列模型。

时间序列模型是统计学领域和经济学领域中常用的一种时间信息建模方式（见图3-6），主要用于分析一组按时间顺序排列的数据点，以便理解底层的趋势和模式。这种模型可以用于预测未来的数据点。

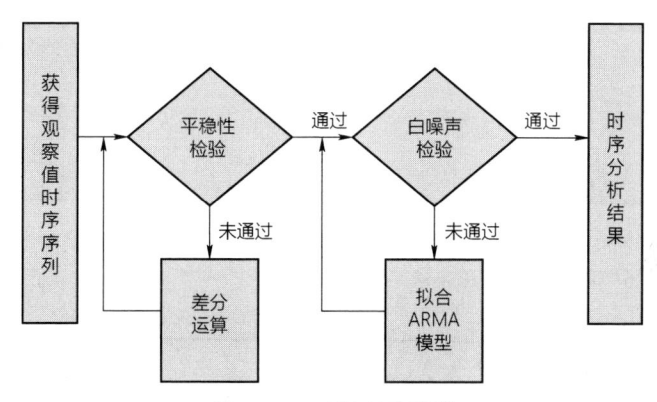

图3-6 时间序列模型

在时间序列模型中，一个常见的假设是一个时间点的值依赖于前一个时间点的值，称为自回归模型（Autoregression Model，AR Model）。另一个假设是一个时间点的值依赖于前一个时间点的误差，称为移动平均模型（Moving Average Model，MA Model）。这两种模型可以结合起来，形成自回归移动平均（Autoregression Moving Average，ARMA）模型。此外，如果模型还考虑了趋势因素和季节性因素，那么就成了自回归整合移动平均模型（Autoregression Integrated Moving Average Model，ARIMA Model）。

上述模型都是线性模型，但是在有些情况下，数据的模式可能是非线性的。因此，在某些情况下，可以使用非线性时间序列模型，如GARCH模型，它用于处理波动性聚集的情况。

2）隐马尔可夫模型。

隐马尔可夫模型是一种统计模型，用于描述一个含有隐状态的马尔可夫过程（见图3-7）。马尔可夫过程是一种随机过程，它具有"无后效性"或"马尔可夫性"的特性。上述特性的含义是：过程在某一状态下的未来状态只依赖于当前状态，而与过去的状态无关。这是一种"记忆无关"的性质，因为过程不记住其过

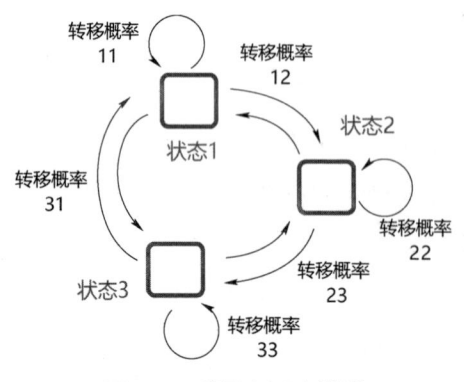

图 3-7　隐马尔可夫模型

去的历史。马尔可夫过程的基本逻辑过程可以概括为以下步骤：步骤 1 初始化，需要定义马尔可夫过程的状态空间，可以是有限的或无限的、离散的或连续的；步骤 2 转移概率，定义从一个状态到另一个状态的转移概率，通常通过转移概率矩阵或函数来实现；步骤 3 状态转移根据转移概率，系统从一个状态转移到另一个状态，这种转移只依赖于当前状态，而不依赖于过去的状态；重复上述步骤 3，系统继续进行状态转移，生成马尔可夫链。马尔可夫过程在许多领域都有应用，包括物理学、化学、经济学、通信工程、信息理论、计算机科学、生物信息学、游戏理论等。

在隐马尔可夫模型中，系统在每一个时间点都处于某个状态，但是这个状态是不可观察的，只能观察到由这个状态产生的一些观测值。隐马尔可夫模型被广泛应用于语音识别、自然语言处理、生物信息学等领域。例如，在语音识别中，观测值可能是语音信号的一些特征，而隐状态可能是对应的语音单元。隐马尔可夫模型的主要任务包括评估（给定模型参数和观测序列，计算观测序列的概率）、解码（给定模型参数和观测序列，找出最可能的隐状态序列）和学习（给定观测序列，估计模型参数）。

3）循环神经网络。

循环神经网络是一种深度学习模型，特别适合处理时间序列数据。如图 3-8 所示，输入数据序列每个数据元素（x）被依次送入模型，分别被映射成为隐状态（h），最终模型输出针对输入数据序列的整体表示（y）。与传统的神经网络不同，循环神经网络具有循环连接，可以使网络保持一种状态，这可以看作是对过去信息的记忆。

循环神经网络可以处理任意长度的序列，而且同一层的神经元共享参数，这使得循环神经网络在理论上可以捕捉到任意元的依赖关系。然而，由于梯度消失和梯度爆炸的问题，实际上循环神经网络很难学习到长期依赖关系。为了解决这个问题，提出了一种改进的循环神经网络，称为 LSTM。LSTM 通过引入门控机制，可以更好地控制信息的流动，从而有效地捕捉到长期依赖关系。

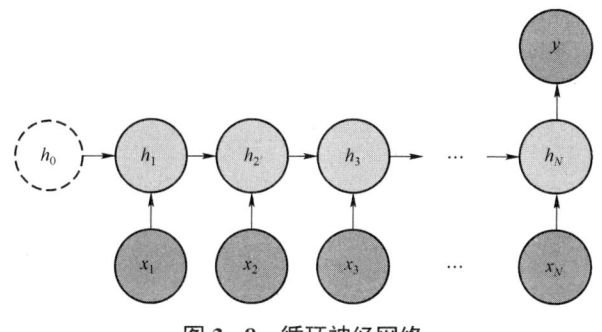

图 3-8 循环神经网络

循环神经网络及其变种被广泛应用于语音识别、自然语言处理、时间序列预测等领域。

（2）时间信息的表示和建模对人工智能技术的意义

时间信息的表示和建模是人工智能技术的重要组成部分，它能够帮助机器理解和处理时间相关的信息，从而更好地理解和模拟人类的思维过程。在人类的思维中，时间是一个基本的概念，我们通过时间来组织和理解世界。例如，我们通过时间来安排日常活动、通过时间来回忆过去的事件、通过时间来预测未来的发展。

在人工智能技术中，时间信息的表示和建模可以用来处理各种时间相关的问题。例如，在自然语言处理中，时间信息的表示和建模可以用来理解和生成时间相关的句子；在机器学习中，时间信息的表示和建模可以用来处理时间序列数据，如股票价格、气候数据等；在知识图谱中，时间信息的表示和建模可以用来表示和推理时间相关的知识；在智能决策中，时间信息的表示和建模可以用来模拟和优化时间相关的决策过程。

时间信息的建模对人工智能技术发展的促进作用可概述如下（见图3-9）。

图 3-9 时间信息的建模对人工智能技术发展的促进作用

更好的预测和决策。时间信息的建模可以帮助人工智能系统更好地理解和预测未来的趋势和模式，从而进行更准确的决策。例如，在金融领域，时间序列分析可以预测股票价格的走势；在医疗领域，可以通过病人的历史医疗记录预测病情的发展。

更深入的行为理解。通过对时间信息的建模，人工智能可以更深入地理解用户的行为模式和习惯。例如，推荐系统可以通过分析用户在不同时间段的行为来提供更个性化的推荐。

更有效的资源管理。在资源管理方面，时间信息的建模可以帮助人工智能进行更有效的调度和分配。例如，在能源领域，通过对电力需求的时间模式的建模，可以有效地调度电力资源。

更强的异常检测能力。时间信息的建模可以提高异常检测的准确性。例如，在网络安全领域，通过对网络流量的时间模式的建模，可以更准确地检测出异常行为。

更准确的事件检测和识别。在事件检测和识别方面，时间信息的建模可以帮助人工智能更准确地检测和识别事件。例如，视频分析中，通过对视频中的时间信息的建模，可以更准确地识别出视频中的事件。

更强的自适应能力。时间信息的建模可以帮助人工智能更好地适应环境的变化。例如，通过对天气、交通等环境因素的时间信息的建模，自动驾驶系统可以更好地适应环境的变化。

时间信息的表示和建模也是人工智能技术的一个重要研究方向。尽管在过去的几十年中，人们已经提出了许多时间信息的表示和建模方法，但由于时间的复杂性和多样性，这个领域仍然有许多未解决的问题和挑战。例如，如何有效地表示和处理不确定的时间信息，如何有效地表示和处理复杂的时间关系，如何有效地表示和处理时间序列数据等。

（3）依赖时间信息建模的人工智能应用

预测分析是使用历史数据来预测未来事件的可能性。例如，天气预报系统会使用过去的天气数据来预测未来的天气情况；同样，股票市场预测系统也会使用历史股票价格数据来预测未来的股票价格。这些预测系统需要对时间序列数据进行复杂的分析和建模，以便理解数据的时间依赖性和周期性。此外，预测分析还需要处理时间信息的不确定性和不完整性。例如，天气预报系统需要处理由于天气条件的不确定性和不可预测性导致的预测误差；同样，股票市场预测系统也需要处理由于市场波动和不确定性导致的预测误差。

在金融交易中，时间信息是非常重要的，因为它可以帮助交易者理解市场的动态变化，并据此做出交易决策。例如，高频交易系统会使用毫秒级的时间信息来执行交易，以便在市场变化之前获取优势。此外，金融交易系统还需要处理时间信息的复杂性和不确定性。例如，交易系统需要处理由于市场波动和不确定性导致的价格变化。同样，交易系统也需要处理由于交易延迟和执行滑点导致的时间信息的不确定性。

在健康监控中，时间信息是非常重要的，因为它可以帮助医生和护士了解病人的健康状况的变化，并据此做出治疗决策。例如，心电图监控系统会使用时间序列数据来监控病人的心率和心律。此外，健康监控系统还需要处理时间信息的复杂性和不完整性。例如，监控系统需要处理由于病人的生理变化和疾病进展导致的数据变化。同样，监控系统也需要处理由于数据丢失和测量误差导致的时间信息的不完整性。

在物流和供应链管理中，时间信息是非常重要的，因为它可以帮助企业理解和优化物流和供应链的运作。例如，物流系统会使用时间序列数据来预测和优化货物的运输和配送。此外，物流和供应链管理系统还需要处理时间信息的复杂性和不确定性。例如，系统需要处理由于交通状况和天气条件变化导致的运输延迟。同样，系统也需要处理由于供应链中的不确定性和变化导致的时间信息的不确定性。

在社交媒体分析中，时间信息是非常重要的，因为它可以帮助研究人员分析人们的社交行为和情感。例如，社交媒体分析系统会使用时间序列数据来分析人们的发帖和评论的趋势。此外，社交媒体分析系统还需要处理时间信息的复杂性和不完整性。例如，系统需要处理由于人们的社交行为和情感变化导致的数据变化。同样，系统也需要处理由于数据丢失和测量误差导致的时间信息的不完整性。

（4）人工智能技术对时间信息利用和建模能力的不足

当前人工智能技术对时间信息利用和建模能力的不足，主要体现在以下几个方面（见图3-10）。

图 3-10　人工智能技术对时间信息利用和建模能力的不足

1）时间信息的复杂性和不确定性问题。

时间信息是非常复杂且具有不确定性的。在现实世界中，事件发生的时间和顺序可能会对结果产生重要影响。例如，在金融市场中，股票价格的变化可能取决于过去的价格变动和其他相关事件的发生顺序；在医疗领域，病人的病情变化可能取决于过去的病史和治疗过程。然而，当前的人工智能模型往往假设数据是独立分布的，忽略了时间信息的影响，导致模型无法准确地预测未来的事件。

时间信息的不确定性也给人工智能模型带来了挑战。由于时间信息可能受到多种因素的影响，如环境变化、系统误差等，因此时间信息可能存在噪声和不确定性。当前的人工智能模型往往假设数据是确定的，忽略了时间信息的不确定性，导致模型无法准确地预测未来的事件。

2）时间信息的表示和处理问题。

时间信息的表示和处理是人工智能模型面临的另一个挑战。对于连续的时间信息，"如何将其转化为人工智能模型可以处理的离散形式"是一个亟待解决的关键问题。此外，时间信息的处理也需要考虑到时间的顺序性，即事件发生的顺序对结果的影响。然而，当前的人工智能模型往往忽略了时间信息的顺序性，导致模型无法准确地预测未来的事件。

此外，时间信息的处理也需要考虑到时间的周期性，即在一定的时间周期内，某些事件的发生可能具有一定的规律性。然而，当前的人工智能模型往往忽略了时间信息的周期性，导致模型无法准确地预测未来的事件。

3）时间信息的建模问题。

在许多应用场景中，时间信息是非常重要的。然而，如何将时间信息融入到人工智能模型中，从而使模型能够准确地预测未来的事件，是一个非常具有挑战性的问题。

一方面,时间信息的建模需要考虑到时间的连续性,即事件发生的时间间隔可能会对结果产生影响。然而,当前的人工智能模型往往假设事件发生的时间间隔是固定的,忽略了时间的连续性,导致模型无法准确地预测未来的事件。另一方面,时间信息的建模也需要考虑到时间的动态性,即随着时间的推移,系统的状态可能会发生变化。然而,当前的人工智能模型往往假设系统的状态是静态的,忽略了时间的动态性,导致模型无法准确地预测未来的事件。

4) 时间信息的稀疏性和不完整性问题。

在许多应用场景中,时间信息可能是稀疏的或不完整的。例如,在金融市场中,股票价格的数据可能在某些时间点上缺失;在医疗领域,病人的病史和治疗过程可能在某些时间点上缺失。这种时间信息的稀疏性和不完整性给人工智能模型带来了挑战。当前的人工智能模型往往假设数据是完整的,忽略了时间信息的稀疏性和不完整性,导致模型无法准确地预测未来的事件。

3.3 时序知识图谱概述

3.3.1 时序知识图谱的定义与内涵

(1) 时序知识图谱的定义

时序知识图谱是一种特殊类型的知识图谱,它在传统的静态知识图谱的基础上,添加了时间这一维度,以更准确地描述实体和关系随时间的变化。在时序知识图谱中,每一个三元组(实体,关系,实体)都会额外关联一个或多个时间戳,形成四元组(Quadruple),表示该关系在某个时间点或某段时间内有效或存在。例如,四元组(美国,总统,奥巴马,2009—2017 年)(USA, has president, Obama, [2009—2017 年])。时序知识图谱在许多领域都有应用,如历史研究、金融市场分析、社交网络分析等。通过引入时间维度,时序知识图谱能够更好地捕捉和理解现实世界的动态性。

(2) 时序知识图谱的符号表示

时序知识图谱推理任务是在静态知识图谱推理的基础上增加了时间维度,因此需要将时间因素纳入到形式化定义中。以下是时序知识图谱推理任务的形式化定义。

1）实体集合。$\mathcal{E} = \{e_1, e_2, \cdots, e_{|\mathcal{E}|}\}$，其中，每个 e_i（$i \in [1, |\mathcal{E}|]$）代表一个实体。

2）关系集合。$\mathcal{R} = \{r_1, r_2, \cdots, r_{|\mathcal{R}|}\}$，其中，每个 r_j（$j \in [1, |\mathcal{R}|]$）代表一种实体间的关系。

3）时间集合。$\mathcal{T} = \{\tau_1, \tau_2, \cdots, \tau_{|\mathcal{T}|}\}$，其中，每个 τ_l（$l \in [1, |\mathcal{T}|]$）代表一个时间点或者一个时间段。

4）时序知识图谱。$\mathcal{G} = \{(e_i, r_j, e_k, \tau_l) \mid e_i, e_k \in \mathcal{E}, r_j \in \mathcal{R}, \tau_l \in \mathcal{T}\}$，其中，每个四元组 (e_i, r_j, e_k, τ_l) 代表一条知识（或事实），表示在 τ_l 时，实体 e_i 和实体 e_k 之间存在 r_j 关系。

时序知识图谱推理任务的目标是：在给定一部分时序知识图谱和一些查询条件（如时间、实体或关系）的情况下，预测或推断出当前时序知识图谱所缺失的知识（事实）。例如，给定四元组形式的知识 (e_1, r_1, e_2, τ_1) 和知识 (e_1, r_2, e_3, τ_2)，可能的推理任务是在 τ_3 时刻，实体 e_1 和 e_3 之间是否存在某种关系。上述是时序知识图谱推理任务的基本形式化定义，实际应用中可能会根据具体任务需求进行更复杂的定义和扩展。

下面以一个具体事例具象化时序知识图谱。考虑一个时序知识图谱，包含以下四元组：（Einstein，Born_In，Ulm，1879），（Einstein，Moved_To，Munich，1880），（Einstein，Started_Work_At，Swiss_Patent_Office，1902），（Einstein，Published_Paper_On，Special_Relativity，1905）。在这个例子中，Einstein（爱因斯坦）、Ulm（乌尔姆）、Munich（慕尼黑）、Swiss_Patent_Office（瑞士专利局）、Special_Relativity（狭义相对论）是实体（属于实体集合 $\mathcal{E}$），Born_In（出生）、Moved_To（搬迁）、Started_Work_At（就职于）、Published_Paper_On（发表）是关系（属于关系集合 $\mathcal{R}$），1879，1880，1902，1905 是时间点（属于时间集合 $\mathcal{T}$）。上述时序知识图谱的知识表示的是：爱因斯坦在 1879 年出生在乌尔姆，然后在 1880 年搬到了慕尼黑，在 1902 年开始在瑞士专利局工作，并在 1905 年发表了关于狭义相对论的论文。

（3）时序知识图谱的特征

时序知识图谱是一种特殊的知识图谱，它不仅包含实体和实体之间的关系，还包含这些关系发生的时间信息。以下是时序知识图谱的主要特征（见图 3-11）。

1）时间敏感性。

时序知识图谱的一个显著特征是时间敏感性。不同于传统的静态知识图谱，时序知识图谱中的关系不仅是静态的，还是随着时间推移而变化的。例如，人的工作地点、婚姻状态等都可能随着时间的变化而变化。这种时间敏感性使时序知识图谱能够更准确地反映现实

图 3-11　时序知识图谱的主要特征

世界的复杂性，并为一些时间敏感的任务，如事件预测、趋势分析等提供支持。

2）时间粒度的多样性。

时序知识图谱还具有时间粒度多样性的特征。在时序知识图谱中，时间信息可以以不同的粒度出现，如年、月、日、小时等。这种多样性使时序知识图谱能够适应不同的应用场景。例如，在进行长期趋势分析时，可能需要以年为单位的时间信息；而在进行短期事件预测时，可能需要以小时甚至分钟为单位的时间信息。

3）动态性。

时序知识图谱具有强烈的动态性。随着新的实体和关系的出现，以及旧的实体和关系的消失，时序知识图谱会不断地发生变化。这种动态性使时序知识图谱能够反映现实世界的动态变化，并为一些动态的任务（如实时推荐、动态路径规划等）提供支持。

4）时空关联性。

时序知识图谱还具有时空关联性的特征。在时序知识图谱中，实体和关系不仅与时间有关，还可能与空间有关。例如，人的工作地点不仅与时间有关，还与地理位置有关。这种时空关联性使时序知识图谱能够提供更丰富和更精确的信息，从而提高任务的效果。

5）时序关系复杂性。

与传统的静态知识图谱相比，时序知识图谱中的关系更为复杂。除了实体之间的基本关系，还可能存在实体与时间、关系与时间的复杂关系。例如，人的工作地点可能随着时间的推移而变化，这就形成了一个复杂的时序关系。这种复杂

性使时序知识图谱的构建和查询更为困难，但也提供了更多的挖掘和利用的可能性。

总的来说，时序知识图谱具有时间敏感性、时间粒度的多样性、动态性、时空关联性和时序关系复杂性等特征，这些特征使时序知识图谱能够更准确地反映现实世界的复杂性，并为各种任务提供更丰富和更精确的信息。

（4）时序知识图谱的分类

时序知识图谱可以从多个角度进行分类，包括但不限于：数据源、时间粒度、实体关系动态性等。以下是这些分类的详细描述。

1）按照数据源分类，时序知识图谱分为开放源数据时序知识图谱和专有数据时序知识图谱。

开放源数据时序知识图谱。数据来源于开放的网络资源，如维基百科、公开的数据库等。这类图谱的优点是数据量大，覆盖面广，但可能存在数据质量不一、更新不及时等问题。

专有数据时序知识图谱。数据来源于特定的机构或企业，如医院、科研机构等。这类图谱的优点是数据质量高，更新及时，但可能存在数据量小、覆盖面窄等问题。

2）按照时间粒度分类，时序知识图谱分为微观时序知识图谱和宏观时序知识图谱。

微观时序知识图谱。时间粒度较小，如秒、分钟、小时等。其适合用于描述短时间内的实体关系变化，如股市交易、实时监控等场景。

宏观时序知识图谱。时间粒度较大，如天、月、年等。其适合用于描述长时间内的实体关系变化，如历史事件、气候变化等场景。

3）按照实体关系动态性分类，时序知识图谱分为静态时序知识图谱和动态时序知识图谱。

静态时序知识图谱。静态时序知识图谱主要描述的是实体关系（如描述某一历史事件的人物关系等）在某一时刻的状态，关系的变化不是重点。

动态时序知识图谱。动态时序知识图谱主要描述的是实体关系（如描述股市交易过程、疾病传播过程等）的变化过程，关系的动态性是重点。

以上分类是时序知识图谱的主要分类方式，实际上，时序知识图谱的分类方式可以根据实际需求进行灵活定义。

（5）时序知识图谱与静态知识图谱的区别

时序知识图谱与静态知识图谱的区别可概述如下（见图 3-12）。

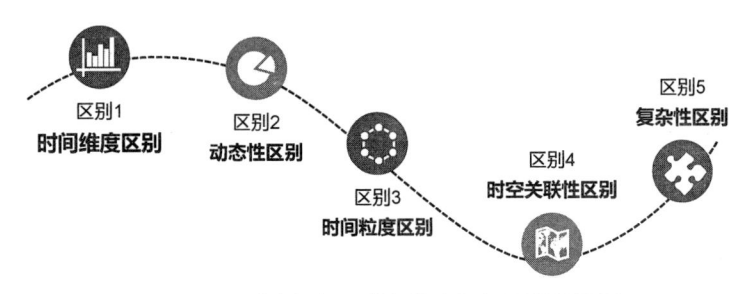

图 3-12　时序知识图谱与静态知识图谱的区别

时间维度区别。这是时序知识图谱和静态知识图谱最主要的区别。静态知识图谱主要关注实体间的关系，并不涉及时间维度，它通常用来描述一种静态的、不变的状态。例如，静态知识图谱可能会描述"苹果是一种水果"，这是一种不会随时间变化的事实。而时序知识图谱则增加了时间维度，可以描述实体和关系随时间的变化。例如，时序知识图谱可以描述"乔布斯在 2007 年推出了第一代 iPhone"，产品更新换代是一种随时间变化的事实。

动态性区别。时序知识图谱具有强大的动态性。由于考虑了时间维度，因此它可以捕捉到实体和关系随时间的变化。例如，一个人的工作经历、一个公司的发展历程等，这些都是随时间发生变化的，而时序知识图谱可以很好地捕捉到这种变化。而静态知识图谱则无法做到这一点，它只能描述一种静态的、不变的状态。

时间粒度区别。时序知识图谱可以处理不同的时间粒度，如年、月、日、小时、分钟等，为复杂的时序查询提供了可能。例如，可以查询"在过去的一个月里，哪些公司发生了并购事件？"，针对这种问题，时序知识图谱可以很好地处理。而静态知识图谱则无法处理这种问题，因为它并不考虑时间维度。

时空关联性区别。时序知识图谱可以处理时空关联性。例如，可以查询"在过去的一个月里，在纽约发生的犯罪事件有哪些？"，针对这种问题，时序知识图谱可以很好地处理。而静态知识图谱则无法处理这种问题，因为它并不考虑时间和空间维度。

复杂性区别。由于增加了时间维度，因此时序知识图谱的复杂性要高于静态知识图谱。首先，时序知识图谱需要处理的数据量要大于静态知识图谱；其次，时序知识图谱需要处理的问题也更加复杂，如时间序列预测、时序模式挖掘等。而静态知识图谱则主要关注实体间的关系，处理的问题相对简单。

3.3.2 时序知识图谱的应用与案例

（1）时序知识图谱的典型应用

对时序知识图谱的典型应用领域的概述如下。

医疗领域。 时序知识图谱可以用于分析疾病的发展过程和病情变化。例如，通过构建一个包含病人病情、治疗方案、药物使用等信息的时序知识图谱，医生可以更好地理解疾病的历程，从而制订出更精确的治疗计划。

金融领域。 时序知识图谱可以用于分析市场趋势和预测未来的金融事件。例如，通过构建一个包含股票价格、公司新闻、市场事件等信息的时序知识图谱，投资者可以更好地理解市场的动态，从而做出更准确的投资决策。

社交媒体领域。 时序知识图谱可以用于分析用户行为和社交网络的动态。例如，通过构建一个包含用户的发帖、评论、点赞等信息的时序知识图谱，研究人员可以更好地理解用户的行为模式，从而设计出更有效的社交媒体策略。

交通领域。 时序知识图谱可以用于分析交通流量和预测未来的交通状况。例如，通过构建一个包含车辆位置、速度、路况等信息的时序知识图谱，交通管理者可以更好地理解交通流的变化，从而制订出更有效的交通管理策略。

环境科学领域。 时序知识图谱可以用于分析和预测环境变化。例如，通过构建一个包含气候数据、植被覆盖、土壤类型等信息的时序知识图谱，科学家可以更好地理解环境的变化，从而制定出更有效的环保策略。

历史研究与文化遗产保护领域。 知识图谱能够帮助研究人员系统地组织和分析历史事件、文化遗产和相关文献资料。它可以通过展示事件的发生顺序、演化过程、关系网络等信息，帮助研究人员深入理解历史时期的变迁和文化传承。例如，可以利用时序知识图谱构建一张中国历史的时间线，逐步呈现各个朝代的兴衰沿革。此外，在文化遗产保护方面，时序知识图谱可以帮助研究人员系统化地记录文物的产生时间、流传轨迹、相关事件等信息，有助于文物的保护工作和修复工作。

物联网和智能制造领域。 时序知识图谱可以用于设备状态的监测与维护。通过收集设备传感器产生的时间序列数据,结合设备的维修记录和维保信息,构建时序知识图谱,可以发现设备故障的规律,预测设备的寿命,并为设备的维护保养提供指导。此外,时序知识图谱还可以优化生产计划,提高生产线的效率和稳定性,实现智能制造的目标。

接下来以医疗健康服务、金融风险预测、社交网络分析、个性化推荐为例进行详细介绍。

1) 医疗健康服务。

在医疗健康服务领域,时序知识图谱的应用具有广泛的前景,并已经取得了一定的成果。

首先,时序知识图谱可以用于构建疾病知识图谱,进而应用在临床决策支持、医院病例搜索排序、智能问诊和深度学习结合的知识融合等场景。这种基于患者全景数据和现有的医学知识构建的疾病知识图谱,可以为医生提供更为精准的诊断依据和治疗依据,同时也可以帮助医疗机构更好地管理和利用他们的医疗数据。

其次,时序知识图谱也可以用于医学研究和药物研发领域。通过构建真实世界疾病领域模型,时序知识图谱可以帮助科研人员更好地理解疾病的发病机制,并为新药物的设计和开发提供有力的支持。

最后,时序知识图谱还在医疗健康领域的管理和决策中发挥着重要的作用。通过将医疗数据进行结构化和时序化,时序知识图谱可以帮助医疗机构更好地进行医疗资源的配置和管理,从而提升医疗服务的效率和质量。

总的来说,时序知识图谱在医疗健康领域的应用前景广阔,有望在未来进一步推动医疗健康领域的发展。当然,尽管时序知识图谱在医疗健康领域的应用已经取得了一定的成果,但是仍然面临着许多挑战,如"如何提高知识图谱的构建效率和精度""如何更好地将知识图谱应用到实际的医疗决策中去"。这些都需要在实践中不断地探索和尝试。

2) 金融风险预测。

金融风险预测是时序知识图谱的一个重要应用场景。在这个场景中,知识图谱被用来表示金融市场的各种实体(如股票、债券、投资者等)以及它们之间的各种关系(如交易关系、所有权关系等)。这些关系随着时间的推移会发生变化,形成一个时序知识图谱。

以这个时序知识图谱为基础,可以使用各种机器学习算法来预测金融市场的风险。例如,可以使用图神经网络来学习实体和关系的嵌入表示,然后使用这些嵌入表示来预测未来的风险。这种方法可以有效地捕捉金融市场的复杂性和动态性,从而提高风险预测的准确性。

3)社交网络分析。

社交网络分析是时序知识图谱的另一个重要应用场景。在这个场景中,知识图谱被用来表示社交网络中的各种实体(如用户、帖子、话题等)以及它们之间的各种关系(如关注关系、评论关系、转发关系等)。这些关系随着时间的推移会发生变化,形成一个时序知识图谱。

以这个时序知识图谱为基础,可以使用各种机器学习算法来分析社交网络的动态。例如,可以使用图神经网络来学习实体和关系的嵌入表示,然后使用这些嵌入表示来预测用户的行为、发现社区结构、检测异常行为等。这种方法可以有效地捕捉社交网络的复杂性和动态性,从而提高社交网络分析的准确性。

4)个性化推荐。

个性化推荐是时序知识图谱的又一个重要应用场景。在这个场景中,知识图谱被用来表示各种实体(如用户、商品、品牌等)以及它们之间的各种关系(如购买关系、浏览关系、评价关系等)。这些关系随着时间的推移会发生变化,形成一个时序知识图谱。

以这个时序知识图谱为基础,可以使用各种机器学习算法来进行个性化推荐。例如,可以使用图神经网络来学习实体和关系的嵌入表示,然后使用这些嵌入表示来预测用户的兴趣、推荐相关商品、优化推荐策略等。这种方法可以有效地捕捉用户的兴趣变化和商品的动态性,从而提高推荐的准确性和满意度。

一个典型的案例是亚马逊的个性化推荐系统。这个系统使用了一个大规模的时序知识图谱,包含了数亿的实体和数千亿的关系。通过对这个图谱的深度学习,亚马逊的个性化推荐系统可以实时预测用户的兴趣、推荐相关商品、优化推荐策略,从而提高用户满意度和销售额。

(2)常见的时序知识图谱

常见的时序知识图谱数据库包括事件语言和语气全球数据库(Global Database of Events,Language,and Tone,GDELT)、综合危机预警系统(Integrated Crisis Early

Warning System，ICEWS）、YAGO15K 等，它们可以存储关于全球实体相互作用的不断发展的知识。

1）GDELT 时序知识图谱。

GDELT 是一个全球新闻事件的数据库，它从全球范围内的新闻报道中提取事件、情绪和人物网络，将这些信息结构化并进行时序化处理。GDELT 是一个开放的数据库，旨在构建一个全球社会科学研究的基础框架，用于探索社会科学的边界。GDELT 的主要特点如下。

全球覆盖。GDELT 收集了全球各地的新闻报道，包括超过 100 种语言的新闻报道。

事件和情绪数据。GDELT 通过自然语言处理技术从新闻报道中提取事件和情绪数据。这些事件数据包括事件的类型、参与者、地点、时间等信息。情绪数据则包括报道中的情绪色彩，如积极、消极、中立等。

网络数据。GDELT 还从新闻报道中提取了人物关系网络，这些网络数据可以用于分析人物间的关系和影响力。

时序数据。GDELT 的所有数据都是时序化的，这使得 GDELT 可以用于分析事件、情绪和网络的时间动态。

开放接口。GDELT 提供了开放的 API，用户可以通过这些接口获取和查询 GDELT 的数据。

GDELT 的数据可以用于各种社会科学和计算社会科学的研究，如社会网络分析、公共舆论分析、国际关系研究等。同时，GDELT 的数据也可以用于商业分析，如市场趋势预测、品牌声誉管理等。

2）ICEWS 时序知识图谱。

ICEWS 是一个提供全球政治事件数据的时序知识图谱。该数据集由美国国防高级研究计划局（DARPA）资助，旨在提供一种工具，帮助预测和预防国际冲突和危机。ICEWS 数据集包含了从 1995 年至今的全球范围内的政治事件数据。这些事件涵盖了各种类型，包括但不限于军事行动、政治抗议、经济制裁、暴力冲突等。每个事件都包含了发生时间、地点、涉及的参与者（如国家、组织、个人等）以及事件的类型和详细描述。

ICEWS 数据集的一个重要特点是其时序性。与传统的知识图谱不同，ICEWS

数据集不仅记录了事件的发生，还记录了事件发生的时间。这使得研究者可以分析和理解事件之间的因果关系，以及事件如何随着时间的推移而演变。此外，ICEWS 数据集还包含了丰富的元数据，如事件的地理位置、涉及的参与者、事件的重要性等。这些元数据可以帮助研究者更深入地理解事件的背景和影响。

总的来说，ICEWS 数据集是一个强大的工具，可以帮助研究者理解和预测全球政治事件的动态。通过分析 ICEWS 数据集，研究者可以揭示事件之间的复杂关系，预测未来可能发生的事件，从而为决策者提供有价值的信息。

3）YAGO15K 知识图谱。

YAGO15K 是一个知识图谱数据集，它基于 WordNet 和 DBpedia，包含了大约 1 500 万个实体和 1.5 亿个三元组。该数据集的目标是提供一个大规模的知识图谱，以支持各种自然语言处理任务，如问答、信息检索和机器翻译等。YAGO15K 数据集中的时间信息主要体现在实体和事件之间的关系上。例如，某些实体可能会有出生日期、死亡日期、活动日期等时间相关的属性。此外，YAGO15K 还包含了许多事件，这些事件通常涉及时间维度，如某个事件发生的时间、持续的时间等。

在处理和利用 YAGO15K 数据集中的时间信息时，研究者们通常会借助深度学习模型（如神经网络），来学习和理解这些时间相关的知识。例如，研究者们可能会训练一个模型来预测一个实体的年龄，或者预测一个事件何时结束。此外，他们还可能会利用这些时间信息来改进问答系统的性能，使系统能够更准确地回答与时间相关的问题。总的来说，YAGO15K 数据集中的时间信息为研究者们提供了一个深入理解和探索时间相关知识的平台，同时也为各种自然语言处理任务提供了有力的支持。

3.4 时序知识图谱构建与推理

3.4.1 时序知识图谱的构建

（1）时序知识图谱与静态知识图谱构建的区别

1）强调数据的动态性。

静态知识图谱主要关注的是实体间的静态关系，如"北京是中国的首都"这样的知识，这些知识是不会随时间变化的。而时序知识图谱则需要捕捉和表示实体间随时间变化的动态关系，如"卡塔尔是上一届世界杯举办国"这样的知识，这些知识是会随时间变化的。因此，时序知识图谱的构建需要考虑到数据的动态性，需要能够处理和表示时间信息。

2）强调对时间信息的处理。

在静态知识图谱的构建中，通常不需要处理时间信息，因为静态知识图谱主要关注的是实体间的静态关系。而在时序知识图谱的构建中，时间信息的处理是非常重要的。首先，需要能够抽取和表示时间信息，例如，需要能够抽取出"卡塔尔于 2022 年举办世界杯"这样的时间信息。其次，需要能够处理和表示实体间随时间变化的动态关系，例如，需要能够表示出"卡塔尔是上一届世界杯举办国，而下一届世界杯将由加拿大、墨西哥、美国联合举办"这样的动态关系。

3）强调知识图谱的更新。

静态知识图谱一旦构建完成，就不需要频繁地更新，因为它所表示的知识是静态的，不会随时间变化；而时序知识图谱则需要频繁地更新，因为它所表示的知识是动态的，会随时间变化。例如，当卡塔尔不再举办世界杯时，时序知识图谱需要能够快速地更新这个信息。因此，时序知识图谱的构建需要考虑到知识图谱的更新问题，需要有高效的更新机制。

4）强调复杂查询和推理。

在静态知识图谱中，查询和推理主要是基于实体间的静态关系进行。而在时序知识图谱中，查询和推理则需要考虑到时间信息和实体间的动态关系。例如，当查询"世界杯举办国"时，静态知识图谱可能会返回所有曾经举办过世界杯的国家，而时序知识图谱则会返回当前的世界杯举办国。因此，时序知识图谱的构建需要考虑到查询和推理的问题，需要有处理时间信息和动态关系的查询和推理机制。

5）强调数据源的选择。

静态知识图谱和时序知识图谱在数据源的选择上也有所不同。静态知识图谱可以从各种静态的数据源（如维基百科、各种数据库等）中抽取知识；而时序知识图谱则需要从包含时间信息的数据源（如新闻报道、社交媒体等）中抽取知识。因此，时序知识图谱的构建需要考虑到数据源的选择问题，需要有处理包含时间信息的数据源的能力。

（2）时序知识图谱构建的评价指标

时序知识图谱构建的评价指标对于衡量知识图谱的质量和完整性至关重要。以下是具体的评价指标及举例（见图 3-13）。

图 3-13　时序知识图谱构建的评价指标

1）时间戳准确性。

这是评估时序知识图谱构建效果的重要指标之一。时间戳的准确性直接影响到知识图谱的质量和可靠性。例如，在金融领域的知识图谱中，时间戳的准确性要求能够准确地记录股票交易的时间，以便进行准确的交易分析和风险评估。

2）时序一致性。

这是评估时序知识图谱构建效果的另一个重要指标。时序一致性要求知识图谱中的实体、概念和关系在时间维度上保持逻辑一致。例如，在历史领域的知识图谱中，时序一致性要求历史事件的时间线和因果关系准确无误。

3）事件触发词的识别准确率。

在时序知识图谱中，事件触发词的识别是关键步骤。准确识别事件触发词，有助于正确理解事件类型和事件论元，进一步构建准确的事件模型。例如，在股票交易领域，如果能够准确识别出"买入"和"卖出"等事件触发词，就能够准确推断出交易行为，进一步分析交易者的意图和市场的变化趋势。

4）实体链接准确性。

实体链接是将文本中的实体链接到知识图谱中相应实体的过程。在时序知识图谱中，实体链接的准确性尤为重要，因为它直接关系到知识图谱的完整性和准确性。例如，在金融新闻中，如果能够准确地将苹果公司链接到知识图谱中的相应实体，就能够准确获取该公司的股票价格、财务数据等信息。

5）关系抽取效果。

关系抽取是从文本中提取实体间关系的过程。在时序知识图谱中，关系抽取的效果尤为重要，因为它直接关系到知识图谱的语义信息和结构化程度。例如，在金融领域的知识图谱中，关系抽取需要准确地识别出金融产品间的关系以及它们的交易历史。

6）时序推理准确性。

这是评估时序知识图谱构建效果的另一个重要指标。时序推理要求能够根据已知的时间序列数据进行推断，预测未来的趋势和结果。例如，在股票市场预测中，如果能够利用已知的股票价格数据，通过时序推理预测未来的股票价格走势，就能够为投资者提供有价值的参考信息。

通过综合考虑以上各项指标，可以对时序知识图谱构建的效果进行全面评估，从而更好地改进算法和优化算法的性能，提高知识的利用效率和智能化水平。

静态知识图谱主要关注的是知识的表示和结构化存储，而时序知识图谱则更注重知识随时间的变化和演化。因此，在评估时序知识图谱构建的效果时，需要关注一些与静态知识图谱不同的指标。以下是时序知识图谱构建的评价指标与静态知识图谱构建的评价指标的主要区别。

1）时间敏感性。

时序知识图谱的一个重要特点是时间敏感性。因此，评估时序知识图谱的质量时，需要关注时间戳的准确性、时间序列数据的连贯性和一致性等方面。这些指标衡量了时序知识图谱在时间维度上的可靠性和准确性。

2）演化性。

时序知识图谱中的实体、关系和属性会随时间发生变化。因此，评估时序知识图谱的构建效果时，需要关注知识演化的准确性，包括实体、关系和属性的变化是否符合实际情况，以及演化过程的描述是否清晰和准确。

3）事件触发词的识别准确性。

在时序知识图谱中，事件触发词的识别是关键步骤。准确识别事件触发词，有助于理解事件类型和事件论元,进一步构建准确的事件模型。评估该指标可衡量事件触发词识别的准确率,确保时序知识图谱中事件描述的准确性和可靠性。

4)动态关系抽取效果。

在时序知识图谱中,关系抽取不仅要考虑实体间的关系,还需要考虑时间因素对关系的影响。因此,评估动态关系抽取效果时,需要关注时序关系抽取的准确性、时效性和动态性等方面。

5)实时性。

由于时序知识图谱涉及时间序列数据,因此实时性是评估其构建效果的重要指标之一。实时性衡量的是时序知识图谱能否及时更新数据并响应用户的查询请求。延迟的数据更新可能影响决策的时效性和准确性。

总体而言,与静态知识图谱相比,时序知识图谱更注重时间维度上的可靠性和准确性、知识的演化性以及数据的实时性等方面。在评估时序知识图谱构建的效果时,需要关注这些与静态知识图谱不同的指标,以确保为用户提供最新、最可靠的信息。

(3)时序知识图谱构建面临的挑战

构建时序知识图谱所面临的主要挑战如下(见图 3-14)。

数据采集面临的挑战
依赖于大量的时序数据,数据的采集过程可能会面临多种挑战

实体识别和链接面临的挑战
实体的属性可能随时间变化

关系抽取面临的挑战
实体间的关系可能随时间变化

时间标注面临的挑战
如何准确标注出实体和关系的连续时间属性是一个挑战

图结构的构建和更新面临的挑战
底层图结构是随时间不断变化的

图 3-14 构建时序知识图谱所面临的主要挑战

1)数据采集面临的挑战。

时序知识图谱的构建首先依赖于大量的时序数据,这些数据可以从各种来源(如新闻报道、社交媒体、科研文献等)获取。然而,数据的采集过程可能会面临多种挑战。首先,数据的质量问题。数据可能存在噪声、错误、遗漏等问题,

这些问题将影响后续的实体识别、关系抽取和时间标注等步骤。其次，数据的规模问题。随着互联网的发展，数据的规模日益庞大，如何有效地处理这些大规模数据是一个挑战。再次，数据的动态性问题。数据是随时间不断变化的，如何实时地采集和处理这些动态数据也是一个挑战。

2）实体识别和链接面临的挑战。

实体识别和链接是构建知识图谱的关键步骤，其目标是识别出文本中的实体并将其链接到知识图谱中。然而，这个过程面临多种挑战。首先，实体的多义性问题。一个词可能对应多个实体，例如，"苹果"既可以指一种水果，也可以指一家公司，而且随着时间推移，"苹果"的"同形异义"词会逐渐增多。如何准确地识别出实体的正确含义是一个挑战。其次，实体的时序性问题。实体的属性（如人的年龄、公司的员工数等）可能随时间变化，如何准确地标注出实体的时序属性也是一个挑战。

3）关系抽取面临的挑战。

关系抽取的目标是从文本中抽取出实体间的关系。然而，这个过程也面临多种挑战。首先，关系的复杂性问题。实体间的关系（如多元关系、嵌套关系等）可能非常复杂。如何准确地抽取出这些复杂关系是一个挑战。其次，关系的时序性问题。实体间的关系（如人的职业、国家的领导人等）可能随时间变化。如何准确地标注出关系的时序属性也是一个挑战。

4）时间标注面临的挑战。

时间标注的目标是标注出实体和关系的时间属性。然而，这个过程也面临多种挑战。首先，时间的模糊性问题。时间（如具体的日期、相对的时间、模糊的时间等）可能以多种形式出现。如何准确地识别和标注出这些时间是一个挑战。其次，时间的连续性问题。时间是连续的，如何准确地标注出实体和关系的连续时间属性也是一个挑战。

5）图结构的构建和更新面临的挑战。

图构建和更新的目标是根据已有的实体、关系和时间信息构建和更新知识图谱。然而，这个过程也面临多种挑战。首先，图的复杂性问题。知识图谱（如多层次的图、多模态的图等）可能非常复杂。如何有效地处理这些复杂图是一个挑战。其次,图的动态性问题。时序知识图谱的底层图结构是随时间不断变化的,如何实时地更新知识图谱也是一个挑战。

(4)时序知识图谱构建技术存在的不足

当前时序知识图谱构建技术存在的不足如下(见图3-15)。

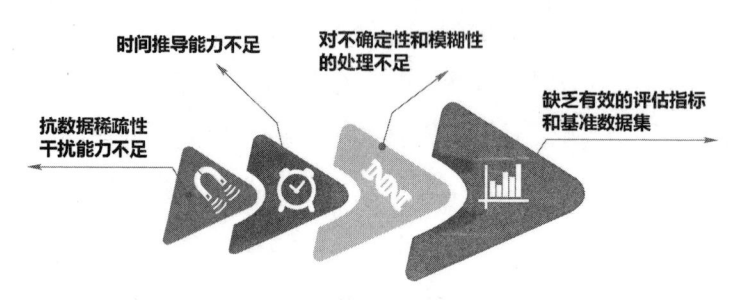

图 3-15 时序知识图谱构建技术存在的不足

1)抗数据稀疏性干扰能力不足。

时序知识图谱构建技术面临的一个重要问题是数据稀疏性。这主要因为对于大多数实体和关系,可能只有少量的时间戳数据。例如,一个人的生日或一个事件的发生日期可能只有一两次的记录。这样的稀疏数据导致在构建时序知识图谱时,很难捕获到实体和关系随时间的动态变化。此外,数据稀疏性也会影响到时序知识图谱的预测能力,由于预测模型需要大量的训练数据才能达到较好的效果。因此,如何处理数据稀疏性问题,提高时序知识图谱的构建质量和预测能力,是当前研究的一个重要挑战。

2)时间推导能力不足。

当前的时序知识图谱构建技术往往忽视了时间推理的重要性。时间推理是指根据已有的时间信息,推断出新的时间信息。例如,如果知道"事件 A 在事件 B 之后发生"和"事件 B 在事件 C 之后发生",那么就可以推断出"事件 A 在事件 C 之后发生"。然而,大多数现有的时序知识图谱构建技术并没有考虑到这一点,导致构建出的时序知识图谱缺乏时间逻辑性,无法有效支持时间推理任务。因此,如何在时序知识图谱构建中引入时间推理,提高时序知识图谱的逻辑性和推理能力,是一个亟待解决的问题。

3)对不确定性和模糊性的处理不足。

在真实世界中,很多时间信息都是不确定或模糊的。例如,一个事件的发生日期可能只知道是在某个月份，或者某个时间段内。然而，现有的时序知识图谱构建技术往往假设所有的时间信息都是精确的，这使得它们无法处理这种不确定性和模糊性。这不仅限制了时序知识图谱的应用范围，也影响了其预测和推理的准确性。因此，如何在时序知识图谱构建中考虑并处理不确定性和模糊性，是一个重要的研究方向。

4）缺乏有效的评估指标和基准数据集。

时序知识图谱构建的一个重要问题是缺乏有效的评估指标和基准数据集。虽然有一些通用的知识图谱评估指标，如精确率、召回率、F1 分数等，但它们并不能全面反映时序知识图谱的特性和性能。例如，它们无法评估时序知识图谱的时间推理能力和对不确定性、模糊性的处理能力。此外，现有的基准数据集往往缺乏时间信息，或时间信息的质量和数量都不高，这使评估和比较不同的时序知识图谱构建技术变得困难。因此，开发针对时序知识图谱的评估指标和基准数据集，是当前研究的一个重要任务。

3.4.2 时序知识图谱的推理

（1）与静态知识图谱推理的区别

时序知识图谱推理与静态知识图谱推理的区别主要体现在以下几个方面。

1）时间维度的考虑。

在静态知识图谱推理中，实体和关系的状态被视为不变的。例如，如果有一个关系"Bill Gates 是 Microsoft 的创始人"，在静态知识图谱中，这个关系被视为永远成立的。然而，实际上，这种关系可能会随着时间的推移而发生变化。在时序知识图谱推理中，需要考虑到这种时间维度的变化。例如，Bill Gates 可能在某个时间点离开 Microsoft，这种变化在时序知识图谱推理中是需要被考虑到的。因此，时序知识图谱推理需要处理更为复杂的时间信息，如时间段、时间点等，以及实体和关系的变化性。

2）动态性的处理。

静态知识图谱推理主要关注的是实体和关系的静态属性和关系，对于动态变化的属性和关系的处理能力有限；而时序知识图谱推理则需要处理实体和关系的动态性。例如,一个人的职位可能会随着时间的推移而变化,这种变化在静态知识图谱推理中往往被忽视,而在时序知识图谱推理中,这种变化是需要被考虑到的。因此,时序知识图谱推理需要处理实体和关系的动态变化,这对推理算法和模型都提出了更高的要求。

3)推理的复杂性。

由于时序知识图谱需要处理时间信息和动态性,因此,时序知识图谱推理比静态知识图谱推理更复杂。例如,可能需要推理出"在某个时间点,某个实体的某个属性是什么",或"在某个时间段内,某个实体的某个属性如何变化"。这种推理需要考虑到时间信息和动态性,因此,时序知识图谱比静态知识图谱推理更复杂。同时,由于时间信息的加入,可能会产生新的推理路径和推理模式,这也增加了推理的复杂性。

4)预测能力。

静态知识图谱推理主要关注的是现有的知识,对于未来的预测能力有限。而时序知识图谱推理则可以利用时间信息和动态性进行预测。例如,可以通过过去的数据推理出未来的可能发生的事件,或预测某个实体的未来状态。这种预测能力是静态知识图谱推理所不具备的,但在很多应用场景中,预测能力是非常重要的。

5)更新的频率和方式。

静态知识图谱推理通常在知识图谱构建完成后进行,而时序知识图谱推理则需要随着时间的推移不断更新。因为随着时间的推移,新的实体和关系可能会出现,旧的实体和关系可能会消失或发生变化,这些都需要时序知识图谱推理来处理。因此,时序知识图谱推理需要更频繁的更新,这对推理系统的实时性和稳定性提出了更高的要求。

时序知识图谱推理方法相比传统的静态知识图谱推理方法,具有以下优点。

1)对时间和变化的敏感性。

时序知识图谱推理方法能够更好地处理随时间变化的数据,并能够实时地更新和调整推理结果。例如,在金融领域,通过时序知识图谱推理方法,可以实时分析股票价格走势,从而更准确地预测未来市场趋势。相比之下,传统的静态知识图谱推理方法只能处理静态数据，难以实时更新和调整推理结果。

2）对动态关联性的理解能力。

时序知识图谱推理方法能够更好地发现和理解数据间的动态关联关系。由于时序数据具有时间序列的特点，通过时序知识图谱推理方法，可以发现数据间的时序关联关系，从而更好地理解数据的动态变化。例如，在能源领域，通过时序知识图谱推理方法，可以发现能源消耗与天气、经济等因素的时序关联关系，从而更好地预测能源需求和优化能源供应。

3）可解释性增强。

时序知识图谱推理方法可以通过可视化技术等方式提高推理结果的可解释性。由于时序数据具有时间序列的特点，通过可视化技术可以将时序知识图谱以动态图、时间线等形式呈现，使用户更直观地理解推理过程和结果。相比之下，传统的静态知识图谱推理方法难以直观地呈现推理过程和结果。

4）更高效的性能。

由于时序数据具有重复性和周期性的特点，时序知识图谱推理方法可以利用这些特点进行优化，从而提高推理效率。例如，在时间序列预测任务中，可以利用历史数据的重复性和周期性，通过快速傅里叶变换等方法加速预测过程。相比之下，传统的静态知识图谱推理方法难以利用这些特点进行优化。

综上所述，时序知识图谱推理方法相比传统的静态知识图谱推理方法具有更好的时间敏感性、动态关联性、可解释性和高效性能等优点。这些优点使时序知识图谱推理方法在处理随时间变化的数据方面更具优势，能够更好地满足实时分析和预测等应用需求。

（2）时序知识图谱推理的分类

时序知识图谱的推理任务是在时间约束下找到知识图谱中缺失的要素（缺失的实体或者缺失的关系）。目前，面向时序知识图谱构建与应用的推理技术，重点从翻译模型、张量分解模型、图神经网络模型、时序点过程等方法论维度开展相关研究与应用（见图3-16）。

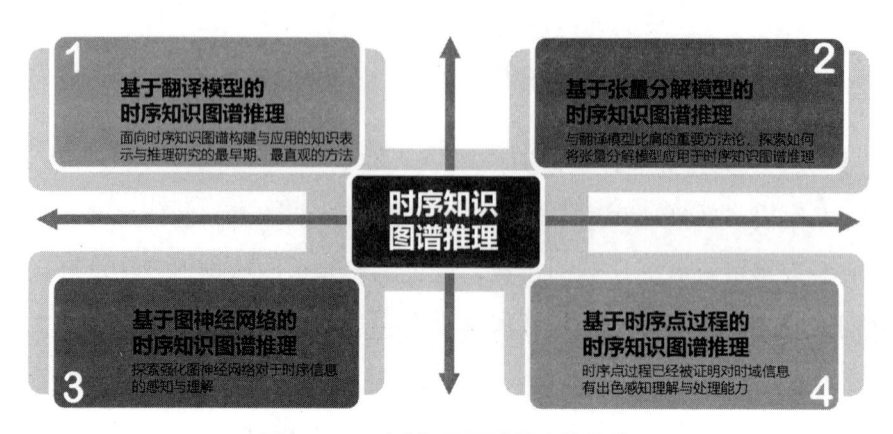

图 3-16 时序知识图谱推理的分类

1）基于翻译模型的时序知识图谱推理。

基于翻译模型的时序知识图谱推理是面向时序知识图谱构建与应用的知识表示与推理研究的最早期、最直观的方法。此类方法受到传统的静态知识图谱推理中基于翻译模型的启发，旨在通过引入时间演化矩阵、时间一致性约束等创新性改造，赋予传统的静态知识图谱推理模型处理和理解时间信息的能力，这些改造措施增强了翻译模型对时序知识图谱中时间动态性的掌控，从而扩展了其在时序推理任务中的应用范围。

2）基于张量分解模型的时序知识图谱推理。

在面向静态知识图谱构建与应用的推理研究中，张量分解模型是与翻译模型比肩的重要方法论，因此探索如何将张量分解模型应用于时序知识图谱推理，也成为解决时序知识图谱推理问题的最直观途径之一。此类方法通过引入历时嵌入的表示学习、时序推理任务相关的正则化、针对特定时态的归纳偏差等手段，对传统的静态知识图谱推理任务中的张量分解模型进行有效扩展，使其具备时序知识图谱推理能力。

3）基于图神经网络的时序知识图谱推理。

图神经网络相关技术近来已经成为静态时序知识表示与推理任务的主流手段之一，因此时序知识图谱推理领域的相关研究者也在探索强化图神经网络对于时序信息的感知与理解，进而构建面向时序知识图谱构建与应用的推理能力。此类方法通常强调借助图神经网络的信息传递与聚合能力及注意力机制，利用多跳结构信息和时间事实来增强推理预测能力，进而缓解时序知识图谱中实体分布的时间稀疏性和可变性等问题。

4）基于时序点过程的时序知识图谱推理。

时序点过程（尤其是多维时序点过程、自激点过程等）在传统机器学习与人工智能研究中，已经被证明对时域信息有出色感知理解与处理能力，因此近来诸多研究在探索时序点过程对于时序知识图谱推理任务的赋能。此类方法通常假设"事件是点过程"，进而利用时序点过程相关模型工具来建模和模拟事件的发生，模拟动态图及动态关系的形成过程，进而捕捉多元事件、多元实体间的多关系交互作用。

（3）时序知识图谱推理的应用

总体而言，时序知识图谱推理在国民经济中的应用是广泛而深入的，是理解和预测经济现象的重要工具。

1）金融管理领域的应用。

时序知识图谱推理在金融市场中的应用是无处不在的。例如，股票市场、债券市场、期货市场等都是基于时间序列的金融数据进行分析和决策的。通过对历史数据的分析，可以推断出未来的价格走势，从而做出投资决策。这种推理过程包括了对历史数据的收集、处理、分析和解释等步骤。

另外，时序知识图谱推理在金融风险管理中也有重要应用。例如，通过对历史风险事件的分析，可以推理出未来可能发生的风险事件，从而提前做好风险防范。这种推理过程不仅包括了对历史风险事件的收集、处理、分析和解释，还包括了对风险因素的识别和风险等级的评估。

2）供应链管理领域的应用。

在供应链管理中，时序知识图谱推理被广泛应用于需求预测、库存管理、生产计划等领域。例如，通过对历史销售数据的分析，可以推理出未来的销售趋势，从而做出生产和采购决策。这种推理过程包括了对历史销售数据的收集、处理、分析和解释等步骤。

另外，时序知识图谱推理在供应链风险管理中也有重要应用。例如，通过对历史供应链事件的分析，可以推理出未来可能发生的供应链风险，从而提前做好风险防范。这种推理过程不仅包括了对历史供应链事件的收集、处理、分析和解释，还包括了对供应链风险因素的识别和风险等级的评估。

3）能源经济领域的应用。

在能源经济中,时序知识图谱推理被广泛应用于能源需求预测、能源价格预测、能源政策分析等领域。例如,通过对历史能源消费数据的分析,可以推理出未来的能源需求趋势,从而做出能源生产和供应决策。这种推理过程包括了对历史能源消费数据的收集、处理、分析和解释等步骤。

另外,时序知识图谱推理在能源风险管理中也有重要应用。例如,通过对历史能源价格数据的分析,可以推理出未来可能发生的能源价格波动,从而提前做好风险防范。这种推理过程不仅包括了对历史能源价格数据的收集、处理、分析和解释,还包括了对能源价格风险因素的识别和风险等级的评估。

4）国防建设领域的应用。

在国防建设中,时序知识图谱推理有着重要的应用。时序知识图谱推理在国防建设和军事作战中的应用,可以有效提高军事装备研发、军事训练、军事情报分析、作战计划制订、作战指挥、作战评估等环节的效率和质量,从而提高军队的整体战斗力。主要体现在以下几个方面。

军事装备研发。军事装备的研发是一个复杂的过程,涉及众多的步骤和环节。通过时序知识图谱推理,可以对这些步骤和环节进行有效的管理和控制,从而提高军事装备研发的效率和质量。例如,可以通过时序知识图谱推理,预测某项技术研发的可能时间,从而对研发进度进行合理的规划和调整。

军事训练。军事训练是提高军队战斗力的重要手段。通过时序知识图谱推理,可以对训练的过程和结果进行有效管理和控制,从而提高训练的效果。例如,可以通过时序知识图谱推理,预测某项训练的可能完成时间,从而对训练计划进行合理的规划和调整。

军事情报分析。军事情报分析是决策的重要依据。通过时序知识图谱推理,可以对收集到的情报进行深入分析和理解,从而提高情报的利用效率。例如,可以通过时序知识图谱推理,预测敌方可能的行动时间,从而对我方的反应策略进行合理的规划和调整。

作战计划制订。作战计划的制订是决定战斗结果的关键环节。通过时序知识图谱推理,可以对作战计划进行有效的管理和控制,从而提高作战的效率和胜算。例如,可以通过时序知识图谱推理,预测敌方可能的反应时间,从而对我方的攻击计划进行合理的规划和调整。

作战指挥。作战指挥是实现作战计划的关键环节。通过时序知识图谱推理，可以对作战指挥进行有效管理和控制，从而提高作战的效率和胜算。例如，可以通过时序知识图谱推理，预测我方可能的行动时间，从而对作战指挥进行合理的规划和调整。

作战效果评估。作战效果评估是提高作战效果的重要手段。通过时序知识图谱推理，可以对作战结果进行深入的分析和理解，从而提高作战的效果。例如，可以通过时序知识图谱推理，预测我方可能的损失时间，从而对作战评估进行合理的规划和调整。

（4）时序知识图谱推理的评价指标

时序知识图谱推理是利用时序知识图谱进行推理和推断，以得出与时间序列数据相关的知识和信息。以下是时序知识图谱推理的评价指标（见图3-17）。

图 3-17 时序知识图谱推理的评价指标

时间推理准确性。该指标衡量时序知识图谱推理算法在时间维度上的准确率。例如，在金融领域，如果算法能够准确预测股票价格的走势，则该指标较高。

时序一致性。该指标评估时序知识图谱中事件和实体随时间变化的逻辑一致性。例如，在历史事件的知识图谱中，事件的时间线和因果关系应保持一致。

时序推理速度。该指标衡量时序知识图谱推理算法的运行效率。快速响应的推理算法能够处理大规模的时序数据，并实时提供推理结果。

可解释性。该指标评估时序知识图谱推理结果的可理解性和透明度。一个好的算法应该能够提供清晰的解释，使人们理解推理的依据和过程。

鲁棒性。该指标衡量时序知识图谱推理算法对噪声和异常数据的抵抗能力。鲁棒性强的算法能够处理不完整、不准确的数据，并得出可靠的推理结果。

预测准确性。该指标评估时序知识图谱推理算法的预测能力。例如，在气象领域，如果算法能够准确预测未来天气的变化趋势，则该指标较高。

动态关系抽取效果。该指标衡量时序知识图谱中动态关系抽取的准确性和完整性。例如，在能源领域，如果算法能够准确地抽取不同时间段内能源消耗与价格之间的关系，则该指标较高。

通过综合考虑以上各项指标，可以对时序知识图谱推理的效果进行全面评估，从而更好地改进算法和优化算法的性能，提高知识的利用效率和智能化水平。

时序知识图谱推理和静态知识图谱推理的评价指标存在一些区别，主要涉及以下几个方面。

时间敏感性。由于时序知识图谱强调时间维度上的推理和演化，因此，时间敏感性是时序知识图谱推理的重要指标之一。评估该指标时，需要关注时间戳的准确性、时间序列数据的连贯性和一致性等方面，以确保推理结果的可靠性和准确性。

动态性。由于时序知识图谱中的实体、关系和属性会随时间发生变化，因此，动态性是评估时序知识图谱推理效果的关键指标之一。在评估动态性时，需要关注知识演化的准确性、事件触发词的识别准确性，以及动态关系抽取的准确性等方面。

实时性。由于时序知识图谱涉及时间序列数据，因此，实时性是评估其推理效果的重要指标之一。实时性衡量的是时序知识图谱能否及时更新数据并响应用户的查询请求，以确保为用户提供最新、最可靠的信息。

预测能力。由于时序知识图谱的一个重要应用是进行预测，因此，预测能力是评估时序知识图谱推理效果的重要指标之一。预测能力衡量的是算法对未来趋势的预测准确性，包括时间序列数据的预测和相关实体、关系和属性的预测等。

与静态知识图谱推理相比，时序知识图谱推理更注重时间维度上的可靠性和准确性、知识的动态演化，以及数据的实时性和预测能力等方面。在评估时序知识图谱推理的效果时，需要关注这些与静态知识图谱不同的指标，以确保为用户提供最新、最可靠的信息，并支持有效的决策制订。

（5）时序知识图谱推理面临的挑战

时序知识图谱推理面临的主要挑战如下（见图 3-18）。

图 3-18　时序知识图谱推理面临的主要挑战

1）时间信息处理的挑战。

在时序知识图谱推理中，时间信息的处理是一个重要且复杂的问题。不同于静态知识图谱只需要处理实体和关系，时序知识图谱还需要处理时间信息。这就要求模型能够理解和处理时间序列，例如，需要理解时间的顺序、时间间隔的意义、在不同时间点上的实体和关系的变化等。这就使得模型的设计和训练变得更为复杂。此外，时间信息的处理还涉及时间的表示问题，如何有效地表示时间信息，使模型能够理解和利用这些信息，也是一个重要的挑战。

2）动态性处理的挑战。

与静态知识图谱相比，时序知识图谱需要处理实体和关系的动态变化。这就要求模型能够捕捉和理解这些变化，例如，需要理解实体和关系如何随着时间的推移而变化，这些变化背后的原因等。这就使模型的设计和训练变得更为复杂。此外，动态性处理还涉及动态信息的表示问题，如何有效地表示动态信息，使模型能够理解和利用这些信息，也是一个重要的挑战。

3）推理复杂性的挑战。

时序知识图谱推理的另一个挑战是推理的复杂性。由于时序知识图谱需要处理时间信息和动态变化，因此，时序知识图谱推理的推理过程比静态知识图谱推理更为复杂。例如，需要考虑时间的顺序，实体和关系的动态变化，以及这些因素如何影响推理的结果等。这就使推理的过程变得更为复杂，需要更多的计算资源和更高的计算效率。

4）预测能力的挑战。

时序知识图谱推理需要具备预测未来的能力。这就要求模型不仅需要理解过去和现在，还需要理解未来。这就使得模型的设计和训练变得更为复杂。例如，模型需要理解时间的趋势，实体和关系的发展趋势，以及这些趋势如何影响未来等。此外，预测未来还涉及不确定性的处理，如何在面对不确定性时做出准确的预测，也是一个重要的挑战。

5）更新频率和方式的挑战。

与静态知识图谱相比，时序知识图谱需要更频繁地更新。这就要求模型能够快速地处理新的信息，快速地更新自己的知识。这就使得模型的设计和训练变得更为复杂。例如，模型需要处理大量的数据流，高效的数据处理能力，快速的学习能力等。此外，更新的方式也是一个重要的问题，如何在保证更新速度的同时，保证更新的质量，也是一个重要的挑战。

（6）时序知识图谱推理技术存在的不足

对于时序知识图谱中的推理问题，许多研究者提出了解决方案。这些方法侧重于时序知识图谱的表示，通常使用时间嵌入来编码实体和关系的演化；也可以用基于过去事实的嵌入表示来预测时序知识图谱上的未来事实，并可以应用于推荐系统、事件流的归纳和社会关系的预测领域，但该领域仍存在许多不足。

1）时间信息的处理能力不足。

在时序知识图谱推理中，时间信息的处理与推演是一个关键问题。首先，时间信息的表达形式多样，如具体的时间点、时间段、相对时间等，这使时间信息的利用和处理变得复杂。其次，时间信息的不确定性和模糊性也给时序知识图谱推理带来挑战。例如，一个事件的确切发生时间可能并不清楚，只能确定在某个时间范围内。再次，时间信息的粒度问题也很重要，不同的应用可能需要不同粒度的时间信息，如年、月、日等。这就要求时序知识图谱推理技术能够灵活处理各种时间信息，并能够根据需要推理不同时间粒度的信息。

2）实体关系的动态性处理效率不足。

时序知识图谱推理任务需要处理实体关系的动态变化，这是一个具有挑战性的任务。首先，实体关系的变化可能是连续的，也可能是突变的，需要时序知识图谱推理技术能够准确捕捉实体关系的变化。其次，实体关系的变化可能是复杂的，如多因素影响、非线性变化等，这需要时序知识图谱推理技术具有强大的建模能力和适应能力。

3）复杂场景的推理能力不足。

时序知识图谱的推理比静态知识图谱的推理更复杂。首先，时序知识图谱的推理需要考虑时间因素，如时间顺序、时间间隔等。其次，时序知识图谱的推理需要处理实体关系的动态变化，如变化的趋势、变化的影响等。再次，时序知识图谱的推理可能涉及大量的实体和关系，以及复杂的推理路径，这就要求时序知识图谱构建技术具有强大的推理能力和高效的推理算法。

4）预测能力不足。

时序知识图谱推理的一个重要应用是预测未来的实体关系。然而，当前的时序知识图谱推理技术的预测能力还有待提高。首先，预测未来的实体关系需要对实体关系的变化（如变化的原因、变化的规律等）有深入的理解，这是一个非常复杂的问题。其次，预测未来的实体关系需要考虑到未来的不确定性，如不确定的事件、不确定的影响等，这需要时序知识图谱推理技术具有强大的不确定性处理能力。此外，预测未来的实体关系需要大量的历史数据，这就要求时序知识图谱推理技术具有高效的数据处理能力。

5）更新频率不足、更新方式弹性不足。

时序知识图谱需要频繁更新，以反映实体关系的最新变化，这为时序知识图谱推理与演化任务带来极大挑战。然而，当前的时序知识图谱推理技术在知识更新频率和方式上还存在问题。首先，频繁的更新会带来大量的计算和存储压力，需要时序知识图谱推理技术具有高效的更新算法和存储结构。其次，更新的方式可能会影响到时序知识图谱的稳定性和一致性，需要时序知识图谱推理技术能够保证更新的正确性和完整性。再次，更新的时机也是一个重要问题，如何在保证时序知识图谱的实时性和准确性之间找到一个平衡，是一个需要解决的问题。

3.4.3 时序知识图谱构建与推理的底层科学问题

将时序知识图谱构建与推理所抽象和凝练形成的主要底层科学问题，归纳如下（见图 3-19）。

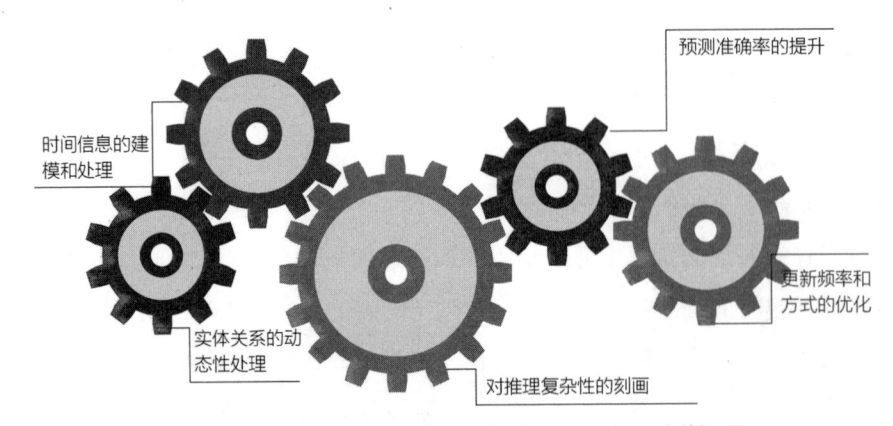

图 3-19　时序知识图谱构建与推理的主要底层科学问题

（1）科学问题 1：时间信息的建模和处理

在时序知识图谱构建中，一个主要的挑战是如何有效地建模和处理时间信息。这主要涉及两个问题：一是如何将时间信息整合到知识图谱中；二是如何在推理过程中考虑时间信息。对于第一个问题，需要考虑的是如何表示时间，例如，需要研判是使用离散的时间点，还是使用连续的时间段，或是使用更复杂的时间模型。对于第二个问题，需要考虑如何在推理过程中使用时间信息，例如，是使用时间信息作为推理的一个条件，还是使用时间信息作为推理的一个结果。这两个问题都需要深入研究和探讨，以找到最合适的解决方案。

（2）科学问题 2：实体关系的动态性处理

时序知识图谱构建与推理所面临的一个主要的挑战是如何处理实体关系的动态性。在静态知识图谱中，实体间的关系是固定的，但在时序知识图谱中，实体间的关系可能随时间而变化。这就需要设计一种方法来捕捉这种动态性，例如，是使用动态图模型，或是使用时序模型。此外，还需要考虑如何在推理过程中处理动态性，例如，是使用动态性作为推理的一个条件，还是使用动态性作为推理的一个结果。这两个问题都需要深入研究和探讨，以找到最合适的解决方案。

（3）科学问题 3：对推理复杂性的刻画

时序知识图谱的推理比静态知识图谱的推理更为复杂。这主要是因为时序知识图谱需要处理更多的信息，例如，时间信息和动态性信息。这就需要设计一种复杂的推理算法，能够处理这些信息，并得出正确的结果。此外，还需要考虑推理的效率问题，因为处理更多的信息意味着需要更多的计算资源和时间。这就需要设计一种高效的推理算法，能够在有限的资源和时间内得出结果。

（4）科学问题4：预测准确率的提升

时序知识图谱的一个重要特性是预测能力，这就需要设计一种预测模型，能够根据过去的信息预测未来的信息。这个问题涉及许多难题，例如，如何选择合适的预测模型，如何训练预测模型，如何评估预测模型的性能等。这些问题都需要深入研究和探讨，以找到最合适的解决方案。

（5）科学问题5：更新频率和方式的优化

由于时序知识图谱的动态性，因此需要频繁地更新知识图谱。这就需要设计一种更新策略，决定何时更新、如何更新，以及更新频率。此外，还需要考虑更新的效率问题，因为频繁的更新意味着需要更多的计算资源和时间。这就需要设计一种高效的更新算法，能够在有限的资源和时间内完成更新。这两个问题都需要深入研究和探讨，以找到最合适的解决方案。

3.4.4　时序知识图谱构建与推理的研究意义

（1）时序知识图谱构建和推理与人工智能技术的关系及支撑作用

时序知识图谱构建和推理技术与人工智能技术有着密切的关系，并对当前的人工智能技术提供了重要的辅助和支撑作用。以下是具体的分析（见图3-20）。

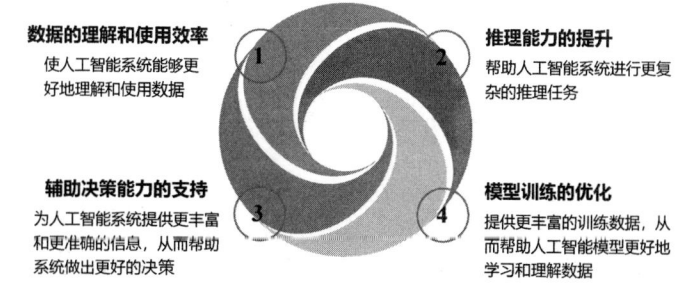

图3-20　时序知识图谱构建和推理与人工智能技术的关系及支撑作用

数据的理解和使用效率。时序知识图谱是一种能够表达实体间随时间变化关系的数据结构，它使人工智能系统能够更好地理解和使用数据。例如，在推荐系统中，时序知识图谱可以用来表示用户的行为随时间的变化，从而帮助推荐系统更好地理解用户的兴趣和需求。

推理能力的提升。时序知识图谱推理技术可以帮助人工智能系统进行更复杂的推理任务。例如，通过时序知识图谱，可以推理出某个疾病的发展过程，或预测未来的事件。这种推理能力对于许多人工智能应用（如医疗诊断、预测分析等），都是非常重要的。

辅助决策能力的支持。时序知识图谱可以为人工智能系统提供更丰富和更准确的信息，从而帮助系统做出更好的决策。例如，在自动驾驶系统中，时序知识图谱可以用来表示车辆的运行状态和环境信息，从而帮助自动驾驶系统做出更安全和更有效的驾驶决策。

模型训练的优化。时序知识图谱可以提供更丰富的训练数据，从而帮助人工智能模型更好地学习和理解数据。例如，通过时序知识图谱，可以更好地理解数据的时间依赖性，从而优化模型的训练过程。

总的来说，时序知识图谱构建和推理技术为人工智能技术提供了一种新的数据表达和处理方式，对于提升人工智能技术与系统的理解能力、推理能力、决策能力和学习能力等都有重要的意义。

（2）时序知识图谱构建与推理的理论研究意义

提升知识图谱的表达能力。传统知识图谱在描述实体间的关系时，往往忽略了时间这一重要维度，而时序知识图谱的引入，能够让知识图谱更加丰富和精确。例如，描述一个人的职业生涯，如果只用传统的知识图谱，可能只能表示出这个人曾经在哪些公司工作过，而不能准确表示出他在每家公司的工作时间和顺序。而时序知识图谱则可以准确地表示出这些信息。这种提升知识图谱的表达能力，对于很多时间敏感的应用（如金融风控、疾病预测等）具有重大意义。

促进时序数据的挖掘和分析效能。金融、医疗、物流等诸多领域，都会产生大量的时序数据。这些数据中蕴含着丰富的时间序列信息，如趋势、周期性、突变点等。然而，传统的知识图谱数据分析方法，往往只能从统计的角度去分析这些数据，难以挖掘出数据背后深层次的因果关系。而时序知识图谱则可以将这些时序数据转化为结构化的知识，从而更好地挖掘和分析这些数据。

推动知识推理技术的发展。知识推理是知识图谱的重要应用之一。传统的知识推理方法，主要基于逻辑推理，需要人工定义大量的规则；而时序知识图谱的引入，可以将时间作为一个重要的推理维度，从而推动知识推理技术的发展。例如，通过时序知识图谱，可以推理出一个人在某个时间段可能的行为，或预测未来可能发生的事件。

加强多源异构数据的融合。在大数据时代，数据的来源越来越多样化，数据的类型也越来越复杂。如何有效地融合和利用这些数据，是一个重要的问题。时序知识图谱作为一种结构化的数据表示方法，可以将多源异构数据融合在一个统一的框架下，从而更好地挖掘和利用这些数据。例如，可以将文本数据、图像数据、社交网络数据等，通过时序知识图谱融合在一起，从而得到更全面、更准确的知识。

推动人工智能技术的发展。时序知识图谱的构建和推理技术，是人工智能领域的重要研究方向。通过时序知识图谱，可以模拟人类的思维过程，理解和预测世界的变化。这不仅可以推动人工智能技术的发展，也可以推动人工智能在各个领域的应用，如智能医疗、智能交通、智能金融等。

（3）时序知识图谱构建与推理的实际应用价值

时序知识图谱构建与推理的主要实际应用价值如下（见图 3-21）。

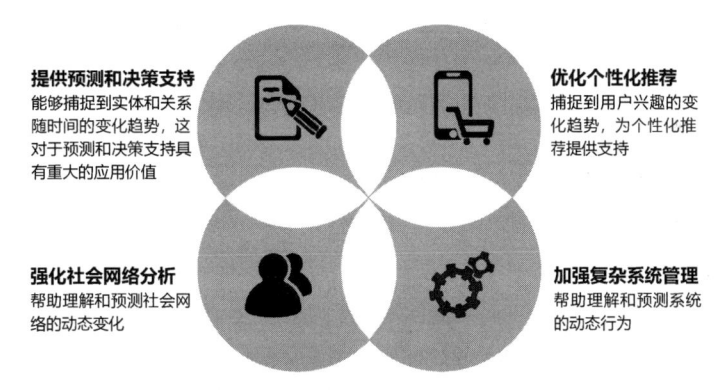

图 3-21　时序知识图谱构建与推理的主要实际应用价值

提供预测和决策支持。时序知识图谱能够捕捉到实体和关系随时间的变化趋势，这对于预测和决策支持具有重大的应用价值。例如，在金融领域，通过构建时序知识图谱，可以追踪和预测股票价格的变化趋势，为投资决策提供支持；在医疗领域，通过构建病人的时序知识图谱，可以追踪病人的病情变化，对病情进行预测，为医生的诊疗决策提供依据。同时，时序知识图谱的推理技术可以帮助发现隐藏的、非直观的关联和趋势，这对于解决复杂问题具有重要的价值。

优化个性化推荐。在互联网领域，个性化推荐是一个重要的应用场景。通过构建用户的时序知识图谱,可以捕捉到用户兴趣的变化趋势,为个性化推荐提供支持。例如,通过分析用户在不同时间点的浏览行为,可以发现用户兴趣随时间的变化规律,从而实现更精准的个性化推荐,同时,时序知识图谱的推理技术可以帮助发现用户的潜在需求,进一步提升推荐的精度和满意度。

强化社会网络分析。在社会网络分析领域,时序知识图谱可以帮助理解和预测社会网络的动态变化。例如,通过构建社交网络的时序知识图谱,可以分析人们的交往关系如何随时间变化,预测未来可能出现的社交关系,同时时序知识图谱的推理技术可以帮助发现社交网络中的重要节点和关系,为社会网络分析提供更深入的洞见。

加强复杂系统管理。在复杂系统管理领域,时序知识图谱可以帮助理解和预测系统的动态行为。例如,通过构建工业生产过程的时序知识图谱,可以分析生产过程中各个环节如何随时间变化,预测可能出现的问题,从而提前采取措施,提升生产效率和质量,同时,时序知识图谱的推理技术可以帮助发现系统中的关键因素和关系,为系统优化提供依据。

3.4.5 时序知识图谱构建与推理的发展趋势展望

(1) 时序知识图谱构建与推理的能力需求分析

在未来,可以预见时序知识图谱构建与推理将有以下能力需求(见图3-22)。

图3-22 时序知识图谱构建与推理的能力需求

更高效的时间信息处理。随着计算资源的增强和算法的精细化,未来的时序知识图谱将能够更高效地处理时间信息。例如,通过更复杂的时间模型来捕捉实体和关系的动态性。

更精准的预测能力。通过深度学习等先进技术,时序知识图谱将能够更精准地预测实体和关系的未来状态,这将极大地提升时序知识图谱的预测能力。

更智能的更新方式。未来的时序知识图谱将能够更智能地进行更新,例如,通过自动识别新的实体和关系,或通过自我学习来提高知识图谱的质量。

更广泛的应用领域。随着时序知识图谱技术的发展,其应用领域也将更加广泛。例如,在金融、医疗、交通等领域,都有可能使用时序知识图谱来进行数据分析和决策支持。

(2) 与静态知识图谱构建与推理的发展趋势的区别

与静态知识图谱相比,时序知识图谱的未来发展趋势更强调动态性和预测性。静态知识图谱主要关注的是实体和关系的静态属性和关系,而时序知识图谱则需要处理实体和关系随时间的变化。因此,时序知识图谱需要更复杂的时间模型和更强大的预测能力。此外,时序知识图谱的更新方式也可能更加智能和自动化,以适应实体和关系的动态变化。与静态知识图谱构建与推理的未来趋势的差异如下。

处理动态性。静态知识图谱主要关注的是实体和关系的静态属性,而时序知识图谱则需要处理实体和关系的动态性。这需要开发新的模型和算法,以便能够处理动态的数据。

预测能力。静态知识图谱主要关注的是描述已经存在的知识,而时序知识图谱则需要进行预测。这需要开发新的预测模型和预测算法。

实时更新。静态知识图谱的更新通常不需要实时进行,而时序知识图谱则需要实时更新。这需要开发新的实时更新算法和实时更新技术。

(3) 时序知识图谱构建与推理的发展趋势分析

时序知识图谱构建与推理的未来发展趋势的分析如下。

与传统深度学习和图神经网络的深度结合。在时序知识图谱构建和推理的过程中,传统深度学习和图神经网络技术将发挥越来越重要的作用。这些技术可以有效地处理图结构数据,并能够从中提取出有用的信息。同时,这些技术也可以用于处理时间序列数据，从而使时序知识图谱的构建和推理更加准确。

面向动态要素感知与理解的动态图模型的发展。动态图模型是处理时序知识图谱的关键技术，未来这方面的研究将会更加深入。这包括如何有效地建模实体和关系的动态性，如何在动态图模型中进行有效推理，以及如何进行动态图的预测等。

复杂环境下的动态推理与预测。时序知识图谱的一个重要特性是动态性，因此如何进行动态推理和预测将会是一个重要的研究方向。这可能涉及时序模型，如循环神经网络和 LSTM 的应用，以及基于图神经网络的动态推理技术。

时序知识图谱的自动化构建与更新。随着大数据和人工智能技术的发展，自动化构建和更新时序知识图谱的技术将会成为一个重要的研究方向。这包括使用机器学习和自然语言处理技术从大规模的文本数据中自动抽取和更新实体和关系，以及使用深度学习技术进行实体链接和关系预测。随着数据的不断增多，如何实时更新和自动化构建时序知识图谱将成为另一个重要的研究方向。这需要开发新的算法和技术，以便能够快速地处理大量的数据，并能够自动地从中提取出有用的信息。

时序知识图谱推理的可解释性与可信赖性。随着人工智能技术的发展，如何提高时序知识图谱的可解释性和可信赖性将会是一个重要的研究方向。这可能涉及知识图谱的可视化，以及基于机器学习的可解释性和可信赖性技术。

特定领域应用驱动与跨领域应用。时序知识图谱的应用将会推动其技术的发展。这可能涉及特定领域的知识图谱构建，以及特定领域的推理和预测技术。时序知识图谱的应用领域将会更加广泛，包括金融、医疗、交通、社交网络等多个领域。这需要开发出更加通用的模型和算法，以便能够处理各种类型的数据。

第 4 章
面向时序知识图谱构建与应用的推理

4.1 引言

知识图谱推理是知识图谱领域的主要挑战之一,直接影响知识图谱构建与应用效果,因为大多数知识图谱都是不完整的或是存在错误的。知识图谱推理任务旨在预测不完整三元组中所缺失的要素,可以分为三类子任务:头实体预测,即给定缺失头实体的不完整三元组,预测头实体;尾实体预测,即给定缺失尾实体的不完整三元组,预测尾实体;关系预测,即给定缺失关系的不完整三元组,预测关系。

然而,很多知识涉及时间信息(很多知识仅在某些特定时间点上或特定时间区间内有效),例如,三元组(奥巴马,总统,美国)仅在 2008 年 11 月 4 日至 2017 年 1 月 20 日这个时间区间内有效。附有时间信息的三元组变为四元组,形如 (e_h, r, e_t, τ),其中,τ 表示时间。因此,通常将传统不考虑时间信息的知识图谱称为静态知识图谱(对应静态知识图谱推理方法),将考虑时间信息的知识图谱称为时序知识图谱(对应时序知识图谱推理方法)。时序知识图谱推理任务同样可以分为三类子任务:头实体预测,给定缺失头实体的不完整四元组 $(?, r, e_t, \tau)$,预测问号位置上的头实体;尾实体预测,给定缺失尾实体的不完整四元组 $(e_h, r, ?, \tau)$,预测问号位置上的尾实体,如查询(美国,总统,?,2012)(USA, has president, ?, 2012);关系预测,给定缺失关系的不完整四元组 $(e_h, ?, e_t, \tau)$,预测问号位置上的关系。简言之,这种时序知识图谱的推理任务是在时间约束下找到知识图谱中缺失的要素(缺失的实体或者缺失的关系)。目前,面向时序知识图谱构建与应用的推理技术，重点从翻译模型、张量分解模型、图神经网络、时序点过程等方法论维度开展相关研究与应用。

4.2 时序知识图谱推理的研究内容

针对时序知识图谱推理问题，本书重点从基于翻译模型的方法论、基于张量分解模型的方法论、基于图神经网络的方法论、基于时序点过程的方法论等实施方案角度（见图4-1），论述面向时序知识图谱构建与应用的推理技术。

图4-1 时序知识图谱推理的研究内容

（1）基于翻译模型的时序知识图谱推理

基于翻译模型的时序知识图谱推理方法，作为时序知识图谱构建与应用领域知识表示与推理研究的先驱和直观手段，其灵感源自传统静态知识图谱推理中的翻译模型。该方法致力于通过引入时间演化矩阵、时间一致性约束等创新性改造，使传统静态知识图谱推理模型具备处理和分析时间信息的能力。这些改进措施有效提升了模型对时序知识图谱中时间动态性的把握，进而拓宽了其在时序推理任务中的应用范围。

典型工作如下。

1）*Towards Time-Aware Knowledge Graph Completion* 提出了 TransE-TAE-ILP

模型,将时间感知知识图谱表示(Time-Aware Knowledge Graph Embedding,TAE)模型和基于整数线性规划(Integer Linear Programming,ILP)的时间一致性编码模型统一在一个联合框架内,该成果通过引入时间维度的考虑和一致性的损失函数,使模型能够更全面地处理时序知识图谱中的信息,更好地利用时间信号,提高模型的泛用性和准确性。此外,该研究成果在知识图谱表示学习的框架中引入了时间演化矩阵的概念,从而成功地捕捉了知识图谱中关系之间的时间动态性。这一创新性的方法为时序知识图谱推理领域提供了全新的研究视角和先进的技术手段。该研究标志着时序知识图谱推理与补全研究领域的开创,对于该领域的发展具有深远的影响,并且在学术界首次对时序知识图谱补全任务进行了明确的界定。

2)*Deriving Validity Time in Knowledge Graph* 提出了旨在自动地从知识图谱中提取、学习和表示有效的时间信息的 TTransE 模型。该成果假设实体和关系的表示随时间而变化,在 TransE 模型的基础上引入时间因素,为每个时间戳定义一个转换矩阵(该矩阵用于将实体和关系的表示从当前时间戳转换到下一个时间戳),并通过优化一个损失函数来学习实体和关系的嵌入向量以及时间敏感的转换矩阵,以捕获时序知识图谱中的动态变化。该成果聚焦于时序知识图谱中事实的时间范围预测任务,为时序知识图谱构建与应用领域内的推理任务贡献了标志性成果。

3)*HyTE:Hyperplane-based Temporally Aware Knowledge Graph Embedding* 提出了基于超平面的时间感知知识图谱表示(Hyperplane-based Temporally Aware Knowledge Graph Embedding,HyTE)模型。首先将时间范围内的知识图谱分割成多个静态子图(每个子图对应一个时间戳),然后将每个子图的实体和关系投影到时间戳特定的超平面上,最后学习超平面法向量和随时间分布的知识图谱表示。其核心思想是受 TransH 模型启发,认为不仅实体的角色会随着时间的推移而变化,而且它们之间的关系也会发生变化,将每个时间戳与相应的超平面相关联,从而明确地将时间结合在实体关系空间中。通过利用超平面来表示时间戳,HyTE 模型能够捕捉实体和关系随时间的变化,从而更准确地表示时序知识图谱,特别是有助于捕捉不同时间下的多对一、一对多、多对多关系。此外,该研究将时序知识图谱分割成多个静态子图进行研究的方法也为时序知识图谱表示学习的研究提供了新思路。

（2）基于张量分解模型的时序知识图谱推理

在针对静态知识图谱构建与应用的推理研究领域，张量分解模型与翻译模型并驾齐驱，同为关键的学术方法论。因此，探讨张量分解模型在时序知识图谱推理中的应用，无疑是解决时序知识图谱推理问题的一条直接且重要的路径。此类方法通过以下策略对传统静态知识图谱推理中的张量分解模型进行有效拓展：引入历时嵌入的表示学习方法，融入与时序推理任务相关的正则化项，以及针对特定时态的归纳偏差。这些策略共同赋予了张量分解模型处理时序知识图谱推理的能力，使其在时序推理任务中发挥作用。

典型工作如下。

1) *Diachronic Embedding for Temporal Knowledge Graph Completion* 通过设计一种用于时序知识图谱补全的历时嵌入函数，从而提出了 DE-SimplE 模型，被认为是第一个具有完全表达能力的时序知识图谱推理模型，也是第一个将实体和关系的双向性同时考虑在内的时序知识图谱推理模型。该模型通过为静态模型配备历时实体表示函数来实现时序知识图谱推理，实现了以实体和时间戳作为输入，提供了实体在任何时间点的隐式向量表示。该成果体现出良好的通用性和扩展性，历时嵌入与具体的模型无关，任何静态知识图谱表示学习（推理模型）都可以通过利用历时嵌入扩展到时序知识图谱推理任务。

2) *Tensor Decompositions for Temporal Knowledge Base Completion* 设计了一种基于四阶张量的正则分解启发式的时序知识图谱推理解决方案，通过引入全新的正则化方法，对传统的静态知识图谱推理模型 ComplEx 模型进行了有效扩展，提出 TComplEx 模型和 TNTComplEx 模型。该成果结合了复数和时间编码的优点，被认为是第一个尝试将复数和时间编码结合的模型。此外，该成果不仅考虑了时间因素，还引入了非时间因素，因此可以同时处理时间和非时间信息，提供更丰富、更准确的知识图谱向量表示。

3) *Temporal Knowledge Base Completion: New Algorithms and Evaluation Protocols* 提出了将预测缺失实体（链接预测）和缺失时间间隔（时间预测）视为联合时序知识图谱推理任务的 TIMEPLEX 模型，将实体、关系和时间都嵌入在一个统一语义空间中，利用事实/事件的重复性和关系对之间的时间交互，捕捉事实和关系之间的隐含时间关系。此外，该成果在传统时序知识图谱推理范式的基础上，创新性地增加了特定时态的归纳偏差，强调学习松弛时间一致性约束，因此该成果也被视为一种全新的时序知识图谱推理评估策略。

（3）基于图神经网络的时序知识图谱推理

图神经网络技术近期已成为静态时序知识表示与推理任务中的主流方法之一。鉴于此，时序知识图谱推理领域的研究者们亦在积极探索如何强化图神经网络对时序信息的感知与理解能力，以期构建适用于时序知识图谱构建与应用的推理框架。此类方法着重于利用图神经网络的信息传递与聚合特性，以及注意力机制，通过整合多跳结构信息与时间事实，以提升推理预测的性能。此外，该方法旨在缓解时序知识图谱中实体分布的时间稀疏性和可变性等挑战，从而优化推理效果。

典型工作如下。

1）*EvolveGCN: Evolving Graph Convolutional Networks for Dynamic Graphs* 提出了进化图卷积网络（Evolving Graph Convolutional Network，EvolveGCN）模型，该模型将图神经网络和循环神经网络相结合，以便更好地捕捉图数据中的时空关系，EvolveGCN 模型被认为是首次将图神经网络和循环神经网络结合起来应用于时序知识图谱推理的成果。该成果具有在演化的网络参数中捕获动态信息的能力，使其比较适用于顶点集频繁变化的时序知识图谱。此外，该成果不仅考虑了图的结构演化，还考虑了节点和边的特征演化，这使得模型能更好地捕捉到图的动态性质，能够应对变化频繁的图并且不需要提前预知节点的所有变化。

2）*TeMP: Temporal Message Passing for Temporal Knowledge Graph Completion* 提出了时序消息传递（Temporal Message Passing，TeMP）模型，将时间因素作为消息传递的一部分，从而捕获和理解图中的时间演变模式，可以较好地捕捉和理解动态图中的时间依赖关系和节点间的交互模式。这种创新性的思路为面向时序知识图谱构建与应用的动态推理提供了新的视角和方法，有助于更好地理解和预测时序数据的动态变化。该成果通过结合图神经网络、时序动态模型、数据插值和基于频率的门控（Frequency-based Gating，FG）方法来应对时序知识图谱中实体分布的时间稀疏性和可变性等挑战。

3）*Learning to Walk across Time for Interpretable Temporal Knowledge Graph Completion* 提出了一种强调协同利用时间信息和图结构信息的 T-GAP 模型，在

提高预测效率的同时兼具较好的可解释性，该模型被认为是将图注意力网络和时间因素结合起来的典型知识推理工作之一。该成果通过关注每个事件与查询时间戳之间的时间位移来编码时序知识图谱与查询相关的子结构，并通过图中的注意力传播进行基于路径的推理。该成果还提出了一个增量式子图采样方案，通过灵活调整子图相关的超参数，该成果模型可以在降低计算复杂性和优化预测性能之间进行调整。

4) *TAMPI: A Time-Aware Multi-Perspective Interaction Framework for Temporal Knowledge Graph Completion* 提出用于时序知识图谱推理和补全的全新TAMPI框架模型，重点解决当前时序知识图谱补全模型存在的问题（独立地对时间视角进行建模，无法考虑时间视角和其他视角（实体视角和关系视角）之间的有益且必要的相关性和交互性），实现了时间向量与实体向量和关系向量的协同建模与理解。该成果在对时间信息进行独立建模的基础上，创新性地将时间特征融入其他视角，将多视角之间的交互关系融入各视角的向量表示建模过程中，以便更全面地表示四元组，实现更好的时序知识图谱补全效率。此外，该成果能够显式地建模和生成时间向量，时间向量可以在下游任务（如带有时间约束的自动问答系统等）中进行使用。

（4）基于时序点过程的时序知识图谱推理

在机器学习与人工智能的研究前沿，时序点过程（尤其是多维时序点过程和自激点过程）已被证实具有对时域信息进行高效感知与处理的特性。近期，学术界逐渐关注将时序点过程理论应用于时序知识图谱推理任务的潜在价值。此类研究方法基于"事件即点过程"的理论框架，运用时序点过程的模型工具，对事件的发生、动态图的构建以及动态关系的形成进行精确的建模与模拟。通过这种建模方式，深入探究多个事件与实体间的复杂交互作用，从而为时序知识图谱推理提供更为坚实的理论支撑和实践指导。

典型工作如下。

1) *Know-Evolve: Deep Temporal Reasoning for Dynamic Knowledge Graphs* 提出了旨在处理多关系环境下实体之间复杂的非线性交互以进行知识演化和推理建模的Know-Evolve模型，能够更准确地建模事实的时序发生和学习非线性时序演化的实体表示，因此在预测事件的发生和复发时间方面表现出色，该模型被认为是将事实的发生建模为多变量点过程的早期代表性工作之一。该成果的核心思想是将事实的发生建模为多维时间点的过程，其中，条件强度函数受到事实关系得分的调节，而这些事实关系得分则受到动态演变的实体嵌入的影响。通过这种方法，模型能够更准确地模拟事实的出现、复发和演变过程，从而更深入地理解实体之间的关系及其随时间的变化，上述建模思路的创新为时序知识图谱的表示学习提供了新的视角和方法。此外，该成果不仅能够预测事实的发生，还能够实现对事实可能发生的时间进行预测，这被认为是先前关系学习方法所未能有效实现的创新之处。

2）*Graph Hawkes Neural Network for Forecasting on Temporal Knowledge Graphs* 提出了图霍克斯神经网络（Graph Hankes Newral Network，GHNN）模型，强调利用基于时间戳事件流的多元点过程模型捕捉跨事实的潜在动态，通过连续时间递归神经网络估计未来任意实例发生事件的概率。该成果结合了图神经网络和霍克斯过程来捕捉知识图谱中的动态变化，重点解决时序知识图谱中的实体和关系的时序依赖问题，通过建模实体和事件之间的触发关系来预测未来的实体交互，使得该成果能够很好地捕捉事件之间的因果关系和时间依赖性。这意味着该成果不仅能够考虑事件本身的属性，还能考虑事件发生的时间顺序，从而更准确地预测未来的事件。这项研究被认为是使用霍克斯过程来解释和捕捉时序知识图谱的潜在时间动态的开创性工作和代表性工作之一。

3）*Dynamic Heterogeneous Graph Embedding via Heterogeneous Hawkes Process* 提出了动态异构图嵌入的异构霍克斯过程模型，通过异构霍克斯过程来模拟图中的事件动态，从而更好地捕捉和表示复杂和动态图结构中的复杂结构和动态行为，重点处理连续动态问题和语义复杂影响。该成果将异构交互视为多个时间事件，通过设计异构条件强度来模拟历史异构事件对当前事件的激励，将霍克斯过程引入异构图嵌入中。此外，为了处理语义的复杂影响，进一步设计了异构演化注意力机制，该机制同时考虑历史事件的内部类型的时间重要性，以及多个历史事件对当前类型事件的时间影响。该成果的主要创新性在于将霍克斯过程引入动态异构知识图谱的表示学习与推理中，通过学习所有异构时间事件的形成过程来保留语义和动态，有效探索了"异质性—时序性—霍克斯过程"三位一体的时序知识图谱推理解决方案。

4.3 符号定义

静态知识图谱用 $\mathcal{G}=\{\mathcal{E},\mathcal{R}\}$ 表示。其中，$\mathcal{E}$ 表示实体集合；$\mathcal{R}$ 表示关系集合。知识图谱 $\mathcal{G}$ 包含多个三元组，并且以三元组的形式存储事实，描述实体间的关系。例如，三元组（Paris, capitalOf, France）表示 Paris（巴黎）是 France（法国）的 capitalOf（首都）。构成静态知识图谱的三元组表示为 (e_h, r, e_t)，其中，e_h、r、e_t 分别是头实体、关系和尾实体，表示的是头实体 e_h 通过关系 r 与尾实体 e_t 相关。因此，静态知识图谱可以表示为三元组的集合形式 $\mathcal{G}=\{(e_h, r, e_t)|e_h, e_t \in \mathcal{E}, r \in \mathcal{R}\}$。真实的三元组（即真实的事实，或称正例）构成的三元组集合用 Δ^+ 表示，Δ^- 表示为假的三元组（或称负例）构成的集合。三元组、实体和关系的总数分别表示为 $|\Delta^+|$、$|\mathcal{E}|$、$|\mathcal{R}|$。

时序知识图谱用 $\mathcal{G}_\tau = \{\mathcal{E}, \mathcal{R}, \mathcal{T}\}$ 表示。其中，$\mathcal{E}$ 表示实体集合；$\mathcal{R}$ 表示关系集合；$\mathcal{T}$ 表示时间戳（时间点/时间段）集合。时序知识图谱由四元组 (e_h, r, e_t, τ) 构成，因此四元组集合的形式表示为 $\mathcal{G}_\tau = \{(e_h, r, e_t, \tau)|e_h, e_t \in \mathcal{E}, r \in \mathcal{R}, \tau \in \mathcal{T}\}$。其中，$e_h, e_t \in \mathcal{E}$ 表示实体（节点）；$r \in \mathcal{R}$ 表示关系（边）；$\tau \in \mathcal{T}$ 表示时间戳。

4.4 基于翻译模型的时序知识图谱推理

在时序知识图谱的构建与应用领域，基于翻译模型的时序知识图谱推理方法代表了对知识表示与推理进行探究的最早和最直接的研究途径。此类方法受传统应用于静态知识图谱构建与应用任务的、基于翻译模型的静态知识图谱推理方法（包括 TransE 模型、TransH 模型等）的启发，试图通过引入时间转换矩阵、时间一致性约束、与时间戳关联的超平面等改造措施，来赋予传统的静态知识图谱推理模型处理时间信息和理解时间信息的能力。

4.4.1 基于时间演化矩阵的时序知识图谱推理

（1）概述

知识图谱（如 Freebase 和 YAGO）对于许多自然语言处理应用（如关系提取和问答等）来说是非常有用的资源。虽然这些知识图谱的规模很大，但它们还不够完整，因此知识图谱补全（Knowledge Graph Completion，KGC），即自动推断知识图谱中实体间缺失的事实，成为一项越来越重要的任务。知识图谱表示技术旨在将知识图谱的要素（实体和关系）嵌入到连续向量空间中，同时保持知识图谱的固有结构。这种方法在知识图谱补全任务上展现了良好的有效性和可扩展性。

然而大多数现有的面向静态知识图谱的知识图谱表示模型，往往忽略了事实的时间信息。在现实世界中许多事实并不是静态的，而是高度短暂的。例如，事实（Steve Jobs，diedIn，California）（史蒂夫·乔布斯，死于，加利福尼亚州）发生在 2011 年 10 月 5 日，事实（Ronaldo，playsFor，A. C. Milan）（罗纳尔多，效力于，AC 米兰）只有在 2007—2008 年才是正确的。因此，在进行知识图谱推理和补全时，事实的时间信息应该发挥重要作用。

鉴于此，北京大学研究团队在论文 *Towards Time-Aware Knowledge Graph Completion* 中开创性地探讨了时间敏感的知识图谱补全工作。该研究结合了两类用于知识图谱补全的时间信息，分别是时间顺序信息和时间一致性信息。其中，时间顺序信息意味着许多事实根据发生的时间对其他事实具有时间依赖性。例如，涉及一个人 e_h 的事实可能遵循以下时间线：$(e_h, \text{wasBornIn}, ?) \rightarrow (e_h, \text{graduateFrom}, ?) \rightarrow (e_h, \text{workAt}, ?) \rightarrow (e_h, \text{diedIn}, ?)$（（$e_h$,出生于,?）$\rightarrow$（$e_h$,毕业于,?）$\rightarrow$（$e_h$,工作于,?）$\rightarrow$（$e_h$,死于,?））。

显然一个人的 workAt 关系不可能发生在 diedIn 关系之后。时间一致性信息则意味着许多事实只在短时间内有效。例如，一个人的婚姻可能在短期内有效，此外，一个人不同婚姻的时间不应该重叠。如果不考虑事实的时间方面，现有的知识图谱表示方法可能会出错。对于现有的知识图谱表示方法来说，充分考虑并合理合并这样的时间信息也是非常重要的。

该研究提出了两种时间感知知识图谱补全模型以分别合并上述两种时间信息：一种是 TAE 模型，该模型将时间顺序信息编码为向量空间几何结构上的正则化器；一种是使用 ILP 来编码时间一致性作为约束，从而包含更多的时间一致性信息，称为 ILP 模型。该研究进一步提出了一个联合模型（称为 TransE-TAE-ILP 模型），以统一上述两个互补的时间感知模型，其中，ILP 模型比 TAE 模型考虑了更多的时间约束，而 TAE 模型为 ILP 模型的目标函数生成了更精确的向量表示，同时，该模型框架可以推广到许多传统的静态知识图谱表示模型，如 TransE 模型及其扩展模型。该成果将时间演化矩阵引入知识图谱表示学习过程中，实现了关系之间时间演化关系的捕捉，这种创新性的思路为时序知识图谱推理领域带来了新的视角和方法，有助于更好地理解和表示知识图谱中的关系。此外，该成果通过引入时间维度的考虑和一致性的损失函数，使模型能够更全面地处理时序知识图谱中的信息，提高模型的泛化性和准确性。

（2）技术路线

该研究首先基于 TransE 模型提出了 TAE 模型用于捕获时间顺序关系，并提出了 ILP 模型用于时间一致性约束，最后将二者结合构造了 TransE-TAE-ILP 模型。

该研究使用带有时间注释的四元组 (e_h, r, e_t, τ) 来表示事实，即 e_h 和 e_t 在时间间隔 $\tau = [\tau_b, \tau_e]$ 期间具有关系 r，其中，$\tau_b < \tau_e$。尽管研究的推理框架支持实数上的任意连续间隔，但为了简单起见，该研究的时间粒度是年，时间间隔是多年的。例如，区间 [1980，1999] 表示从 1980 年开始到 1999 年结束。对于某些发生在某个时间但没有持续的事实，设置 $\tau_b = \tau_e$。对于一些尚未结束的事实，将 τ 表示为 $\tau = [\tau_b, +\infty]$。

知识图谱推理与补全是预测知识图谱中是否存在给定事实 (e_h, r, e_t) 的任务。如上述，大多数事实是与时间相关的，并且只在给定的时间段内成立。例如，George W. Bush（乔治·W. 布什）的总统任期仅在 2001 年至 2009 年期间才有意义。为了结合时间信息以更准确地表示事实，该研究将此任务扩展到包括事实的时间维度，进而探索时序知识图谱推理和补全任务，即在给定特定时间间隔 τ 的 e_h、r 或 e_t 缺失时，补全四元组 (e_h, r, e_t, τ)。例如，通过预测 (?, presidentOf, USA, [2010—2010]) 中的主要实体，可以回答问题"谁是 2010 年美国总统？"

1）TAE 模型。

传统的知识图谱表示方法只使用观察到的时间未知事实（三元组）来学习实体和关系表示。其中，TransE 模型是一个有效且简练易行的模型，其背后的基本思想是，两个实体 $e_h, e_t \in \mathbb{R}^d$（$d$ 是向量的维度）间的关系对应于它们间的翻译向量 $r \in \mathbb{R}^d$，即当 (e_h, r, e_t) 成立时 $e_h + r \approx e_t$。分值函数度量其在向量空间中的可信度定义为

$$f(e_h, r, e_t) = \| e_h + r - e_t \|_{\ell_1/\ell_2}$$

式中，$\|\cdot\|_{\ell_1/\ell_2}$ 表示 ℓ_1 范数或 ℓ_2 范数。优化基于间隔的排名损失（Margin-based Ranking Loss）函数可以训练得到实体和关系的向量表示为

$$\min \sum_{(e_h, r, e_t) \in \Delta^+} \sum_{(e_h', r', e_t') \in \Delta^-} [\gamma + f(e_h, r, e_t) - f(e_h', r', e_t')]_+$$

式中，$(e_h, r, e_t) \in \Delta^+$ 是观察到正确的三元组，也称正例三元组；$(e_h', r', e_t') \in \Delta^-$ 是通过替换 (e_h, r, e_t) 中的实体而构造的不正确的三元组，也称负例三元组；γ 是分隔正确的三元组和不正确的三元组的间隔，且 $[x]_+ = \max(0, x)$。基于 TransE 模型，旨在处理复杂关系的 TransH 模型、TransR 模型等陆续被提出。

最终，在获得实体和关系向量表示之后，可以使用分值函数来度量缺失三元组预测的可信度，一般来说可信度较高的三元组更可能是真的。

TAE 模型旨在利用观察到的三元组事实和事实之间的时间顺序信息来自动学习实体和关系向量。

TransE 模型假设每个关系都是时间独立的，实体/关系的表示只受知识图谱中结构模式的影响。为了更好地建模知识演化，可假设时间顺序关系彼此相关，并在时间维度上演化。例如，对于同一个人，关系之间存在时间顺序是 wasBornIn→graduatedFrom→diedIn。此外，在时间维度上，wasBornIn 可以演变为 graduatedFrom 和 diedIn，但 diedIn 不能演变为 wasBornIn。

为了比较时间顺序，定义一对共享相同头实体的时间顺序关系作为"时间顺序关系对"，例如，<wasBornIn, diedIn> 将较早发生的关系（如 wasBornIn）定义为先前关系（Prior Relation），另一个定义为后续关系（Subsequent Relation）。进而，将<先前关系，后续关系>定义为"正时序对"，将<后续关系，先前关系>定义为"负时序对"。上述定义仅考虑了共享同一个头实体的关系，因为大多数时间事实和时间关系都是围绕一个共同的主角（通常是头实体）进行部分排序的，如 wasBornIn, workAt 和 diedIn 是依托于同一个人进行时间排序的。而公共尾实体排序的时间关系可以通过用其逆关系替换关系并交换头实体、尾实体实现转换。

为了捕获关系的时间顺序，进一步定义时间演化矩阵 $T \in \mathbb{R}^{d \times d}$ 用于建模关系演化，d 是关系向量的维度（见图 4-2），T 是模型从数据中学习的参数。假设

先前关系可以通过时间演化矩阵 T 演化为后续关系，而且它们的时间顺序出现越频繁，就越能进化。如图 4-2 所示，由时间演化矩阵 T 投影的先前关系 r_1 应该接近后续关系 r_2，即 $r_1T \approx r_2$，而 r_2T 应该远离 r_1。这样一来可以在训练模型的过程中，自动分离先前关系和后续关系。

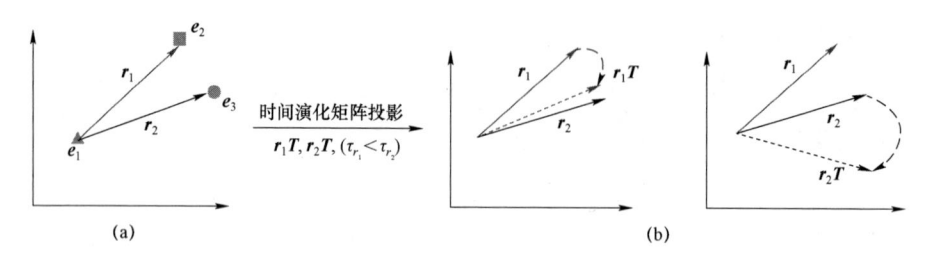

图 4-2　时间演化矩阵 T 的投影图示

整体而言，该研究将时序知识图谱推理与补全过程转化为一个基于正则化项的优化问题。给定任何正训练四元组 $(e_h, r_k, e_t, \tau(r_k)) \in \Delta_\tau$，可以找到共享相同头实体和时间顺序关系对 r_k, r_l 的时间相关四元组 $(e_h, r_l, e_j, \tau(r_l)) \in \Delta_\tau$。如果 $\tau(r_k) < \tau(r_l)$，得到一个正的时间顺序关系对 $y^+ = \langle r_k, r_l \rangle$ 和相应的负时间顺序关系对 $y^- = \langle r_k, r_l \rangle^{-1} = \langle r_l, r_k \rangle$。优化过程要求正时间顺序关系对应该比负时间顺序关系对具有更低的分数。因此将考虑时间因素的分值函数定义为

$$f_\tau(\langle r_k, r_l \rangle) = \| r_k T - r_l \|_{\ell_1/\ell_2}$$

当时间顺序关系对是按时间顺序时，预期分值较低，否则给出高分数。需注意，上式时间演化矩阵 T 是不对称的，损失函数也是不对称的，这样可以便于捕获时间顺序信息。

为了使向量空间与观察到的三元组兼容，该研究使用事实三元组集 Δ^+。特别地，将前述 TransE 分值函数公式中相同的事实分值函数 $f(e_h, r_k, e_t)$ 应用于每个候选三元组。通过最小化联合分值函数进行优化：

$$\mathcal{L} = \sum_{(e_h, r_k, e_t) \in \Delta^+} \left[\sum_{(e_h', r_k, e_t') \in \Delta^-} [\gamma_1 + f(e_h, r_k, e_t) - f(e_h', r_k, e_t')]_+ + \lambda \sum_{y^+ \in \Omega_{e_h, \tau(r_k)}, y^- \in \Omega_{e_h, \tau(r_k)}^-} [\gamma_2 + f_\tau(y^+) - f_\tau(y^-)]_+ \right]$$

其中，$(e_h, r_k, e_t) \in \Delta^+$ 是正确的三元组，$(e_h', r_k, e_t') \in \Delta^-$ 是相应替换实体得到的不正

确的三元组。

关于四元组 $(e_h, r_k, e_t, \tau(r_k))$ 的正例时序关系对集合 $\Omega^+_{e_h, \tau(r_k)}$，定义为

$$\Omega^+_{e_h, \tau(r_k)} = \left\{ \langle r_k, r_l \rangle \middle| (e_h, r_k, e_t, \tau(r_k)) \in \Delta_\tau, (e_h, r_l, e_t, \tau(r_l)) \in \Delta_\tau, \tau(r_k) < \tau(r_l) \right\} \cup$$
$$\left\{ \langle r_l, r_k \rangle \middle| (e_h, r_k, e_t, \tau(r_k)) \in \Delta_\tau, (e_h, r_l, e_t, \tau(r_l)) \in \Delta_\tau, \tau(r_k) > \tau(r_l) \right\}$$

其中，关系 r_k 和关系 r_l 共享相同的头实体 e_h。正例时序关系对集合 $\Omega^+_{e_h, \tau(r_k)}$ 通过反转关系对来获得相应的负例时序关系对。在实验中设置约束为 $\|e_h\|_2 \leq 1$、$\|r_k\|_2 \leq 1$、$\|r_l\|_2 \leq 1$、$\|e_t\|_2 \leq 1$、$\|r_k T\|_2 \leq 1$ 和 $\|r_l T\|_2 \leq 1$，以避免过度拟合。

目标函数 $\mathcal{L}(\cdot)$ 中的第一项强制生成的向量空间与所有观察到的三元组兼容，第二项进一步要求空间在时间上一致且更准确，超参数 λ 在这两种情况之间进行了权衡，最终采用随机梯度下降（小批量模式）来解决最小化问题。

2）ILP 模型。

该研究将时间信息作为知识图谱补全的时间一致性约束，发挥时间逻辑传递性的优势，并使用 ILP 模型来得到更准确的时序知识图谱推理和预测。

在传统知识图谱表示中获得的候选预测不可避免地包括许多不正确的预测。通过应用时间一致性约束，可以识别并丢弃这些错误，以产生更准确的结果。该研究考虑了三种时间约束，以解决实际时序知识图谱应用时需要处理的复杂冲突。

① 时间不相交约束：具有相同的关系和相同头实体的任何两个事实的时间间隔是不重叠的。例如，一个人在同一时间只能是一个人的配偶：$(e_1, \text{wasSpouseOf}, e_2, [1990, 2010]) \wedge (e_1, \text{wasSpouseOf}, e_3, [2005, 2013]) \wedge e_2 \neq e_3 \rightarrow \text{false}$。

② 时间顺序约束：对于某些时间顺序关系，一个事实总是先于另一个事实发生。例如，一个人必须在毕业前出生：$(e_1, \text{wasBornIn}, e_2, \tau_1) \wedge (e_1, \text{graduateFrom}, e_3, \tau_2) \wedge \tau_1 > \tau_2 \rightarrow \text{false}$。

③ 时间跨度约束：有些事实仅在特定时间段内是真实的。一般而言，知识图谱 $\mathcal{G}$ 上的事实在其时间跨度范围之外的其他时间段无效。例如，给定时间间隔 τ' 超出 $(e_1, \text{presidentOf}, e_2, \tau) \in \mathcal{G}$ 的范围 τ，则事实 $(e_1, \text{presidentOf}, e_2, \tau')$ 无效。

该研究将时间敏感的推理公式化为具有时间约束的 ILP 问题。传统的知识图谱表示方法可以捕捉数据的内在属性，这些信息可被视为预测未知事实的可能

性。对于每个候选事实(e_h, r_k, e_t)，使用$w_{e_h,e_t}^{(r_k)} = f(e_h, r_k, e_t)$来表示知识图谱表示学习模型预测的可信度，并引入布尔决策变量$x_{e_h,e_t}^{(r_k)}$以指示事实(e_h, r_k, e_t, τ)对于时间τ是否为真。该研究的目标是在遵守所有时间约束的同时，找到决策变量的最佳分配，并且最大化总体可信度。因此，目标函数可以写为

$$\max \sum_{x_{e_h,e_t}^{(r_k)}} w_{e_h,e_t}^{(r_k)} x_{e_h,e_t}^{(r_k)}$$

同时为此目标函数添加上述三类时间一致性约束条件。

时间不相交约束避免了具有相同头实体和关系的两个事实的预测之间的分歧，这些约束可以表示为

$$x_{e_h,e_t}^{(r_k)} + x_{e_h,e_l}^{(r_k)} \leq 1, \forall r_k \in \mathcal{R}^1, \tau_{x_{e_h,e_t}^{(r_k)}} \cap \tau_{x_{e_h,e_l}^{(r_k)}} \neq \varnothing$$

其中，关系集合$\mathcal{R}^1$描述诸如wasSpouseOf的关系；$\tau_{x_{e_h,e_t}^{(r_k)}}$，$\tau_{x_{e_h,e_l}^{(r_k)}}$分别为两个事实的不同时间间隔。

时序顺序约束确保某些关系对的出现顺序，这些约束可以表示为

$$x_{e_h,e_t}^{(r_k)} + x_{e_h,e_l}^{(r_l)} \leq 1, \forall \langle r_k, r_l \rangle \in \Omega^2, \tau x_{(r_k)} \geq \tau_{(r_e)}$$

其中，时序关系对集合$\Omega^2 = \{\langle r_k, r_l \rangle\}$是具有先后顺序的关系对（如$\langle$wasBornIn, diedIn$\rangle$）。通过统计学方法在训练数据中自动发现这些关系对，并最终手动校准。

时间跨度约束确保了当事实为真时的特定时间跨度，这些约束可以表示为

$$x_{e_h,e_t}^{(r_k)} = 0, \forall r_k \in \mathcal{R}^3, \tau_{x_{e_h,e_t}^{(r_k)}} \cap \tau_\Delta = \varnothing$$

其中，关系集合$\mathcal{R}^3$是仅在特定时间跨度内有效的关系（如关系presidentOf）；τ_Δ表示知识图谱上的有效的时间跨度。

3）TransE-TAE-ILP模型。

通过模型定义可知，ILP模型与TAE模型是可以互为补充和辅助的：ILP模型比TAE模型考虑更多的时间约束，而TAE模型为ILP模型目标函数生成更精确的嵌入向量。因此，可以考虑将二者融合和集成，进而实现更加精准的时序知识图谱推理。

对于每个不可见的四元组(e_h, r_k, e_t, τ)，使用布尔决策变量$x_{e_h,e_t}^{(r_k,\tau)}$来指示它是否为真。随后，该研究使用TAE模型的向量表示来计算ILP模型目标函数的可信度，使用$v_{e_h,e_t}^{(r_k,\tau)}$来表示该可信度。因此，TransE-TAE-ILP模型的目标函数定义为

$$\max \sum_{x_{e_h,e_t}^{(r_k,\tau)}} v_{e_h,e_t}^{(r_k,\tau)} x_{e_h,e_t}^{(r_k,\tau)}$$

其中，ILP 模型里提到的"时间不相交约束""时间顺序约束""时间跨度约束"三个约束等式保持不变，同样适用于此。

综上所述，使用 TransE-TAE-ILP 模型可以将捕获时序知识图谱数据的内在属性的能力，与向量的全局一致性中的时间约束有机结合在一起。如 TransE-TAE-ILP 模型的目标函数所示，任何不可见的事实的真实性都被编码在可信度 $v_{e_h,e_t}^{(r_k,\tau)}$ 中，该分值捕获了时序知识图谱数据的内在属性。时间一致性约束被公式化为三个约束等式，并自然地应用于目标函数。最终，通过求解目标函数，获得候选实体（头实体或尾实体）或候选关系的列表作为最终输出。

（3）总结

该研究是时序知识图谱推理与补全研究的开山之作，对该领域研究具有重要意义，且首次明确定义了时序知识图谱补全任务。该研究提出了两种新的时间感知增强知识图谱补全模型：TAE 模型对向量空间的几何结构施加时间顺序约束，并使其在时间上保持一致和准确；ILP 模型考虑了全局时间约束，纳入了三类时间一致性约束。最终，这两个模型集成于 TransE-TAE-ILP 模型，该联合推理模型自然地保留了表示学习模型的优点，并且在各种时间约束方面更准确。TransE-TAE-ILP 模型的创新之处在于它结合了 TransE 模型、时间注意力编码和 ILP 模型的方法，使模型能够捕捉和建模时序知识图谱中的时间信号，既可以处理知识图谱中的复杂模式，又可以处理时态关系，同时还可以满足知识图谱中的约束关系，这使得 TransE-TAE-ILP 模型在时序知识图谱表示学习的质量和推理效果上都有显著的提升。

综上所述，该成果通过引入时间演化矩阵和基于损失函数的优化方法，实现了实体和关系的语义表示和时间演化关系的捕捉，为面向时序知识图谱构建和应用的推理领域的发展做出了重要的贡献。尤其是该成果将时间演化矩阵引入知识图谱表示学习过程中，实现了关系之间时间演化关系的捕捉，这种创新性的思路为时序知识图谱推理领域带来了新的视角和方法，有助于更好地理解和表示时序知识图谱中的关系，为后续相关领域的研究提供了重要的启示。此外，该成果通过引入时间维度的考虑和一致性的损失函数，使模型能够更全面地处理时序知识图谱中的信息、更好地利用时间信号，提高了模型的泛用性和准确性。该研究依托于 YAGO 知识图谱（约 30%的事实缺少时间注释）和 Freebase 知识图谱（约 50%的事实缺少时间注释）构建了时序知识图谱推理与补全任务评测数据环境。然而许多事实的时间信息不是由当前的知识图谱存储的，从知识图谱之外的额外资源（如事实的文本信息）提取更多的时间信号，用于弥补现有知识图谱中时间信息的稀疏性，是该成果的潜在改进方向。此外，未来研究可以进一步探索如何将时间演化矩阵与其他先进技术（如深度强化学习等）结合，以解决更复杂的问题。

4.4.2 知识图谱中有效时间的提取

（1）概述

知识图谱是一种在 Web 上表示知识的流行方法，通常以节点和边构成的有向（或无向）图的形式表示，其中，节点对应于实体，有向边表示节点之间的关系。知识图谱发展至今涌现出了许多有影响力的案例，包括 Google Knowledge Graph、NELL、YAGO 和 DBpedia 等，然而无论这些知识图谱中的数据是由用户还是计算机程序生成和维护的，错误和遗漏现象都会逐渐增加，并且数据很快就会过时。更严重的是，用于数据发布的一些流行的格式（包括 RDF、JSON、CSV 等）无法在数据随时变化时轻松捕获和保留信息。例如，考虑从 DBpedia 知识图谱中提取关于美国第 22 任和第 24 任总统 Grover Cleveland（格罗弗·克利夫兰）的以下事实：（GCleveland, birthPlace, Caldwell）（格罗弗·克利夫兰，出生地，考德威尔）、（GCleveland, office, POTUS）（格罗弗·克利夫兰，重要职务，美国总统）、（GCleveland, office, NewYork_Governor）（格罗弗·克利夫兰，重要职务，纽约州长）。由于一些原因导致事实中缺少时间信息，单独来看这些事实没有一个是错误的，而综合在一起时可以发现格罗弗·克利夫兰不可能同时担任美国总统和纽约州长。此外，知识图谱中也缺失格罗弗·克利夫兰在两个非连续时期内两次担任总统这一信息。因此，增加时域元数据（Temporal Metadata）会消除一些事实歧义。当然，并非所有事实都需要这样的元数据，例如，格罗弗·克利夫兰的出生地不会随着时间的推移而改变。

许多知识图谱不包含事实的有效时间（即事实被认为有效的期限），而值得注意的例外情况是 Wikidata 和 YAGO 等知识图谱中部分事实被赋予了时间信息。鉴于此，研究人员在论文 *Deriving Validity Time in Knowledge Graph* 中进行了事实的有效时间研究。该研究的目标是在这些信息不完整的知识图谱上学习时域元数据，即对于上面的示例，期望导出以下形式的注释：

(GCleveland,office,POTUS)：[1885—1889;1893—1897]

(GCleveland,office,NewYork_Governor)：[1883—1885]

这里可以注意到格罗弗·克利夫兰在两个不同的非连续任期内担任总统。该成果将此问题作为关系嵌入（Relational Embedding）问题的一个变体开展相关研究，论证了基于关系嵌入模型的技术以及这些方法的局限性，然后证明了因子分解机（Factorization Machine，FM）模型允许考虑有价值的辅助信息，特别适合该研究定义的时间范围预测任务。

该研究主要提出两类模型，分别是改进传统翻译模型的 TTransE 模型和改进传统因子分解模型的 TRESCAL 模型，旨在针对时序知识图谱构建与应用需求，自动地从知识图谱中提取、学习和表示有效的时间信息。

其中，TTransE 模型是一种针对时序知识图谱的表示学习模型，它扩展了传统的 TransE 模型以处理时序数据。传统 TransE 模型是一种基于平移不变性的知识图谱嵌入方法，它通过将实体和关系表示为向量空间中的向量，使对于每个三元组（头实体，关系，尾实体），头实体向量加上关系向量接近于尾实体向量。TTransE 模型在 TransE 模型的基础上引入时间因素，以捕获时序知识图谱中的动态变化。它假设实体和关系的表示随时间而变化，并且这种变化可以通过时间敏感的转换矩阵来建模。具体来说，TTransE 模型为每个时间戳定义了一个转换矩阵，该转换矩阵用于将实体和关系的表示从当前时间戳转换到下一个时间戳。最终，TTransE 模型通过优化一个损失函数来学习实体和关系的嵌入向量以及时间敏感的转换矩阵。损失函数通常基于正确时序三元组的约束条件和负采样的错误时序三元组之间的差异。

TRESCAL 模型是一种针对时序知识图谱的嵌入模型，它扩展了传统的 RESCAL 模型以处理时序数据。RESCAL 模型是一种基于张量分解的知识图谱嵌入方法，它通过将一个三维张量分解为多个低秩矩阵的乘积来表示知识图谱中的实体和关系。在 TRESCAL 模型中，为了捕获时序知识图谱中的动态变化，它引入了一个时间敏感的权重矩阵,用于对张量分解中的各个矩阵进行加权。这个权重矩阵随时间变化,从而能够捕捉实体和关系的动态演化。

(2)技术路线

该研究首先定义了研究的任务,然后基于现有方法提出了关系嵌入方法和因子分解机的扩展。

1)任务定义。

考虑 $\mathcal{G}=(\mathcal{E},\mathcal{R})$ 形式的知识图谱,其中,$\mathcal{E}$ 是一组被称为实体的标记节点;$\mathcal{R}$ 是一组称为关系的标记边。也可以将知识图谱 $\mathcal{G}$ 称为一组(subject, predicate, object)(主语,谓语,宾语)形式的三元组集合,其中,主语和宾语是节点标签(表示实体),分别用 e_h 和 e_t 表示;谓语是边标签(表示关系),用 r 表示。标签充当主语和谓语的唯一标识符,也充当对象的标识符或文本值。因此可认为,在两个节点 e_h 和 e_t 之间存在边 r 表示事实 (e_h,r,e_t) 成立。在现实中,知识在时间维度上不是静止的。鉴于此项研究希望捕获一个给定事实所持续的时间段,即事实的有效时间,因此,该研究假设存在一组离散的时间集合 $\mathcal{T}$,并在边上添加了额外的标签方案,该方案使用 $\mathcal{T}$ 上的一组时间间隔,表示事实被认为是真实的时间段,由此便产生了时序知识图谱。

该研究的目标是学习和生成知识图谱事实与 $\mathcal{T}$ 中的一个或多个时间点之间的关联,这样可以完成以下任务。

时间预测任务。给定 $(e_h,r,e_t,?)$ 形式的查询,预测事实被认为有效或真实的时间点(或时间区间)。

时间依赖的问答任务。给定一个时间点和一个缺少主语 e_h、谓语 r 或宾语 e_t 的事实,预测最可能的节点/边。

2)时序知识图谱表示学习。

表示学习(Representation Learning)方法是一种低维向量空间中的关系学习范式,已广泛用于链接预测和事实分类等任务,这种方法可以被视为知识图谱表示学习的一个特例。现有表示学习模型大致分为基于翻译距离(Translational Distance)的表示学习、基于张量分解模型或双线性模型(Bilinear Model)的表示学习和基于神经网络的表示学习。在表示学习框架中,向量是用于学习翻译模型中实体和关系的向量,额外的矩阵则用于双线性模型和神经网络模型。此外,翻译模型使用距离来度量事实的真实性，而张量分解模型或双线性模型则依赖于实体和关系向量的点积。

TransE 模型是著名的翻译模型之一，其简单性更易直接扩展。TransE 模型采用翻译模型的思路，三元组 (e_h, r, e_t) 的翻译向量对应于 $e_h + r \approx e_t$。分值函数 $\text{score}(e_h, r, e_t)$ 中的 ℓ_1 范数或 ℓ_2 范数用于测量距离（即相似性），即

$$\text{score}(e_h, r, e_t) = -\| e_h + r - e_t \|_{\ell_1/\ell_2}$$

知识图谱表示学习模型训练集包含正例 $(\Delta^+ \in \mathcal{G})$ 和负例 (Δ^-)，负例生成方式为

$$\Delta^-_{(e_h, r, e_t) \in \mathcal{G}} = \{(e'_h, r, e_t) | e'_h \in \mathcal{E}, (e'_h, r, e_t) \notin \mathcal{G}\} \cup$$
$$\{(e_h, r, e'_t) | e'_t \in \mathcal{E}, (e_h, r, e'_t) \notin \mathcal{G}\}$$

因此，负例 Δ^- 包含三元组 (e'_h, r, e'_t)，其中，e_h 或 e_t 被实体集合 $\mathcal{E}$ 中的随机实体替换。

RESCAL 模型也称双线性模型，其通过将三元组在张量中表示来使用张量因子分解模型。也就是说，对于每个三元组 (e_h, r, e_t)，$y_{(e_h, r, e_t)} = \{0, 1\}$ 表示它在张量 $Y \in \{0, 1\}^{|\mathcal{E}| \times |\mathcal{E}| \times |\mathcal{R}|}$ 中存在或不存在。对于每个关系 $r \in \mathcal{R}$，RESCAL 模型学习实体的向量和矩阵 $W_r \in \mathbb{R}^{d \times d}$，其中，每个切片被因子化为 $e_h^\top W_r e_t$。因此，双线性模型的分值函数为

$$\text{score}(e_h, r, e_t) = e_h^\top W_r e_t$$

几乎所有的知识图谱表示学习方法都需要在某些训练数据集上最小化基于间隔的排名损失函数 $\mathcal{L}$。$\mathcal{L}$ 为

$$\mathcal{L} = \sum_{(e_h, r, e_t) \in \Delta^+} \sum_{(e'_h, r, e'_t) \in \Delta^-} [\gamma + \text{score}(e_h, r, e_t) - \text{score}(e'_h, r, e'_t)]_+$$

式中，函数 $[x]_+$ 表示取 x 的正部分；参数 $\gamma > 0$ 是边缘超参数。采用不同的优化函数（如随机梯度下降）用于最小化 $\mathcal{L}$。

该研究分别基于 TransE 模型和 RESCAL 模型，提出了相应的基于时间感知关系嵌入的时序知识图谱推理模型，应用于时序知识图谱构建与应用需求。

该研究基于传统处理静态知识图谱表示与推理的 TransE 模型，提出了其时序版本 TTransE 模型。TTransE 模型是带有时间敏感要素的 TransE 模型，主要通过替换 TransE 模型的分值函数得到。TTransE 模型存在三个变体，分别是朴素

TTransE（Naive-TTransE）模型、基于向量的 TTransE（Vector-based TTransE）模型、基于系数的 TTransE（Coefficient-based TTransE）模型。分别概述如下。

朴素 TTransE 模型，依托合成关系（Synthetic Relation）来编码时间。对于每个关系 r 和每个时间 $\tau \in \mathcal{T}$，假设存在一个合成关系 $r:\tau$。例如，对于时间事实 (GCleveand, office:1888,POTUS)，其对应的合成关系可以编码为 (GCleveland, office,POTUS):1888。朴素 TTransE 模型的分值函数与 TransE 模型保持一致：

$$\text{score}(e_h, r:\tau, e_t) = -\|e_h + r:\tau - e_t\|_{\ell_1/\ell_2}$$

虽然这个模型很简洁，但不可扩展。此外，链接预测时无法区分两个连续的时间，例如，对于问答任务 (GClevend,?,POTUS) 而言，office:1988 和 office:1989 均是可能的链接。

在基于向量的 TTransE 模型中，时间与实体和关系在相同的向量空间中表示，即时间与实体和关系处于同一向量空间中，分值函数变为

$$\text{score}(e_h, r, e_t, \tau) = -\|e_h + r + \tau - e_t\|_{\ell_1/\ell_2}$$

在这种方法中，时间具有向量表示，即时间被表示为一个独立的向量，就像实体和关系一样。这个分值函数背后的基本原理可以理解为对于任何的有效时间，驱动<头实体，关系>数据对，去无限接近正确的尾实体。

在基于系数的 TTransE 模型中，时间 τ（或其归一化形式）被用作影响三元组的实体 e_h 和关系 r 的一个系数（或权重），分值函数表示为

$$\text{score}(e_h, r, e_t, \tau) = -\|\tau * (e_h + r) - e_t\|_{\ell_1/\ell_2}$$

当只有关系 r 受时间 τ 影响时，分值函数可改写为

$$\text{score}(e_h, r, e_t, \tau) = -\|e_h + \tau r - e_t\|_{\ell_1/\ell_2}$$

与基于向量的 TTransE 模型不同，这里时间 τ 表示为（0，1］范围内的实值，不再作为独立的向量存在，因此不受优化的直接影响。

该研究随后基于传统的处理静态知识图谱表示与推理的 RESCAL 模型，提出了时序版本 TRESCAL 模型。TRESCAL 模型是 RESCAL 模型的时间扩展，该研究将其双线性时间分值函数扩展如下，与朴素 TTransE 模型一样，时间是通过合成关系编码的，即

$$\text{score}(e_\text{h}, r, e_\text{t}, \tau) = e_\text{h}^\top W_{r:\tau} e_\text{t}$$

综上所述，该模型可以视为是双线性模型的直接扩展。该模型设计思路比较简洁，其参数规模不大，预测结果并不十分理想。

3）时序知识图谱的因子分解机。

与向量空间嵌入模型不同，因子分解机允许结合上下文信息，从而提高预测性能。Rendle 模型成功地引入了因子分解机，使用因子化参数对特征之间的交互进行建模。因子分解机的一个优点是，即使使用非常稀疏的数据，它也可以估计生成特征之间的所有交互。此外，因子分解机可以模拟许多不同的矩阵分解模型，如有偏矩阵分解（Biased Matrix Factorization）、奇异值分解（Singular Value Decomposition，SVD）和成对相互作用张量因子分解（Pairwise Interaction Tensor Factorization，PITF）等。因子分解机不仅提供了特征工程的灵活性及高预测精度，还可以应用于回归、二进制分类和排序等任务。因子分解机的模型为

$$\text{score}(\boldsymbol{x}, \boldsymbol{w}) := w_0 + \sum_{i=1}^n w_i x_i + \sum_{i=1}^n \sum_{j=i+1}^n \langle \boldsymbol{v}_i, \boldsymbol{v}_j \rangle x_i x_j$$

$$\langle \boldsymbol{v}_i, \boldsymbol{v}_j \rangle := \sum_{f=1}^k v_{i,f} \cdot v_{j,f}$$

关于式中的模型参数，概述如下：参数 w_0 表示全局偏差；w_i 是向量 $\boldsymbol{w} \in \mathbb{R}^n$ 中的元素，表示第 i 个变量的权重，n 表示特征向量的大小；$\boldsymbol{v}_i$ 和 $\boldsymbol{v}_j$ 是矩阵 $\boldsymbol{V} \in \mathbb{R}^{n \times k}$ 的第 i 和 j 个变量；$\langle \boldsymbol{v}_i, \boldsymbol{v}_j \rangle$ 表示对第 i 个和第 j 个变量之间的相互作用进行建模，操作符 $\langle \cdot, \cdot \rangle$ 表示两个向量的点积。此外，矩阵 $\boldsymbol{V}$ 中的模型参数 $\boldsymbol{v}_i$ 描述了具有 k 个因子的第 i 个变量，k 是定义因子分解维数的超参数。

在该研究的工作中，由于需要预测（可能很多）给定时间的事实的有效性，因此使用因子分解机进行分类，而不是回归或排序。在上述众多方法中：朴素 TTransE 模型不能很好地适应大小或粗糙度不断增加的时域；尽管基于向量的 TTransE 模型总体上比其他技术表现更好，但它没有表现出足够好的性能来解决实践中的问题；因子分解机则在解决粗糙度和性能问题上有相对优势。

（3）总结

该研究主要关注事实的时间范围预测任务，是面向时序知识图谱构建与应用的推理任务的代表性成果。围绕此任务重点开展了两方面的工作：一是对现有的

关系嵌入方法 TransE 模型和 RESCAL 模型进行了时间感知层面的扩展，通过多种方法将时间嵌入向量与关系嵌入向量相结合；二是通过因子分解机对关系与时间的交互作用进行建模。

TTransE 模型是一种针对时序知识图谱的表示学习模型，简洁而有效地扩展了传统的 TransE 模型以处理时序数据。TTransE 模型将时间因素引入知识图谱的表示学习中，从而能够处理时序数据中的动态变化。通过引入时间敏感的转换矩阵，该模型能够捕捉实体和关系随时间的变化，为时序知识图谱的推理和预测提供了有效的工具，这是对传统知识图谱推理方法的重要拓展。通过引入时间因素，TTransE 模型不仅解决了传统知识图谱嵌入方法在处理时序数据时的局限性，还为其他时序数据相关任务提供了新的启示。该模型的可解释性和泛化能力等方面也可以成为未来研究的重点。TRESCAL 模型在 RESCAL 模型的基础上引入了时间敏感性，实现了对时序知识图谱的动态表示学习。RESCAL 模型是一种基于因子分解的知识图谱嵌入方法，而 TRESCAL 模型通过在分解过程中引入时间权重矩阵，使模型能够捕捉到实体和关系的时间依赖性，从而更准确地表示时序知识图谱中的动态变化。这种创新性的模型设计使 TRESCAL 模型能够处理传统 RESCAL 模型无法处理的时序数据，为时序知识图谱的表示学习提供了新的思路和方法。TRESCAL 模型的提出为时序知识图谱表示学习领域的发展提供了新的理论支撑。

实验证明，传统的关系嵌入方法不能很好地适应规模或粒度不同的时域，尽管扩展的时间感知关系嵌入模型总体上表现更好，但在可伸缩性、准确性以及性能上仍有不足；而因子分解机克服了这些缺点，它允许结合上下文信息，使用因子化参数对特征之间的交互进行建模，从而提高预测性能。

4.4.3 基于超平面的时序知识图谱推理

（1）概述

知识图谱是一种大型多关系图结构数据，其中，节点对应于实体，边表示实体间的关系，通常以三元组（实体、关系、实体）的形式表示事实。一些常见的知识图谱的案例包括 NELL、YAGO 和 Freebase 等。目前知识图谱可用于多种人工智能应用任务,包括信息检索、问答等。面向知识图谱推理的知识图谱表示学习研究,在过去几年中已成为一个非常活跃的研究领域,也促进了一些相关技术方向的发展,这些技术方法旨在学习知识图谱中节点和关系的高维向量表示,同时保留各种图和知识约束。

然而,存在于知识图谱中的事实并非一直正确,它们往往只在特定的时间段内有效。例如,三元组(Bill Clinton,presidentOf,USA)(比尔·克林顿,总统,美国)所表示的事实只在 1993 年至 2001 年间是正确的。这种知识图谱事实的时间有效性标记,通常被称为"时间范围"。这些时间范围越来越多地被应用于几个大型知识图谱,如 YAGO、Wikidata 等。主流的知识图谱表示方法在学习知识图谱实体和关系的向量表示时,往往忽略了此类时间范围的可用性或重要性。因为这些方法通常将知识图谱视为一个静态图,假设其中包含的事实是一直正确的——这显然不够严谨,因此在对知识图谱的表示学习过程中,加入对时间范围的考虑和建模,可能会产生更好的知识图谱表示。尽管 TAE 很重要,但它是一个相对未被完全探索的领域。最近,北京大学研究团队提出了一种利用时间信息的知识图谱表示方法 TTransE,被认为是面向时序知识图谱构建与应用的推理技术的典型工作之一。然而该方法不是直接将时间信息纳入学习向量表示,而是首先学习关系之间的时间顺序(如 wasBornIn → wonPrize → diedIn),然后在知识图谱表示学习阶段将这些关系顺序合并为约束,因此该方法学习的嵌入没有明确的时间意识。

鉴于此,印度科学学院(Indian Institute of Science)研究团队在论文 *HyTE: Hyperplane-based Temporally aware Knowledge Graph Embedding* 中提出了 HyTE 模型,它将时间信息直接纳入学习的嵌入中。HyTE 模型将时间范围内的知识图谱分割成多个静态子图,每个子图对应一个时间戳,然后 HyTE 模型将每个子图的实体和关系投影到时间戳特定的超平面上,最后学习超平面法向量和随时间分布的知识图谱表示。

因此,HyTE 模型的核心思想是将每个时间戳与相应的超平面相关联,从而明确地将时间结合在实体关系空间中。这种方法受 TransH 模型启发,利用类似 TransH 模型的思路来整合时间维度的信息。具体来说,HyTE 模型通过将时间戳作为超平面的标准法向量,将实体和关系通过不同的时间戳投射到相应的超平面上。这样,每个时间戳都有一个与之关联的超平面,用于表示该时间下的实体和关系。与以前的 TAE 方法相比,HyTE 模型更为直接地在表示学习中编码时间信息,这使模型能够对没有时间范围标记的事实进行时间范围预测。

(2)技术路线

1)基于超平面的静态知识图谱表示学习。

考虑具有一组实体 $\mathcal{E}$ 的知识图谱 $\mathcal{G}$,由三元组 (e_h, r, e_t) 组成,其中,e_h 表示头实体;e_t 表示尾实体;关系 r 表示从头实体到尾实体的关系。传统面向静态知识图谱推理需求的 TransE 模型,是一个简单有效的基于翻译模型的知识图谱表示学习模型,旨在将关系解释为头部实体向量和尾部实体向量之间的翻译向量。给定两个实体向量 $e_h, e_t \in \mathbb{R}^n$,该模型期望将该关系映射为翻译向量 $r \in \mathbb{R}^n$,即对于观察到的三元组 (e_h, r, e_t),存在 $e_h + r \approx e_t$。因此采用基于距离的分值函数定义为

$$\text{score}(e_h, r, e_t) = \| e_h + r - e_t \|_{\ell_1/\ell_2}$$

式中,$\| \cdot \|_{\ell_1/\ell_2}$ 是差向量的 ℓ_1 范数或 ℓ_2 范数。对于观察到的正确的三元组,$\text{score}(e_h, r, e_t)$ 将被最小化。为了区分正确和不正确的三元组,使用基于间隔的对偶排名损失(Margin Based Pairwise Ranking Loss)来最小化它们的 TransE 分数差值。即针对实体和关系向量优化下述表达式:

$$\sum_{x \in \Delta^+} \sum_{y \in \Delta^-} \max(0, \text{score}(x) - \text{score}(y) + \gamma)$$

其中,x 和 y 分别表示正确的三元组和不正确的三元组;参数 γ 是分隔正确和不正确的三元组的边距;Δ^+ 是所有正确的三元组的集合,即观察到的以知识图谱为单位的三元组。负样本从下述不正确的三元组集合中随机抽取:

$$\Delta^- = \{(e'_h, r, e_t) \mid e'_h \in \mathcal{E}, (e'_h, r, e_t) \notin \Delta^+\} \cup \{(e_h, r, e'_t) \mid e'_t \in \mathcal{E}, (e_h, r, e'_t) \notin \Delta^+\}$$

然而,TransE 模型无法对多对一、一对多、多对多类型的关系进行建模,因为当它涉及多个关系时,它不会学习实体的分布式表示。为了解决这些情况,基于超平面的 TransH 模型将关系 r 建模为特定关系超平面上的向量,并将与之相关的实体投影到该特定关系超平面上,以学习实体的分布式向量表示,防止实体在涉及不同关系时表现出相同的特征。面向时序知识图谱表示与推理的 HyTE 模型正是受 TransH 模型启发,并进一步认为不仅实体的角色会随着时间的推移而

变化，而且它们之间的关系也会发生变化，因此期望捕捉实体和关系的这种时间行为，并尝试相应地学习它们的向量，从而提出了一种基于超平面的学习时间分布知识图谱表示的方法。

2）时间投影变换。

通常，知识图谱被视为由 (e_h, r, e_t) 形式的三元组组成的静态图。时序知识图谱是在三元组中添加独立的时间维度使知识图谱"动态化"，表示为四元组 $(e_h, r, e_t, [\tau_b, \tau_e])$，其中，$\tau_b$ 和 τ_e 分别表示三元组 (e_h, r, e_t) 的有效开始时间和有效结束时间。与 TTransE 方法不同，HyTE 模型将时间元事实（Time Meta-Fact）直接纳入学习过程，以学习知识图谱元素的时间向量表示。给定时间戳，可以将时序知识图谱分解为多个静态图，这些静态图由在各个时间点中有效的三元组组成，例如，知识图谱 $\mathcal{G}$ 可以表示为 $\mathcal{G} = \mathcal{G}_{\tau_1} \cup \mathcal{G}_{\tau_2} \cup \cdots \cup \mathcal{G}_{\tau_{|T|}}$，其中，$\tau_i$ $(i \in \{1, 2, \cdots, |\mathcal{T}|\})$ 是离散时间点。

通过考虑 (e_h, r, e_t) 在 τ_b 和 τ_e 之间的每个时间点是正确的三元组，HyTE 模型从四元组构造了时序分量图 $(\mathcal{G}_\tau)$。现在，给定一个四元组 $(e_h, r, e_t, [\tau_b, \tau_e])$，该研究认为它在 τ_b 和 τ_e 之间每个时间点都是正确的三元组。因此，每个图 $\mathcal{G}_\tau$ 中所包含的 (e_h, r, e_t) 必须满足 $\tau_b \leqslant \tau \leqslant \tau_e$。对应于时间 τ 正确的三元组集合表示为 Δ_τ^+。

TransE 模型在静态图的同一语义空间中考虑实体和关系向量，TransH 模型在静态图的同一语义空间中考虑实体和关系的多对一、一对多或多对多关系，而 HyTE 模型认为时间是知识图谱中多对一、一对多或多对多关系的主要缘由。例如，二元组 (e_h, r) 对可以在不同的时间点与不同的尾部实体 e_t 相关联。因此，传统方法无法直接消除它们的上述歧义。在该研究的时间引导模型中，期望实体具有时间点相关的差异化的分布式向量表示。

HyTE 模型将时间表示为超平面，即对于知识图谱中的 $|\mathcal{T}|$ 个时间步，将会有 $|\mathcal{T}|$ 个不同的超平面，分别由不同的法向量 $\{w_{\tau_1}, w_{\tau_2}, \cdots, w_{\tau_{|T|}}\}$ 表示。因此，超平面将空间分隔成了不同的时区。现在，在时间 τ 上有效的三元组（即子图 $\mathcal{G}_\tau$）被投影到特定时间的超平面 w_τ 上，其中，它们的翻译距离（以 TransE 模型为例）被最小化（见图 4-3）。为了方便描述，在图 4-3 中三元组 (e_h, r, e_t) 对时间 τ_1 和 τ_2 都有效，因此它们被投影在对应于这些时间的超平面上。

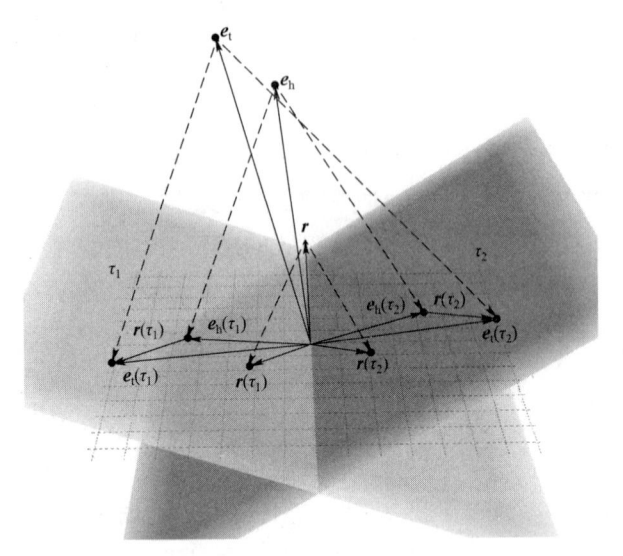

图 4-3　时间投影变换

注：图中向量 e_h，r 和 e_t 对应于在时间 τ_1 和 τ_2 有效的三元组 (e_h, r, e_t)。$e_h(\tau_i)$，$r(\tau_i)$ 和 $e_t(\tau_i)$ 是该三元组在对应于时间 τ_1 的超平面上的投影（对于时间 τ_2 同理）。HyTE 模型最小化翻译距离 $\sum_i \|e_h(\tau_i) + r(\tau_i) - e_t(\tau_i)\|_1$，以学习该三元组中实体和关系的时间感知表示。

现在计算法向量 w_τ 上的投影表示

$$X_\tau(e_h) = e_h - (w_\tau^\mathrm{T} e_h) w_\tau$$

$$X_\tau(e_t) = e_t - (w_\tau^\mathrm{T} e_t) w_\tau$$

$$X_\tau(r) = r - (w_\tau^\mathrm{T} r) w_\tau$$

这里限制 $\|w_\tau\|_2 = 1$。综上所述，该研究期望一个在时间 τ 上有效的正确的三元组具有映射 $X_\tau(e_h) + X_\tau(r) \approx X_\tau(e_t)$。因此使用以下评分函数：

$$\mathrm{score}(e_h, r, e_t) = \|X_\tau(e_h) + X_\tau(r) - X_\tau(e_t)\|_{\ell_1/\ell_2}$$

对于每个时间戳 τ，学习 $\{w_\tau\}_{\tau=1}^{|\mathcal{T}|}$ 以及实体和关系的向量。因此，通过将三元组投影到其时间超平面上，可以将时间信息融入到关系和实体嵌入中，即相同的分布式表示在不同的时间点将具有不同的作用。

3）优化。

通过最小化基于间隔的排名损失进行优化，损失函数为

$$\mathcal{L} = \sum_\tau \sum_{x \in \Delta_\tau^+} \sum_{y \in \Delta_\tau^-} \max(0, \mathrm{score}(x) - \mathrm{score}(y) + \gamma)$$

式中，x 和 y 分别表示正确的三元组和不正确的三元组。Δ_τ^+ 是具有时间戳 τ 的有效三元组的集合，即正确的三元组集合；负样本取自所有不正确的三元组集合 Δ_τ^-。该研究探索了两种不同类型的负采样，如下所述。

第一种负采样方法被称为时间无关负采样（Time Agnostic Negative Sampling，TANS）。TANS 考虑不属于知识图谱的所有三元组的集合，而不考虑时间戳。即对于时间步 τ，从以下集合中提取负样本：

$$\Delta_\tau^- = \{(e_h', r, e_t, \tau) | e_h' \in \mathcal{E}, (e_h', r, e_t) \notin \Delta^+\} \cup \{(e_h, r, e_t', \tau) | e_t' \in \mathcal{E}, (e_h, r, e_t') \notin \Delta^+\}$$

第二种负采样方法被称为时间相关负采样（Time Dependent Negative Sampling，TDNS）。TDNS 侧重准时性，在 TANS 负样本的基础上，添加额外的负样本，这些负样本需满足"存在于知识图谱中，但不存在于特定时间戳的子图中"的约束。因此从以下集合中提取负样本：

$$\Delta_\tau^- = \{(e_h', r, e_t, \tau) | e_h' \in \mathcal{E}, (e_h', r, e_t) \in \Delta^+, (e_h', r, e_t, \tau) \notin \Delta_\tau^+\} \cup$$
$$\{(e_h, r, e_t', \tau) | e_t' \in \mathcal{E}, (e_h, r, e_t') \in \Delta^+, (e_h, r, e_t', \tau) \notin \Delta_\tau^+\}$$

上述两种负采样方法各有所长，为了展示 HyTE 模型的有效性，该研究进行了链接预测以及时间范围预测任务。对于链接预测，使用 TANS 方法描述的优化过程来训练模型；而时间范围任务要求时间超平面在嵌入空间中具有良好的结构，因此 TDNS 方法更合适。

最终，上述损失函数 $\mathcal{L}$ 在受到以下约束的情况下被最小化：

$$\|e_i\|_2 \leqslant 1, \forall e_i \in \mathcal{E}, \|w_\tau\|_2 = 1, \forall \tau \in \mathcal{T}$$

（3）总结

针对时序知识图谱表示学习，HyTE 模型将时序知识图谱按照时间戳分割成多个静态子图，并将每个子图的实体和关系投影到时间戳特定的超平面上，以学习超平面向量和随时间分布的知识图谱表示。总体而言，面向时序知识图谱表示与推理的 HyTE 模型，正是受静态知识图谱表示学习 TransH 模型启发，并进一步认为不仅实体的角色会随着时间的推移而变化，而且它们之间的关系也会发生变化，因此期望捕捉实体和关系的这种时间行为，并尝试相应地学习它们的向量，从而提出了一种基于超平面的学习时间分布知识图谱表示的方法。HyTE 模型的核心思想是，对于每一个时间戳，都会有一个对应的超平面，这个超平面上的所有实体和关系都会被映射到这个超平面上,然后根据这个超平面上的位置,可以推断出实体和关系之间的关系。具体来说:HyTE 模型会将知识图谱按照时间戳分为若干个子图,每个子图对应不同的时间戳,在这些子图中,每个实体和关系都会有自己独特的表示;然后,HyTE 模型会通过优化目标函数,使这些子图中的实体和关系能够更好地匹配它们的实际关系。在给定时间戳的情况下,HyTE 模型通过时间信息将原始的知识图谱分解成由在各个时间生效的三元组组成的静态知识图谱。这意味着,知识图谱可以表示为一系列静态子图的并集,每个子图对应于一个特定的时间戳。这种分解使时间信息在知识图谱中更为直观,有助于捕捉不同时间下的多对一、一对多、多对多关系。此外,HyTE 模型将知识图谱分割成多个子图进行处理的方法,在一定程度上能够降低计算复杂度,使模型能够在处理大规模知识图谱时保持良好的性能。

不同于过往研究中首先学习关系间的时间顺序,然后在嵌入阶段将这些关系顺序合并为约束的方法,该研究可以将时间信息直接纳入学习的向量表示中,使得嵌入具有时间意识,同时可以对无时间戳的事实进行时间范围预测。HyTE 模型的优点在于,它能够很好地考虑到时间因素的影响,因此在处理涉及时间的信息时,会有更好的性能。通过利用超平面来表示时间戳,HyTE 模型能够捕捉实体和关系随时间的变化,从而更准确地表示时序知识图谱。此外该研究将时序知识图谱分割成多个静态子图进行研究的方法也为时序知识图谱表示学习的研究提供了新思路,有助于该领域的进一步研究。

4.5 基于张量分解模型的时序知识图谱推理

在静态知识图谱构建与应用的推理研究中,张量分解模型与翻译模型并列为关键的方法论。因此,探究张量分解模型在时序知识图谱推理任务中的改造与应用,已成为解决时序知识图谱推理问题的一种直观且重要的途径。这类方法通过引入历时嵌入表示学习、与时序推理任务相关的正则化项,以及针对特定时态的归纳偏差等策略,有效地扩展了传统静态知识图谱推理任务中的张量分解模型,使其能够适应时序知识图谱的推理需求。

4.5.1 基于历时嵌入的时序知识图谱推理

（1）概述

由于知识图谱的不完整性，研究人员持续探索各类方法来根据现有知识图谱推断新事实——称为知识图谱补全。知识图谱补全旨在根据现有的知识图谱推断出新的事实，知识图谱表示学习方法已被证明对于知识图谱补全是有效的，目前针对静态知识图谱已开展了广泛的研究。知识图谱表示学习方法在多个知识图谱补全任务基准上取得了最佳结果，此类方法通常将每个实体和每个关系类型映射到一个隐式向量表示，并通过分值函数计算每个元组的分数。不同的知识图谱表示学习方法在实体和关系类型映射方法以及分值函数的设计方面存在差异。

时序知识图谱通常包含了实体在不同时间点的不同关系等时间事实，因此时序知识图谱表示学习模型的构造成为日益重要的问题。为了捕获和建模事实的时间要素，知识图谱通常与时间戳或时间间隔相关联。然而，传统知识图谱表示学习方法主要是为静态知识图谱设计的，忽略了对时间要素的理解与利用。最近的工作表明，通过扩展这些方法来利用时间信息，面向时序知识图谱构建与应用的推理性能得到了显著提升。

加拿大 Borealis AI 团队在 2020 年发表的 *Diachronic Embedding for Temporal Knowledge Graph Completion* 论文中，通过为静态模型配备历时实体表示函数来构建时序知识图谱补全模型，该函数以实体和时间戳作为输入，提供实体在任何时间点的隐式向量表示。历时嵌入与具体的模型无关，任何静态知识图谱表示学习模型都可以通过利用历时嵌入扩展到时序知识图谱补全任务。因此，该成果具备良好的可扩展性。该研究实验显示，其在 ICEWS 和 GDELT 数据集的子集上展示了模型的性能优越性。

（2）技术路线

该研究将一个实体或关系的隐式向量表示称为该实体或关系的嵌入。

对实体的嵌入定义为实体嵌入函数 $EEMB: \mathcal{E} \to \psi$，将每个实体 $e \in \mathcal{E}$ 映射到 ψ 中的向量表示，其中，ψ 是向量和（或）矩阵的非空元组的类。

对关系的嵌入定义为关系嵌入函数 $REMB: \mathcal{R} \to \psi$，其定义与上述实体嵌入定义相似。

对分值函数的定义为将实体函数和关系函数作为输入，并为给定的元组计算分值。

根据上述定义，实体嵌入函数将实体作为输入并提供隐式向量表示作为输出。该研究提出了一种替代的实体嵌入函数，该函数除了实体之外，还需要时间作为输入。受历时嵌入研究的启发，将这种嵌入函数称为历时实体嵌入。下面是历时实体嵌入的正式定义。

将历时实体嵌入定义为历时实体嵌入函数 DEEMB：$(\mathcal{E},\mathcal{T}) \to \psi$，它将每对 (e,τ)（其中，实体 $e \in \mathcal{E}$ 且时间戳 $\tau \in \mathcal{T}$）映射到 ψ 中的隐式向量表示。

基于此，研究人员可以采用静态知识图谱表示学习的分值函数，并通过用历时实体嵌入替换实体嵌入来使其成为时间函数。对于不同的时序知识图谱，根据其不同的属性特征，DEEMB 函数的选择可能有所不同。该研究给出了模型的定义，其中，DEEMB 函数的输出是向量元组，但它也可以推广到其他情况。令 $e^\tau \in \mathbb{R}^d$ 为 DEEMB(e,τ) 中的向量，即 DEEMB$(e,\tau) = \{\cdots, e^\tau, \cdots\}$，并定义 c^τ 为

$$e^\tau[n] = \begin{cases} a_e[n]\sigma(w_e[n]\tau + b_e[n]), & 1 \leqslant n \leqslant \gamma d, \\ a_e[n], & \gamma d < n \leqslant d \end{cases}$$

其中，$a_e \in \mathbb{R}^d$ 和 $w_e, b_e \in \mathbb{R}^{\gamma d}$ 是待训练的参数且特定于实体的向量，$\sigma(\cdot)$ 是激活函数。直观上，实体可能具有一些随时间变化的特征和一些保持固定的特征。因此，上式中向量的前 γd 元素捕获时序特征，其他 $(1-\gamma)d$ 元素捕获静态特征。$0 \leqslant \gamma \leqslant 1$ 是控制时序特征百分比的超参数。虽然在上式中，如果训练过程将 w_e 的某些元素设置为零，则可以从时序特征中获得静态特征，显式建模静态特征有助于减少可学习参数的数量并避免对时间信号的过度拟合。

直观上，通过学习 w_e 和 b_e，模型学习如何在不同时间点打开和关闭实体特征，以便随时对它们进行准确的时间预测。a_e 控制特征的重要性。该研究使用正弦函数作为 e^τ 表达式的激活函数，因为一个正弦函数可以模拟多个开和关的状态。

传统时序知识图谱表示学习模型通常仅能将一个（或几个）静态模型扩展到时序知识图谱，因此亟待解决将静态知识图谱中的实体函数替换为历时实体函数来构建 TransE、DistMult、SimplE、Tucker、RESCAL 模型或其他模型的时序版本的问题。该研究将生成的模型称为 DE-TransE、DE-DistMult、DE-SimplE 等模型，其中，前缀"DE-"是历时嵌入的缩写。

将知识图谱 $\mathcal{G}$ 中的事实分为训练集、验证集和测试集。模型参数可通过使用小批量随机梯度下降策略进行学习而获得。令 $B \subset \Delta_{\text{train}}$ 表示最小批。对于每个事实，生成两种查询，分别为 $(e_h, r, ?, \tau)$ 和 $(?, r, e_t, \tau)$。其中，对于第一种查询，生成一个候选答案集 $\mathcal{E}_{(e_h, r, ?, \tau)}$；对于第二种查询，生成类似的候选答案集 $\mathcal{E}_{(?, r, e_t, \tau)}$。然后，最小化交叉熵损失，并在静态和时序知识图谱补全方面显示出良好的结果：

$$\mathcal{L} = -\left(\sum_{(e_h, r, e_t, \tau) \in B} \frac{\exp(\text{score}(e_h, r, e_t, \tau))}{\sum_{e_t' \in \mathcal{E}_{(e_h, r, ?, \tau)}} \exp(\text{score}(e_h, r, e_t', \tau))} + \frac{\exp(\text{score}(e_h, r, e_t, \tau))}{\sum_{e_h' \in \mathcal{E}_{(?, r, e_t, \tau)}} \exp(\text{score}(e_h', r, e_t, \tau))} \right)$$

式中，$\text{score}(e_h, r, e_t, \tau)$ 表示分值函数，且该时序知识图谱中的实体嵌入可以与任何分值函数组合。

表达性是知识图谱推理模型的一个重要属性，如果一个模型的表达性不够，那么它注定无法适应某些应用。因此，时序知识图谱推理模型的一个理想属性是具有充分的表达能力。对于静态知识图谱补全，多个模型已被证明具有充分的表达能力。然而，对于时序知识图谱补全，该研究提出的 DE-SimplE 模型被认为完全表达了时序知识图谱补全。

对于静态知识图谱的表示学习模型，学者们已经展示了如何通过参数共享将某些类型的领域知识结合到向量表示中，以提高模型的性能。当这些静态模型通过该研究提出的历时嵌入扩展到时序知识图谱时，可以将这些静态模型的领域知识融入它们的时序版本中。

根据 SimplE 模型，考虑 $r_i \in \mathcal{R}$ 且 $\text{REMB}(r_i) = \{\vec{r}_i, \bar{r}_i\}$（每个关系有两个向量表示，一个用于正向关系、一个用于反向关系。这种设计使模型能够捕捉到关系的双向性）：如果已知 r_i 是对称或反对称的，则可以通过分别将 $\vec{r}_i$ 与 $\bar{r}_i$ 绑定或对 $\bar{r}_i$ 求反，来将这一知识合并到表示学习中；如果已知 r_i 是 r_j 的逆，则可以通过将 $\vec{r}_i$ 与 $\bar{r}_j$ 以及 $\bar{r}_j$ 与 $\vec{r}_i$ 绑定，来将这一知识合并到嵌入中。因此，该研究认为对称性、反对称性和逆向性可以像 SimplE 模型一样被纳入 DE-SimplE 模型中。因此，DE-SimplE 模型能够充分考虑实体和关系的双向性。

此外，如果已知 r_i 蕴含 r_j，则不列颠哥伦比亚大学团队在 2018 年发表的 *Improved Knowledge Graph Embedding Using Background Taxonomic Information* 证明，如果实体嵌入被限制为非负，则可以通过将 $\vec{r}_j$ 绑定到 $\vec{r}_i + \vec{\delta}_{r_j}$，$\bar{r}_j$ 绑定到 $\bar{r}_i + \bar{\delta}_{r_j}$

来合并该知识（其中，$\vec{\delta}_{r_j}$ 和 $\vec{\delta}_{r_j}$ 是具有非负元素的向量）。该研究对 DE-SimplE 模型给出了类似的结果。该研究表明通过将 e^τ 表达式中的 a_e 约束为对于所有 $e \in \mathcal{E}$ 且 $\sigma(\cdot)$ 为非负范围的激活函数（如 ReLU、sigmoid、平方指数），便能够以与 SimplE 模型相同的方式将蕴含关系并入 DE-SimplE 模型中。此外，与不列颠哥伦比亚大学团队在 2018 年的结果相比，DE-SimplE 模型唯一增加的约束是，激活函数被约束为非负范围。

（3）总结

该研究开发了一种用于时序知识图谱补全的历时嵌入函数，它为任意时间点的时序知识图谱实体提供隐式向量表示，将历时嵌入与 SimplE 模型相结合产生完全表达的时序知识图谱推理模型，并且能够充分考虑实体和关系的双向性。DE-SimplE 模型被认为是第一个具有完全表达能力的时序知识图谱推理模型，且其嵌入是通用的，可以与任何分值函数结合，因此该成果具有良好的可扩展性。此外，DE-SimplE 模型被认为是首个将实体和关系的双向性同时考虑在内的时序知识图谱推理模型，这种设计使模型能够更好地捕捉知识图谱中的复杂模式并提高嵌入的质量。

4.5.2　融合复数空间和时间编码的时序知识图谱推理

（1）概述

关系型数据在生物信息学、智能推荐、社交网络分析等诸多领域中被广泛应用，尤其是基于关系型数据的链接预测应用任务一直是学者们关注的焦点。知识图谱是一种典型的关系型数据。大多数的知识图谱表示学习方法和链接预测算法都是建立在静态数据的基础上，然而，现实世界中的数据通常是具有时间相关性的。例如，社交网络中的朋友关系网络，推荐系统中用户与项目的互动，购买物品或观看电影的行为，甚至一些药物可能因受试者年龄不同而产生不同的不良副作用等，这些行为都随着时间变化而变化。可见，关系数据具有时序性。

静态知识图谱通常通过三元组（头实体，关系，尾实体）的形式描述世界已知真实的事实。在知识图谱的构建与应用中，链接预测任务是通过提供潜在对象的准确排名来回答形如（头实体，关系，？）的不完整查询。时序性在知识图谱中同样存在，即一些事实只在特定时间范围内有效，如（美国，总统，奥巴马，

2009—2017 年)(USA,has president,Obama,[2009—2017])。这种时序知识图谱的时序链接预测任务是在时间约束下找到知识图谱中缺失的关系链接,相当于回答形式为(头实体,关系,?,时间戳)的查询,如查询(美国,总统,?,2012 年)(USA,has president,?,2012)。

Facebook 人工智能实验室于 2020 年在文献 *Tensor Decompositions For Temporal Knowledge Base Completion* 中提出 TComplEx 模型。该研究采用时序知识图谱补全技术来研究时序链接预测,同时,借鉴张量因子分解方法在知识图谱补全方面的成功应用,提出了一个基于四阶张量的正则分解启发式的解决方案,通过引入了新的正则化方法,对传统的静态知识图谱推理模型 ComplEx 模型进行了有效扩展,实现了先进的时序知识图谱推理性能。ComplEx 模型被认为是第一个将复数空间引入知识图谱表示学习的成果,复数空间中的共轭向量使传统的点积可以在不对称关系中被应用起来。

(2)技术路线

给定三元组(头实体,关系,尾实体)并对其添加时间戳,再对时间戳范围进行约束(如聚焦以年为单位的时间戳),以获得索引四阶张量的四元组(头实体,关系,尾实体,时间戳)的训练集 Δ_{train}。对于每个训练四元组 (e_h, r, e_t, τ) 的张量 $\hat{X}$,最小化时序多类损失函数计算公式为

$$l(\hat{X};(e_h, r, e_t, \tau)) = -\hat{X}_{e_h, r, e_t, \tau} + \log\left(\sum_{e_t'} \exp(\hat{X}_{e_h, r, e_t', \tau})\right)$$

上述损失函数计算公式仅以(头实体,关系,?,时间戳)类型的查询为例。对于训练集 Δ_{train}(增加倒数关系)和参数张量估计 $\hat{X}(\theta)$,使用加权正则化 Ω 最小化以下目标函数:

$$\mathcal{L}(\hat{X}(\theta)) = \frac{1}{|\Delta_{\text{train}}|} \sum_{(e_h, r, e_t, \tau) \in \Delta_{\text{train}}} [l(\hat{X}(\theta);(e_h, r, e_t, \tau)) + \lambda\Omega(\theta;(e_h, r, e_t, \tau))]$$

式中,λ 表示超参数。

对于面向传统的静态知识图谱推理模型 ComplEx 模型,可以通过添加一个新的因子 $\mathcal{T}$ 进行扩展,方式为

$$\hat{X}(\mathcal{E}, \mathcal{R}, \mathcal{T}) = \text{Re}([\mathcal{E};\mathcal{R};\bar{\mathcal{E}};\mathcal{T}]) \Leftrightarrow$$

$$\hat{X}(\mathcal{E}, \mathcal{R}, \mathcal{T})_{e_h, r, e_t, \tau} = \text{Re}(\langle e_h, r, e_t, \tau \rangle)$$

式中，函数 Re(·) 表示取复数的实数值部分；操作符 [·;·] 表示阵组合；⇔ 表示等式两侧可相互推导；操作符 <·> 表示点积操作。该研究将这种分解方法称为 TComplEx，即添加了时间戳嵌入来调节多线性点积。时间戳可以用于等效地调节头实体、关系和尾实体，以获得与时间相关的向量表示

$$\langle e_h, r, e_t, \tau \rangle = \langle e_h \odot \tau, r, e_t \rangle = \langle e_h, r \odot \tau, e_t \rangle = \langle e_h, r, e_t \odot \tau \rangle$$

式中，操作符 ⊙ 表示 Hadamard 乘积。与时序知识图谱推理模型 DE-SimplE 模型相反，该研究不是学习随着实体数量（如频率和偏差）扩展的时间嵌入，而是学习随着时间戳数量扩展的嵌入。

1）非时序关系分析。

某些关系可能不受时间戳的影响，例如，巴拉克·奥巴马（Barack Obama）和米歇尔·奥巴马（Michelle Obama）的女儿是玛利亚（Malia）和萨莎（Sasha）；而某些关系则可能会随着时间发生变化，例如，巴拉克·奥巴马和米歇尔·奥巴马的"职业"关系很可能会随着时间的推移而发生变化。因此，在异构知识图谱中，一些关系可能是时序的，而另一些关系可能是非时序的。因此，该研究主张将张量 $\hat{X}$ 分解为两个张量的和，一个表示时序部分，另一个表示非时序部分，即

$$\hat{X} = \text{Re}([\mathcal{E}; \mathcal{R}^\tau; \bar{\mathcal{E}}; \mathcal{T}] + [\mathcal{E}; \mathcal{R}; \bar{\mathcal{E}}; I]) \Leftrightarrow \hat{X}_{e_h, r, e_t, \tau} = \text{Re}(e_h, r^\tau \odot \tau + r, e_t)$$

该研究将这种分解称为 TNTComplEx。施乐公司欧洲研究中心团队曾在 2020 年提出了引入非时序分量的另一种解决方案：只允许嵌入分量的一部分在时间上进行调节。对比之下，该研究的 TNTComplEx 方法允许张量的时序和非时序部分之间进行参数共享，并去除了一个超参数。

2）正则化。

任意四阶张量都可以被视为是一个通过模式展开的三阶张量。对于张量 $X \in \mathbb{R}^{N_1 \times N_2 \times N_3 \times N_4}$，一起展开模式三和模式四将导致张量 $\tilde{X} \in \mathbb{R}^{N_1 \times N_2 \times N_3 N_4}$。

该研究通过将时序模型和关系模式在一起展开，将分解视为三阶张量。考虑到这些展开所隐含的分解，得到以下加权正则化项：

$$X^3(\mathcal{E}, \mathcal{R}, \mathcal{T}; (e_h, r, e_t, \tau)) = \frac{1}{3}(\|e_h\|_3^3 + \|e_t\|_3^3 + |r \odot \tau|_3^3)$$

$$X^3(\mathcal{E}, \mathcal{R}^\tau, \mathcal{T}; (e_h, r, e_t, \tau)) = \frac{1}{3}(2\|e_h\|_3^3 + 2\|e_t\|_3^3 + |r^\tau \odot \tau|_3^3 + \|r\|_3^3)$$

其中,上述第一个加权正则化项根据它们各自的间隔概率,对实体、关系和"关系—时间戳"对进行加权,该正则化项是四阶张量上加权核 3 范数的一种变分形式;上述第二个加权正则化项是张量 $[\mathcal{E};\mathcal{R}^\tau;\bar{\mathcal{E}};\mathcal{T}]$ 和 $[\mathcal{E};\mathcal{R};\bar{\mathcal{E}}]$ 上的核 3 范数的和。

3) 时序向量的平滑性。

该研究在时序模式上比在其他模式上有更多的先验结构,即期望相邻的时间戳具有紧密的向量表示。因此,对时序向量的离散导数进行惩罚:

$$\Lambda_p(\mathcal{T}) = \frac{1}{|\mathcal{T}|-1}\sum_{i=1}^{|\mathcal{T}|-1}\|\tau_{i+1}-\tau_i\|_p^p$$

上述正则化项 Λ_p 的和与核 p 范数的变分形式产生了一个新的张量原子范数的变分形式。

4) 张量的核 p 范数及其变分形式。

使用张量核 p 范数作为正则化项,则 D 阶张量的核 p 范数的定义是

$$\|X\|_{p*} = \inf\nolimits_{\alpha,A,\mathcal{E}^{(1)},\cdots,\mathcal{E}^{(D)}} \{\|\alpha\|_1 | X = \sum_{i=1}^{A}\alpha_i \mathcal{E}_{:,i}^{(1)} \otimes \cdots \otimes \mathcal{E}_{:,i}^{(D)}, \forall i,d\ \|\mathcal{E}_{:,i}^{(d)}\|_p = 1, d \in [1,D]\}$$

其中,函数 inf(·) 表示下确界;A 表示规范秩;操作符 $\otimes$ 表示张量乘积。这个核 p 范数的公式将一个张量写成原子的和,这些原子是单位 p 范数因子的秩 -1 张量。然而,计算核 p 范数是 NP 难题。因此,根据 Facebook 人工智能研究团队在 2018 年提出的一个实用的解决方案,使用核 p 范数的等价表达式,利用它们的变分形式,可以方便地写成 $p=D$:

$$\|X\|_{D*} = \frac{1}{D}\inf\nolimits_{[\![X=\mathcal{E}^{(1)},\cdots,\mathcal{E}^{(D)}]\!]}\sum_{d=1}^{D}\sum_{i=1}^{A}\left\|\mathcal{E}_{:,i}^{(d)}\right\|_D^D$$

为了使上述等式成立,下确界的计算需要涵盖所有可能的规范秩 A。实际的解决方案是将规范秩固定到分解的期望秩。使用这种变分公式作为正则化项,可以得到三阶张量的最新结果,而且在随机梯度设置中也非常方便,因为它允许对每个模型系数进行单独处理。

此外,这个表达式也便于引入麻省理工学院团队在 2010 年成果和芝加哥大学团队在 2011 年成果建议的权重。为了在非均匀抽样分布下学习,应该惩罚加权范数 $\|(\sqrt{M^{(1)}} \otimes \sqrt{M^{(2)}}) \odot X\|_{2*}$,其中,$M^{(1)}$ 和 $M^{(2)}$ 是分布的经验行和列的间隔。

以上变分形式通过简单地惩罚行随机梯度下降中观察到 $\{e_{h,1},\cdots,e_{h,D}\}$ 对应的 $\{\mathcal{E}_{e_{h,1}}^{(1)},\cdots,\mathcal{E}_{e_{h,D}}^{(D)}\}$。更精确地,对于 $D=2$ 和 $N^{(d)}$,保持在每个模式 d 上的每个索引观测计数的向量:

$$\frac{1}{|\Delta_{\text{train}}|}\sum_{(e_h,r)\in\Delta_{\text{train}}}\|e_h\|_2^2+\|r\|_2^2=\sum_{e_h}\frac{N_{e_h}^{(1)}}{|\Delta_{\text{train}}|}\|e_h\|_2^2+\sum_r\frac{N_r^{(2)}}{|\Delta_{\text{train}}|}\|r\|_2^2$$

$$=\sum_{e_h}M_{e_h}^{(1)}\|e_h\|_2^2+\sum_r M_r^{(2)}\|r\|_2^2$$

该研究在时序向量的平滑性模块中,添加了另一个惩罚,它改变了原子的范数;在正则化模块中,引入了另一种变分形式,它允许容易地惩罚四阶张量的核3范数,这个正则化项导致不同的权重。通过考虑时间戳模式和关系模式的展开,该研究能够根据时间戳和关系的联合间隔进行加权,而不是根据间隔的乘积进行加权。

(3)总结

该研究针对基于关系数据的链接预测问题,聚焦于时序性质,提出了一种创新的基于张量分解的时序知识图谱补全(特别是链接预测推理)技术 TComplEx 模型。TComplEx 模型是 Complex 模型(典型的静态知识图谱推理模型)的扩展,结合了复数和时间编码的优点,通过引入时间信息,更好地捕获了知识图谱中的时序信息,从而改进链接预测图推理的性能。TNTComplEx 模型是在 TComplEx 模型的基础上进一步发展的模型,不仅考虑了时间因素,还引入了非时间因素,这种模型可以同时处理时间和非时间信息,提供更丰富、更准确的知识图谱向量表示。

该方法采用四阶张量表示时序知识图谱,通过引入新颖的正则分解和正则化方法,将张量分解为时序和非时序两个部分(每个关系有两个向量表示,一个表示关系的初始状态、另一个表示关系随时间的变化),从而简化模型结构。此外,还引入了新型变分形式核 p 范数和对时序嵌入的平滑性的惩罚,以提高模型的泛化性和稳健性。TComplEx 模型的一个主要优点在于,可以有效地处理时间信息,并提高链接预测的精度;然而,该模型也有一些缺点,例如,需要较大的计算资源(尤其是当实体和关系的数量非常大时)。

TComplEx 模型被认为是第一个尝试将复数和时间编码结合的模型,它不仅可以处理静态的知识图谱,还能处理包含时态关系的时序知识图谱。这种结合使模型在预测未来的链接时,可以考虑到事件发生的时间,从而提高预测的准确性。在知识图谱构建与应用研究领域,TComplEx 模型的提出被视为是一个重要的里程碑:TComplEx 模型的提出,推动了知识图谱推理的研究向更复杂、更真实的方向发展;同时,它的成功应用也证明了复数和时间编码的有效性,为后续的研究提供了新的思路。

4.5.3 融合链接预测和时间时序的时序知识图谱推理

(1) 概述

知识图谱由三元组 (e_h, r, e_t) 组成,包括头实体 e_h,关系 r 和尾实体 e_t。由于知识图谱通常是不完整的,需要开展知识图谱补全来推理缺失的事实,而知识图谱补全模型通常通过链接预测推理进行评估,即为形式为 $(e_h, r, ?)$ 和 $(?, r, e_t)$ 的查询提供缺失的参数。

将关系事实 (e_h, r, e_t) 与有效时间段(或时间点)相关联的时序知识图谱的研究尚处于早期阶段。时序知识图谱通过注释每个事实(事件)发生的时间段(或时刻)来标记关系的短暂性,时序知识图谱使用四元组 (e_h, r, e_t, τ) 表示知识。如一个人瞬间出生在一个城市、一个政治家可以当一个国家的总统好几年、一段婚姻可能会持续几年到几十年等。时序知识图谱补全主要通过尾实体预测查询 $(e_h, r, ?, \tau)$ 和头实体预测查询 $(?, r, e_t, \tau)$ 进行评估,上述可统称为链接预测。此外,时间预测查询 $(e_h, r, e_t, ?)$ 也逐渐被引入用于预测时间。

虽然上述面向时序知识图谱推理的链接预测已经得到了深入研究,但是时间预测仍处于初探阶段,面临着新的挑战。例如,目前对如何有效地预测查询 $(e_h, r, e_t, ?)$ 的时间间隔,或者如何评估模型对时间间隔的响应等问题探索仍有限。

此外,通过观察可以发现,面向时序知识图谱构建与应用的推理同时也带来了独特的建模视角:时序知识图谱推理模型需要能够从训练数据中学习关系有效性的典型持续时间,或者学习事件之间时间间隔的分布以及相关约束。例如,一个人必须在成为总统之前出生,而成为总统必须在死亡之前;一个国家同时有两位总统的情况很少见。这些约束可以更好地指导实体和时间的预测。

印度理工学院团队在 2020 年的论文 *Temporal Knowledge Base Completion: New Algorithms and Evaluation Protocols* 提出了一种新的时序知识图谱补全模型

TIMEPLEX 模型，创新性地将预测缺失实体（链接预测）和缺失时间间隔（时间预测）视为联合时序知识图谱推理任务。TIMEPLEX 模型将实体、关系和时间都嵌入在一个统一语义空间中，利用事实/事件的重复性和关系对之间的时间交互，捕捉事实和关系之间的隐含时间关系，在链接预测和时间预测两个任务上都取得了先进的结果。

（2）技术路线

与 TNTComplEx 模型类似，TIMEPLEX 模型学习实体、关系和时序嵌入。然而，它与 TNT ComplEx 模型有几个不同之处：一是它的基本分值函数 $\text{score}^\tau(e_h, r, e_t, \tau)$ 添加了三个嵌入的多个乘积，而不是一个四元乘积；二是它具有一个全自动机制，可以引入额外的特征来捕捉关系的递归性质，以及关系对之间的时间交互；三是它使用两阶段训练，首先估计嵌入、然后估计新的附加参数；四是其测试协议可以输出用于时间间隔预测查询的缺失时间间隔。

1）基础 TIMEPLEX 模型。

正如在以往研究中经常使用低阶间隔来近似联合分布一样，基础 TIMEPLEX 模型通过用三个与时间相关的项扩充 ComplEx 分值函数，来构建属于基础 TIMEPLEX 模型的基本分值函数 score^τ：

$$\text{score}^\tau(e_h, r, e_t, \tau) = \langle e_h, r^{e_h, e_t}, e_t^* \rangle + \alpha \langle e_h, r^{e_h, \tau}, \tau^* \rangle + \beta \langle e_t, r^{e_t, \tau}, \tau^* \rangle + \gamma \langle e_h, e_t, \tau^* \rangle$$

式中，每个 r 视为三个关系 $\{r^{e_h, e_t}, r^{e_h, \tau}, r^{e_t, \tau}\}$ 的综合；$r^{e_h, \tau}$ 表示在时间 τ 对于实体 e_h 成立的关系；r^{e_h, e_t} 和 $r^{e_t, \tau}$ 的含义与之类似；α、β 和 γ 是超参数。

北京大学团队在 2016 年的 *Towards Time-Aware Knowledge Graph Completion* 观察到，几个关系只在特定的时间点附着在一个主体上或对象上（如奥巴马是 2009 年当选的总统）。在这种情况下，上述公式是可以充分表述的。然而，该研究将单个时刻 τ 扩展到时间区间 $[\tau_{\text{begin}}, \tau_{\text{end}}]$，提出了：

$$\text{score}^\tau(e_h, r, e_t, [\tau_{\text{begin}}, \tau_{\text{end}}]) = \sum_{\tau \in [\tau_{\text{begin}}, \tau_{\text{end}}]} \text{score}^\tau(e_h, r, e_t, \tau)$$

2）关系递归分值函数和关系成对分值函数。

该研究通过额外的时间约束扩展了上述基础 TIMEPLEX 模型，这有助于更好地评估四元组的有效性。该研究的目标是捕捉以下三种类型的时序约束。

关系递归：对于给定的实体，许多关系不会复发（如一个人只出生一次），有些关系以固定的周期重复出现（如奥运会每四年举行一次），其他关系的递归可能分布在一个平均时间段周围。

关系之间的排序：对于给定的实体，一个关系先于另一个关系。例如，对于给定的主体实体（person），实体出生日期（personBornYear）应在实体死亡日期（personDiedYear）之前。

关系之间的时间差：一个实体的两个关系的时间差分布在一个平均值周围，例如，人的死亡日期减去出生日期的平均值约为70，并有一些观察到的方差。

第一种类型的时序约束涉及单个关系，而后两种类型的时序约束涉及成对的关系。基础 TIMEPLEX 模型可能也无法从数据中学习这些时序约束，因为每个时刻都被建模为具有独立参数的单独嵌入——它对两个时刻之间的差异没有明确的理解和建模。因此，该研究用额外的特征来增强基础 TIMEPLEX 模型，这些特征可以捕捉事件发生的时间，或一个关系发生后是另一个关系可能会发生的时间。该研究为这两种情况定义了两个分值函数 $score^{Rec}(\cdot)$ 和 $score^{Pair}(\cdot)$，并将其与 $score^{\tau}$ 聚合。

受NEC实验室欧洲团队2018年论文 *Kblrn:End-to-end Learning of Knowledge Base Representations with Latent, Relational, and Numerical Features* 的研究启发，根据高斯分布对时间间隔进行建模，使用 $\mathcal{N}(x|\mu,\sigma)$ 来表示时间（差）值 x 处具有均值 μ 和标准偏差 σ 的高斯分布的概率密度（见图4-4）。该研究将训练集的所有四元组表示为 Δ_{train}。

关系递归分值函数：若至少有两个不同的区间 $[\tau_{begin},\tau_{end}]$ 使得 $(e_h,r,e_t,[\tau_{begin},\tau_{end}])\in\Delta_{train}$，则 (e_h,r,e_t) 递归。如果至少存在 K^{Rec} 个不同的 (e_h,e_t) 对使 (e_h,r,e_t) 递归，则关系 r 被认为是递归关系（其中，K^{Rec} 是一个超参数）。

对于每个递归关系 r，模型学习三个新参数，分别是 μ_r、σ_r 和 b_r。直观地说，$\mathcal{N}(\cdot|\mu_r,\sigma_r)$ 表示关系（与特定主体和对象实体）的两个递归实例之间的典型持续时间分布，其中，b_r 是偏差项。对于非递归关系，只学习偏差 b_r。在计算递归特征时，所有训练四元组 $(e_h,r,e_t,[\tau_{begin},\tau_{end}])$ 都看作是 (e_h,r,e_t,τ)。TIMEPLEX 模型设置事实关系递归分值函数 $score^{Rec}(\cdot)$。

步骤1：如果 $(e_h,r,e_t,*)\notin\Delta_{train}$，则设 $score^{Rec}=0$。

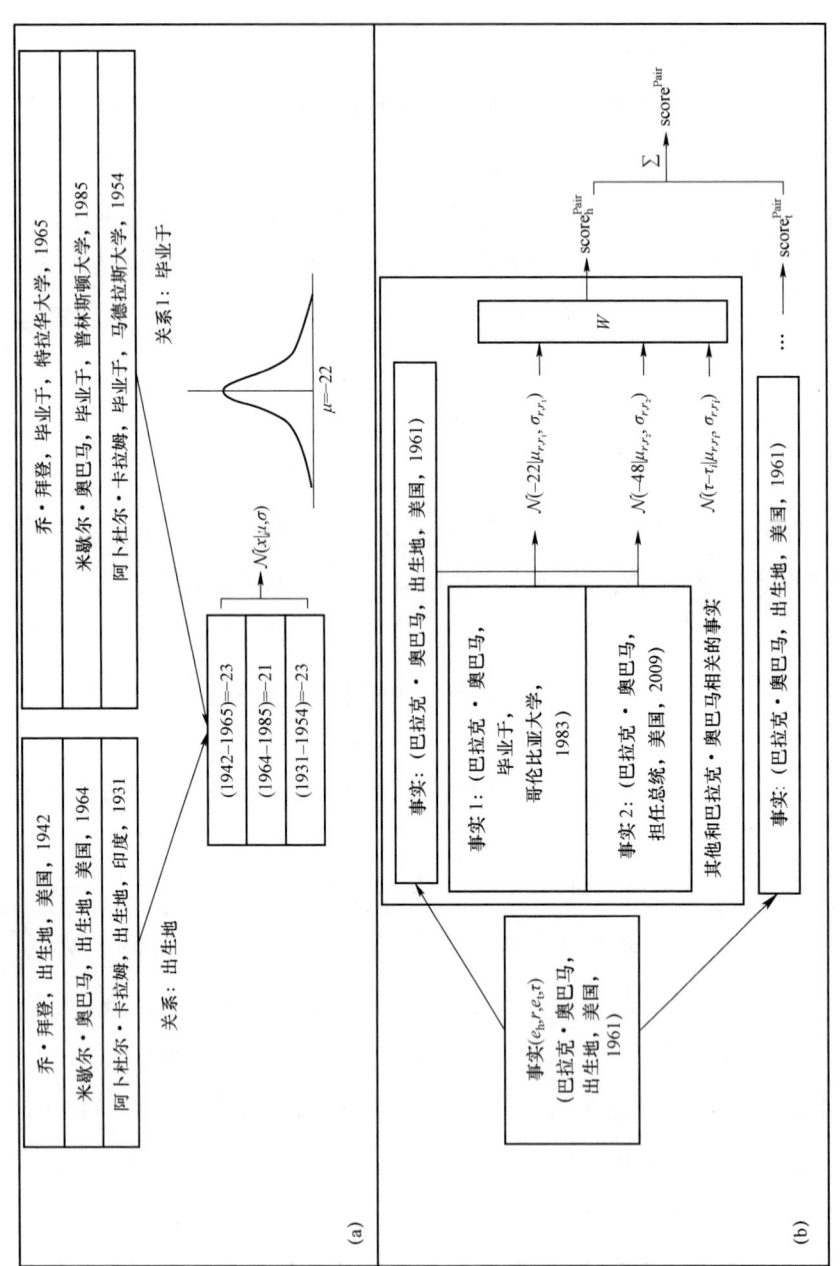

图 4-4 基于高斯分布的时间间隔建模

注：(a) 为关系对（出生地、毕业于）(birthPlace、graduatedFrom) 的预训练数据统计收集策略；
(b) 为针对所有关系对进行统计并使用 (a) 中收集的统计信息来计算事实关系对分值的流程示意。

步骤 2：如果关系 r 不递归，则设置 $\text{score}^{\text{Rec}} = b_r$。这允许模型学习惩罚不重复的递归关系。

步骤 3：找到最小的递归时间间隔 δ：

$$\delta = \min_{\{(e_h, r, e_t, \tau) \in \Delta_{\text{train}}, \tau' \neq \tau\}} |\tau - \tau'|$$

综上所述，关系递归分值函数 $\text{score}^{\text{Rec}}(\cdot)$ 可表示为

$$\text{score}^{\text{Rec}}(e_h, r, e_t, [\tau_{\text{begin}}, \tau_{\text{end}}]) = \text{score}^{\text{Rec}}(e_h, r, e_t, \tau_{\text{begin}}) = w_r \mathcal{N}(\delta | \mu_r, \sigma_r) + b_r$$

如果时间间隔 δ 不接近平均间隔 μ_r，$\text{score}^{\text{Rec}}(\cdot)$ 应该惩罚所提出的 (e_h, r, e_t, τ)。例如，如果（总统选举，举行地，美国，2017 年）（Presidential election, held in, USA, 2017）是已知的，并且该事件每 4 年发生一次（即 $\mu_r = 4, \sigma_r \approx 0$），则应惩罚（总统选举，举行地，美国，2016 年）（Presidential election, held in, USA, 2016）。

关系成对分值函数：TIMEPLEX 模型和学习关系对之间的软时间约束。给定要得分的候选四元组 (e_h, r, e_t, τ)，对于每个关系对 (r, r')，保留四个参数 $\mu_{r,r'}$，$\sigma_{r,r'}$，$b_{r,r'}$ 和 $w_{r,r'}$，收集事实四元组：

$$\{(e_h, r_i, e_{t,i}, \tau_i) \in \Delta_{\text{train}}, r_i \neq r\}$$

$\Delta_{\text{train}}^{\text{Pair}}(e_h)$ 表示具有相同头实体 e_h 但不同关系的四元组集合。$\Delta_{\text{train}}^{\text{Pair}}(e_h)$ 中的第 i 个四元组分值定义为 $\text{score}(e_h, r_i, e_{t,i}, \tau_i) = \mathcal{N}(\tau - \tau_i | \mu_{r,r_i}, \sigma_{r,r_i}) + b_{r,r_i}$，这代表了 $(e_h, r_i, e_{t,i}, \tau_i)$ 对候选四元组有效性的贡献，以及在这两种关系之间观察到的典型时间差。针对头实体的关系成对分值函数 $\text{score}_h^{\text{Pair}}(\cdot)$ 需要在 $(e_h, r_i, e_{t,i}, \tau_i)$ 视角上聚合上述要素。参数 $w_{r,r'}$ 衡量了与 r' 相关的时间在多大程度上影响 (e_h, r, e_t, τ)。鉴于此，以加权平均方式定义分值函数 $\text{score}_h^{\text{Pair}}(\cdot)$ 为

$$\text{score}_h^{\text{Pair}}(e_h, r, e_t, \tau) = \sum_{(e_h, r_i, e_{t,i}, \tau_i) \in \Delta_{\text{train}}^{\text{Pair}}(e_h)} \text{score}(e_h, r_i, e_{t,i}, \tau_i) \frac{\exp(w_{r,r_i})}{\sum_{(e_h, r_j, e_{t,j}, \tau_j)} \exp(w_{r,r_j})}$$

同理，针对尾实体的关系成对分值函数 $\text{score}_t^{\text{Pair}}(\cdot)$ 的计算方式类似。最终，可以总体上计算 $\text{score}^{\text{Pair}} = \text{score}_h^{\text{Pair}} + \text{score}_t^{\text{Pair}}$。

综上所述，TIMEPLEX 模型的最终分值函数可以表示为

$$\begin{aligned}\text{score}(e_h, r, e_t, [\tau_{\text{begin}}, \tau_{\text{end}}]) =\ & \text{score}^{\tau}(e_h, r, e_t, [\tau_{\text{begin}}, \tau_{\text{end}}]) + \\ & \lambda_1 \text{score}^{\text{Pair}}(e_h, r, e_t, [\tau_{\text{begin}}, \tau_{\text{end}}]) + \\ & \lambda_2 \text{score}^{\text{Rec}}(e_h, r, e_t, [\tau_{\text{begin}}, \tau_{\text{end}}])\end{aligned}$$

式中，λ_1 和 λ_2 是模型的超参数。

3）训练。

该研究分两个阶段对 TIMEPLEX 模型进行训练。在第一阶段通过仅使用基础 TIMEPLEX 模型最小对数似然损失来优化所有实体、关系和时间的向量表示。将预测查询 $(e_h, r, ?, [\tau_{begin}, \tau_{end}])$ 的候选尾实体 e_t 的概率计算为

$$P(e_t | e_h, r, [\tau_{begin}, \tau_{end}]) = \frac{\exp(\text{score}^\tau(e_h, r, e_t, [\tau_{begin}, \tau_{end}]))}{\sum_{e'_t} \exp(\text{score}^\tau(e_h, r, e'_t, [\tau_{begin}, \tau_{end}]))}$$

类似地，可以计算 $P(e_h | r, e_t, [\tau_{begin}, \tau_{end}])$，以及用于瞬时查询，如 $P(e_t | e_h, r, \tau)$ 和 $P(\tau | e_h, r, e_t)$。然后，对于 $\tau \in [\tau_{begin}, \tau_{end}]$，通过枚举所有 (e_h, r, e_t, τ)，将每个 $(e_h, r, e_t, [\tau_{begin}, \tau_{end}]) \in \Delta_{train}$ 转换为瞬时格式。通过最小化如下对数似然损失函数来完成模型的训练过程：

$$- \sum_{(e_h, r, e_t, \tau) \in \Delta_{train}} \{\log P(e_t | e_h, r, \tau; \Theta) + \log P(e_h | r, e_t, \tau; \Theta) + \log P(\tau | e_h, r, e_t; \Theta)\}$$

其中，Θ 表示参数集合。

随后在第二阶段，冻结所有向量并训练关系递归和关系成对模型的参数。此处同样使用对数似然损失，但 score^τ 被整个 score 函数所替代。此外，关系成对模型组件的参数 $\mu_{r,r'}$ 和 $\sigma_{r,r'}$ 不通过反向传播进行训练；相反，它们是单独拟合的，使用训练知识图谱中关系对的差分分布，提高了训练的整体稳定性。

4）预测推理。

在预测推理过程中，对于链接预测任务，TIMEPLEX 模型按 $P(e_t | e_h, r, \tau)$ 或 $P(e_h | r, e_t, \tau)$ 分值的降序对所有实体进行排序。对于时间预测任务，其目标是输出预测的时间区间。该研究首先计算瞬时时间的概率分布为

$$P(\tau | e_h, r, e_t) = \frac{\exp(\text{score}(e_h, r, e_t, \tau))}{\sum_{\tau' \in \mathcal{T}} \exp(\text{score}(e_h, r, e_t, \tau'))}$$

随后，通过贪婪合并时刻以输出最佳持续时间。为了实现上述合并，为每个关系 r 调整阈值参数 Θ_r（使得较短的 Θ_r 倾向于短持续时间，反之亦然）。随后，将预测区间 $[\tau_{begin}, \tau_{end}]$ 初始化为 $\text{argmax}_\tau P(\tau | e_h, r, e_t)$。最后，只要区间的总概率

$$\sum_{\tau \in [\tau_{begin}, \tau_{end}]} P(\tau | e_h, r, e_t)$$

小于 Θ_r，则可以将瞬时时间扩展到时间间隔 $[\tau_{begin}, \tau_{end}]$ 的左

边或右边,以概率较高的为准。

(3) 总结

TIMEPLEX 模型是一个新颖的时序知识图谱表示与补全框架,创新性地将预测缺失实体(链接预测)和缺失时间间隔(时间预测)视为联合时序知识图谱推理任务,将时间的表示与实体和关系的表示相结合。该成果在传统时序知识图谱推理范式的基础上,创新性地增加了特定时态的归纳偏差,强调学习松弛时间一致性约束,允许一个时间事实的认知影响另一个时间事实的认知,进而有效减少了时间一致性和排序错误,通过有效地捕捉时序数据中的动态模式和时序依赖关系,进一步推动了时序知识图谱推理领域的发展。因此,该成果也被视为一种全新的时序知识图谱推理评估策略,替代了以往评估策略中存在的不正确的评估方式。

4.6 基于图神经网络的时序知识图谱推理

图神经网络相关技术近年来已成为静态时序知识表示与推理任务的主流方法之一。因此,时序知识图谱推理领域的相关研究者正在积极探索如何增强图神经网络对时序信息的感知与理解,以构建面向时序知识图谱构建与应用的推理能力。这类方法通常强调利用图神经网络的信息传递与聚合能力及注意力机制,通过多跳结构信息和时间事实来增强推理预测能力,从而缓解时序知识图谱中实体分布的时间稀疏性和可变性等问题。

4.6.1 基于 EvolveGCN 模型的时序知识图谱推理

(1) 概述

由于深度学习在欧几里得数据上的广泛应用,图表示学习重新成为一个研究热点,也激发了学者们在图领域进行各种创造性神经网络设计。随着图神经网络在静态图中的成功应用,学者们进一步开展了动态演化图的研究。现有的方法通常采用节点向量表示和递归神经网络来调节向量并学习时间动态。此类方法在处理时序知识图谱推理的时候面临如下挑战:需要在整个时间跨度中(包括训练过程和测试过程)了解节点知识,但是当节点集频繁变化时则不太适用;此外,在某些极端情况下,不同时间戳的节点集可能完全不同。为了解决上述挑战,

MIT-IBM Watson 人工智能实验室联合团队在论文 *EvolveGCN: Evolving Graph Convolutional Networks for Dynamic Graphs* 中提出了 EvolveGCN 模型，该成果是一种用于处理动态图数据的神经网络模型，其核心思想是将图神经网络和循环神经网络相结合，以便更好地捕捉图数据中的时空关系，这种模型特别适用于那些顶点集频繁变化的时序知识图谱，因为它可以在演化的网络参数中捕获动态信息。其工作原理可以概述为对于每一个离散的时刻，都会使用同一个图卷积网络进行特征编码，因为图是有时序关系的，所以对应每个时刻的图卷积网络的权重也应该是相关的；将各个时刻的图卷积网络中相同层的参数视为一个序列，然后使用递归神经网络来学习权重之间的时间依赖性，这样即使图中的顶点随时间变化，也不会影响模型的性能，因为 EvolveGCN 模型只关注图卷积网络本身，而不关心图的节点。

众所周知，图结构是一种普遍存在的数据结构，用于对实体节点之间的成对交互进行建模。随着针对图数据的深度学习技术取得显著成功，人们对节点和图级别的图表示学习重新产生了兴趣，并通过深度神经网络进行参数化。现有的一些图神经网络模型（如图卷积网络、简单且可扩展的图神经网络、图注意力神经网络等），通常关注的是给定的静态图。然而，在现实生活中的应用程序中，经常会遇到动态演变的图（如社交网络的用户会随着时间的推移发展新的关注和被关注关系），因此用户的向量表示应该相应地更新以反映他们社会关系的时间演变。又如，由于引用现有技术的新作品频繁发表，科学文献的引用网络不断丰富，因此一篇文献的影响力会随着时间的推移而变化，故而需要更新节点向量以反映这种变化。再如，在金融网络中交易自然带有时间戳，用户账户的性质可能会因所涉及交易的特征而改变。例如，账户参与洗钱或用户成为信用卡欺诈的受害者，及早发现变化对于执法的有效性和最大限度地减少金融机构的损失至关重要。上述例子推动了近年来对关系型数据的时间演化进行编码的动态图表示学习方法的不断发展。

在静态图的图神经网络取得成功的基础上，该模型通过引入递归机制来更新网络参数，将其扩展到动态设置中，以捕捉图的动态性和时序性。当前，图神经网络主要通过递归地聚合来自一跳邻域的节点向量来执行信息融合，网络的大多数参数是每一层中节点向量的线性变换。考虑到图卷积网络简单有效的特性，该研究特别关注图卷积网络，然后使用递归神经网络将动态性注入到图卷积网络的参数中，从而形成一个进化序列。类似方向的工作通常是基于图神经网络和递归神经网络（通常是 LSTM）的组合，传统方法通常使用图神经网络作为特征提取器，并使用递归神经网络从提取的特征（节点向量）中进行序列学习。这种情况下，对于每个时间步上图，都学习同一个图神经网络模型。然而，这类传统方法的局限性在于所有节点都需要同时出现在训练和测试集中，并且很难保证未来在新的节点上的性能。

在实践中，除了训练后可能出现新节点外，节点也可能频繁出现和消失，这使得节点向量方法受到质疑。为了解决这些挑战，该模型探索在每个时间戳使用递归神经网络来调节图卷积网络模型的参数，进而有效地执行了模型的自适应。因此，该模型更多关注的是模型本身，而不是节点向量，节点的变化没有任何限制。此外，对于具有没有历史信息的新节点的"未来图"，进化的图卷积网络对其仍然是合理的。可见，该模型提出的方法不再训练图卷积网络参数，它们可以从递归神经网络中计算得出，因此只需训练递归神经网络参数。使用这种方式，决定模型规模的参数数量不会随着时间戳的数量而增长，并且模型与典型的递归神经网络一样可管理。

（2）技术路线

EvolveGCN 模型通过使用递归模型来进化图卷积网络参数，以便捕捉图序列的动态性。对于一个动态图 $\mathcal{G}_\tau$，该研究将使用下标 τ 表示时间索引，使用上标 l 表示图卷积网络层索引。为了避免符号混乱，假设所有的图都有 n 个节点，在时间戳 τ，可以将 $\mathcal{G}_\tau$ 表示为 $\{A_\tau \in \mathbb{R}^{n \times n}, \mathcal{E}_\tau \in \mathbb{R}^{n \times d}\}$。其中，在每个时间点 τ，A_τ 表示图（加权）邻接矩阵；$\mathcal{E}_\tau$ 表示输入节点特征的矩阵（$\mathcal{E}_\tau$ 的每一行是对应节点的 d 维特征向量）。

1）图卷积网络。

图卷积网络由类似于多层感知器的多层图卷积组成。在时间 τ，第 l 层将邻接矩阵 A_τ 和节点隐向量矩阵 $H_\tau^{(l)}$ 作为输入，并使用权重矩阵 $W_\tau^{(l)}$ 将节点向量矩阵更新为 $H_\tau^{(l+1)}$ 作为输出：

$$H_\tau^{(l+1)} = \text{GCONV}(A_\tau, H_\tau^{(l)}, W_\tau^{(l)})$$
$$:= \sigma(\hat{A}_\tau H_\tau^{(l)} W_\tau^{(l)})$$

其中，矩阵 $\hat{A}_\tau$ 是邻接矩阵 A_τ 的归一化；$\sigma(\cdot)$ 表示除输出层之外的所有层的激活函数（通常为 ReLU）。初始向量矩阵来自节点的初始特征 $H_\tau^{(0)} = \mathcal{E}_\tau$。假设图卷积有 L 层：对于输出层，激活函数 $\sigma(\cdot)$ 可以被认为是恒等式，在这种情况下，$H_\tau^{(L)}$ 包含从初始特征转换的图节点的高级表示，或者它可以是用于节点的 softmax 分类，这样 $H_\tau^{(L)}$ 由预测概率组成。

图 4-5 所示为 EvolveGCN 模型示意，其中，每个时间戳包含一个按时间索引的图卷积网络。对于不同的时间戳 τ 和层 l，图卷积网络的参数是权重矩阵 $W_\tau^{(l)}$。图卷积发生在特定的时间，但沿着层生成新的信息。

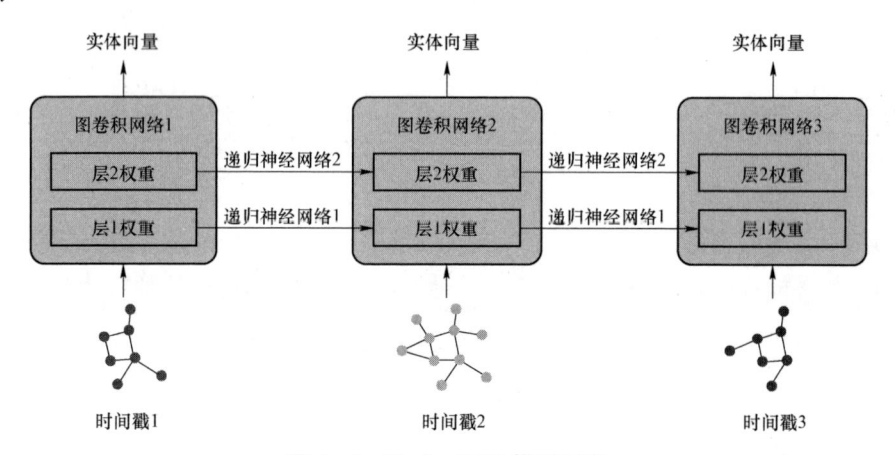

图 4-5 EvolveGCN 模型示意

2）权重演变。

EvolveGCN 模型方法的核心是基于当前及历史信息在时间 τ 更新权重矩阵 $W_\tau^{(l)}$。通过两种选择的递归体系结构（对应 EvolveGCN 模型的两个版本），可以自然地满足这一要求（见图 4-6）。

EvolveGCN 模型的第一种版本是以节点向量 $H_\tau^{(l)}$ 作为输入信息并将权重矩阵 $W_\tau^{(l)}$ 视为动态系统的隐状态，使用门控递归单元（Gated Recurrent Unit，GRU）在时间 τ 输入到系统时更新隐状态，即

$$\underbrace{W_\tau^{(l)}}_{\text{隐状态}}^{\text{图卷积网络权重}} = \text{GRU}\left(\underbrace{H_\tau^{(l)}}_{\text{输入}}^{\text{节点向量}}, \underbrace{W_{\tau-1}^{(l)}}_{\text{隐状态}}^{\text{图卷积网络权重}} \right)$$

其中，门控递归单元可以被其他递归体系结构所取代，只要 $W_\tau^{(l)}$、$H_\tau^{(l)}$ 和 $W_{\tau-1}^{(l)}$ 的作用是明确的。该研究用 -H 来表示这个版本。

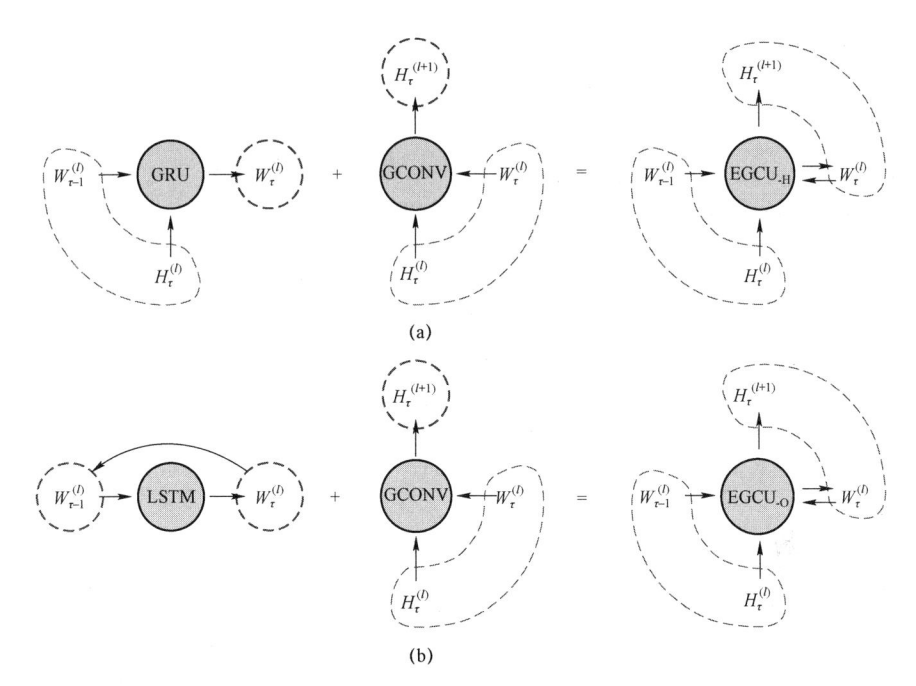

图 4-6 EvolveGCN 模型的两个版本
（a）EvolveGCN$_{-H}$；（b）EvolveGCN$_{-O}$
注：在每一个版本中，左边是一个循环的体系结构；中间是图的卷积单元；右边是进化图卷积单元。

EvolveGCN 模型的第二个版本是将权重矩阵 $W_\tau^{(l)}$ 视为动态系统的输出（在随后的时间戳成为输入）。使用 LSTM 单元来对这种输入/输出关系进行建模，LSTM 本身通过使用单元上下文来维护系统信息，该上下文的作用类似于 GRU 的隐状态。在这个版本中，根本不使用节点向量。第二个版本如下所示。

$$\underbrace{W_\tau^{(l)}}_{\text{输出}} = \text{LSTM}\left(\underbrace{W_{\tau-1}^{(l)}}_{\text{输入}}\right)$$

其中，LSTM 可以被其他递归架构所取代，只要 $W_\tau^{(l)}$ 和 $W_{\tau-1}^{(l)}$ 的作用是明确的。第二个版本用 –O 来表示。

3）进化图卷积单元。

结合 2）中提出的图卷积单元和递归架构，该研究提出了进化图卷积单元（Evolving Graph Convolution Unit，EGCU）。根据图卷积网络权重的演变方式，该研究有两个版本，概述如下。

对于第一个版本的进化图卷积单元 EGCU$_{-H}$，定义为

$$\text{funtion } [H_\tau^{(l+1)}, W_\tau^{(l)}] = \text{EGCU}_{-H}(A_\tau, H_\tau^{(l)}, W_{\tau-1}^{(l)})$$
$$W_\tau^{(l)} = \text{GRU}(H_\tau^{(l)}, W_{\tau-1}^{(l)})$$
$$H_\tau^{(l+1)} = \text{GCONV}(A_\tau, H_\tau^{(l)}, W_\tau^{(l)})$$
$$\textbf{end funtion}$$

对于第二个版本的进化图卷积单元 EGCU_{-O}，定义为

$$\text{funtion } [H_\tau^{(l+1)}, W_\tau^{(l)}] = \text{EGCU}_{-O}(A_\tau, H_\tau^{(l)}, W_{\tau-1}^{(l)})$$
$$W_\tau^{(l)} = \text{LSTM}(W_{\tau-1}^{(l)})$$
$$H_\tau^{(l+1)} = \text{GCONV}(A_\tau, H_\tau^{(l)}, W_\tau^{(l)})$$
$$\textbf{end funtion}$$

综上可知：在-H 版本中，图卷积网络权重被视为递归体系结构的隐状态；然而，在-O 版本中，这些权重被视为输入/输出。在这两个版本中，进化图卷积单元沿着层执行图卷积，同时随着时间的推移演化权重矩阵。

最终，通过自下而上链接单元获得一个具有多层的图卷积网络。随着时间水平的推移，这些单元形成信息（$H_\tau^{(l)}$ 和 $W_\tau^{(l)}$）在其上流动的格子，称为进化图卷积网络 EvolveGCN 模型。

4）-H 版本的实施。

-H 版本可以通过使用标准的 GRU 来实现，有两个扩展：一是将输入和隐状态从向量扩展到矩阵（因为隐状态现在是图卷积网络权重矩阵）；二是将输入的列维度与隐状态的列维度相匹配。

其中，在第一个扩展中，矩阵扩展只需将列向量并排放置即可形成矩阵，即使用相同的 GRU 来处理图卷积网络权重矩阵的每一列，如下所示。

$$\text{funtion } H_\tau = g(\mathcal{E}_\tau, H_{\tau-1})$$
$$Z_\tau = \text{sigmoid}(W_Z \mathcal{E}_\tau + U_Z H_{\tau-1} + B_Z)$$
$$R_\tau = \text{sigmoid}(W_R \mathcal{E}_\tau + U_R H_{\tau-1} + B_R)$$
$$\tilde{H}_\tau = \tanh(W_H \mathcal{E}_\tau + U_H (R_\tau \circ H_{\tau-1}) + B_H)$$
$$H_\tau = (H - Z_\tau) \circ H_{\tau-1} + Z_\tau \circ \tilde{H}_\tau$$
$$\textbf{end funtion}$$

在第二个扩展中，要求 GRU 输入的列数必须与隐状态的列数相匹配。设后一个数为 k，该研究的策略是将所有节点向量汇总为 k 个代表向量（每个向量用

作列向量）。下面的伪代码提供了一种常用的摘要方法。按照惯例，它以具有许多行的矩阵 $\mathcal{E}_\tau$ 作为输入，并产生仅具有 k 行的矩阵 Z_τ。该摘要需要独立于时间索引 τ 的参数向量 p（但对于不同的图卷积层可能不同），该向量用于计算行的权重，选择其中与前 k 个权重相对应的行，并对其进行加权再输出。

$$\text{funtion } Z_\tau = \text{summarize}(\mathcal{E}_\tau, k)$$

$$y_\tau = \frac{\mathcal{E}_\tau p}{\|p\|}$$

$$i_\tau = \text{top} - \text{indices}(y_\tau, k)$$

$$Z_\tau = [\mathcal{E}_\tau \circ \tanh(y_\tau)]_{i_\tau}$$

$$\textbf{end funtion}$$

通过函数 $g(\cdot)$ 和函数 summarize$(\cdot)$，定义递归结构为

$$W_\tau^{(l)} = \text{GRU}(H_\tau^{(l)}, W_{\tau-1}^{(l)}) := g(\text{summarize}(H_\tau^{(l)}, \#\text{col}(W_{\tau-1}^{(l)}))^\text{T}, W_{\tau-1}^{(l)})$$

其中，#col$(\cdot)$ 表示矩阵的列数；上标 T 表示矩阵转置。上式有效地将节点向量矩阵 $H_\tau^{(l)}$ 总结为一个具有适当维度的矩阵，然后将上一时刻的权重矩阵 $W_{\tau-1}^{(l)}$ 演化为当前的权重矩阵 $W_\tau^{(l)}$。

5）–O 版本的实施。

实现–O 版本将标准 LSTM 单元从向量版本扩展到矩阵版本，如下所示。

$$\textbf{funtion } H_\tau = f(\mathcal{E}_\tau)$$

当前输入 $\mathcal{E}_\tau$ 与上一时刻的输出 $H_{\tau-1}$ 相同

$$F_\tau = \text{sigmoid}(W_F \mathcal{E}_\tau + U_F H_{\tau-1} + B_F)$$

$$I_\tau = \text{sigmoid}(W_I \mathcal{E}_\tau + U_I H_{\tau-1} + B_I)$$

$$O_\tau = \text{sigmoid}(W_O \mathcal{E}_\tau + U_O H_{\tau-1} + B_O)$$

$$\tilde{C}_\tau = \tanh(W_C \mathcal{E}_\tau + U_C H_{\tau-1} + B_C)$$

$$C_\tau = F_\tau \circ C_{\tau-1} + I_\tau \circ \tilde{C}_\tau$$

$$H_\tau = O_\tau \circ \tanh(C_\tau)$$

$$\textbf{end funtion}$$

通过上面的函数 $f(\cdot)$，定义递归结构为

$$W_\tau^{(l)} = \text{LSTM}(W_{\tau-1}^{(l)}) := f(W_{\tau-1}^{(l)})$$

6）版本选择。

从上述两个版本中选择正确的版本取决于待解决的实际任务和具体数据集。其中，当节点具有丰富信息量的时候，–H 版本可能更有效，因为它在递归网络中添加了额外的节点向量；当节点特征的信息量不大，但图结构起着更重要作用的时候，–O 版本会关注结构的变化，可能会更有效。

（3）总结

典型的基于图神经网络的时序知识图谱表示与推理方法，侧重使用图神经网络作为特征提取器，并使用递归神经网络从提取的节点特征学习动态信息。EvolveGCN 模型则独辟蹊径，使用递归神经网络来演进图神经网络，以便在演进的网络参数中捕捉动态性；此外，由于节点不需要一直存在，因此该研究成果可以更灵活地处理动态数据。EvolveGCN 模型不仅考虑了图的结构演化，同时也考虑了节点和边的特征演化，这使得模型能更好地捕捉到图的动态性质。

EvolveGCN 模型首次将图神经网络和循环神经网络结合起来，形成了一种新的处理动态图数据的模型，这种思路不仅能够有效地处理图数据中的空间关系，还能够捕捉到时间上的动态变化，这是一种全新的视角和方法，具有很高的创新性。该模型的主要优点是为面向动态图的表示学习提出了可行的解决方法，通过将递归神经网络和图卷积网络相结合，利用递归神经网络来进化图卷积网络的参数（这使得模型能够捕捉到图的时间序列信息，对于理解图的演变过程具有重要作用），能够应对变化频繁的图且不需要提前预知节点的所有变化。然而，该模型也存在一定局限性：虽然其不需要提前预知节点的所有变化，但是需要预知图中的所有节点，不能灵活应对节点的变化；且该模型使用递归神经网络来进化图卷积网络的参数，将图的动态性保存在参数中，一个训练好的模型也许只能捕捉某一种类型的动态性。虽然该模型侧重针对图结构的数据开展动态图表示学习（此处的动态图结构数据与时序知识图谱从概念和方法论角度存在差异），但是该成果对于基于图神经网络的时序知识图谱推理的进一步发展，具有良好的借鉴和启发意义。EvolveGCN 模型的提出，为面向时序知识图谱构建与应用的推理研究提供了新的理论支持。该模型不仅突破了传统静态图模型的限制，还为动态图模型的发展提供了新的思路和方法。

4.6.2 基于时序消息传递的时序知识图谱推理

（1）概述

在时序知识图谱中推理和预测缺失的事实是一项具有挑战性的任务。以前通过在静态知识图谱上增加时间相关的表示来解决这个问题，然而这些方法并没有明确利用多跳结构信息和时间事实来增强预测，也没有明确解决时序知识图谱中实体分布的时间稀疏性和可变性。为此，加拿大蒙特利尔麦吉尔大学联合团队在论文 *TeMP：Temporal Message Passing for Temporal Knowledge Graph Completion* 中提出了 TeMP 模型，通过结合图神经网络、时序动态模型、数据插值和基于频率的门控技术来应对上述挑战。

在时序知识图谱构建与应用任务中，围绕时序知识图谱来推断缺失事实的能力对于事件预测、问答、社交网络分析和推荐系统等应用至关重要。静态知识图谱将事实表示为三元组（如（奥巴马，访问，中国）），而时序知识图谱将每个三元组与时间戳相关联（如（奥巴马，访问，中国，2014））。通常，时序知识图谱设定为由离散时间戳组成，这意味着它们可以表示为一系列的静态知识图谱快照（或切片），时序知识图谱补全任务则是通过这些快照来推断缺失的事实。

近期关于时序知识图谱补全的工作主要集中在开发时间相关的分值函数上，旨在对缺失事实的可能性进行评分，并基于静态知识图谱表示学习方法开展。然而，虽然此类方法对时序知识图谱推理性能的提升较为明显，但不能正确解释时序知识图谱中的多跳结构信息，且缺乏利用时序知识图谱快照中的时间事实来回答查询的能力。例如，（奥巴马，达成协议，中国，2013）或（奥巴马，访问，中国，2012）之类的事实有助于回答诸如（奥巴马，访问，？，2014）的时间强相关的问题。

此外，以前的方法在时间可变性和时间稀疏性方面也存在严峻挑战。在现实世界中，时序知识图谱模型在回答不同的查询时可以访问近期知识图谱快照中的可变数量的参考时间信息。例如，在政治事件数据集中，从 2008 年到 2013 年，包含（奥巴马，访问）的四元组可能比（特朗普，访问）的四元组更多，因此，传统模型可以依托时间信息来回答"奥巴马在 2014 年访问过的地方"等问题。时间稀疏性问题表明，在每个时间步骤中只有一小部分实体处于活动状态。在这种情况下,以前的方法通常在不同的时间步为非活动实体分配相同的向量,这不能体现实体的时间敏感性特征。为解决这些问题,该研究重点探索引入了 TeMP 模型,利用基于频率的门控和数据插值技术来解决时间稀疏性和可变性问题。

(2)技术路线

该技术的目标是推理预测时序知识图谱 $\mathcal{G}_\tau = \{\mathcal{G}^{(1)}, \mathcal{G}^{(2)}, \cdots, \mathcal{G}^{(\mathcal{T})}\}$ 中缺失的事实,其中,$\mathcal{G}^{(\tau)} = (\mathcal{E}, \mathcal{R}, \Delta^{(\tau)})$。在这里,$\mathcal{E}$ 和 $\mathcal{R}$ 代表所有时间戳的实体集合和关系集合;$\Delta^{(\tau)}$ 表示在时间 τ 的所有观察到的三元组 (e_h, r, e_t) 的集合,其中,$e_h, e_t \in \mathcal{E}, r \in \mathcal{R}$。$\Delta^{+,(\tau)}$ 表示在时间 τ 的真实三元组集合,使 $\Delta^{(\tau)} \subseteq \Delta^{+,(\tau)}$。该研究将时序知识图谱补全问题定义为尾实体查询 $(e_h, r, ?, \tau)$ 和头实体查询 $(?, r, e_t, \tau)$,其中,$(e_h, r, e_t) \in \Delta^{+,(\tau)}$,但 $(e_h, r, e_t) \notin \Delta^{(\tau)}$ ($\tau \in \{0, \cdots, \mathcal{T}\}$)。

该技术围绕"编码器—解码器"架构来构建 TeMP 模型(见图 4-7):首先,在每个时间步 τ,编码器将每个实体 $e_i \in \mathcal{E}$ 映射成时间相关的低维向量表示 $e_{i,\tau}$;然后,解码器使用这些实体向量表示来对事实的可能性进行评分;最后选取和采信最高评分的事实来作为最可信结果,进而完成时序知识图谱上的推理。在编码器方面,TeMP 模型使用了结构实体表示和时间表示相结合的编码器:首先,基于多关系消息传递网络的结构编码器(Structural Encoder,SE)产生的实体表示为 $x_{i,\tau} = \text{SE}(e_i, \Delta^{(\tau)})$;其次,时序编码器(Temporal Encoder,TE)集成了结构编码器在先前时间步的输出,得到 $e_{i,\tau} = \text{TE}(x_{i,\tau-k}, \cdots, x_{i,\tau})$。这里的 k 代表模型的时序输入知识图谱的快照数量。

1)结构编码器。

TeMP 模型的第一个关键组件是结构编码器,它根据每个时间戳内的知识图谱 $\mathcal{G}^{(\tau)}$ 生成实体向量。该模型通过调整现有技术在静态知识图谱上传递消息机制来构建结构编码器。以关系型图卷积神经网络模型为例(或用任何多关系图形编码器来替换关系型图卷积神经网络模型,如 CompGCN、EdgeGAT):

$$h_{i,\tau}^{(0)} = W_0 u_i, \forall \tau \in \{0, \cdots, \mathcal{T}\}$$

$$h_{i,\tau}^{(l+1)} = \sigma \left(\sum_{r \in \mathbb{R}} \sum_{j \in \mathcal{N}_i^r} \frac{1}{|\mathcal{N}_i^r|} W_r^{(l)} h_{j,\tau}^{(l)} + W_s^{(l)} h_{i,\tau}^{(l)} \right)$$

式中,向量 u_i 表示实体 e_i 的独热(One-Hot)向量;矩阵 W_0 是实体向量矩阵;$W_r^{(l)}$ 和 $W_s^{(l)}$ 是模型每一层的变换矩阵(共 l 层),上述矩阵在所有离散的时间戳中共享。

该模型用 $\mathcal{N}_i^r$ 表示由关系 r 连接的实体 e_i 的相邻实体集合,其规模($|\mathcal{N}_i^r|$)作为平均邻域信息的归一化常数。在快照 $\mathcal{G}^{(\tau)}$ 上运行 l 层消息传递方法后,最终使用 $\boldsymbol{x}_{i,\tau} = \boldsymbol{h}_{i,\tau}^{(l)}$ 表示实体 e_i 的结构向量,这个最终结果凝练了知识图谱 $\mathcal{G}^{(\tau)}$ 中的 l 跳邻域的信息。

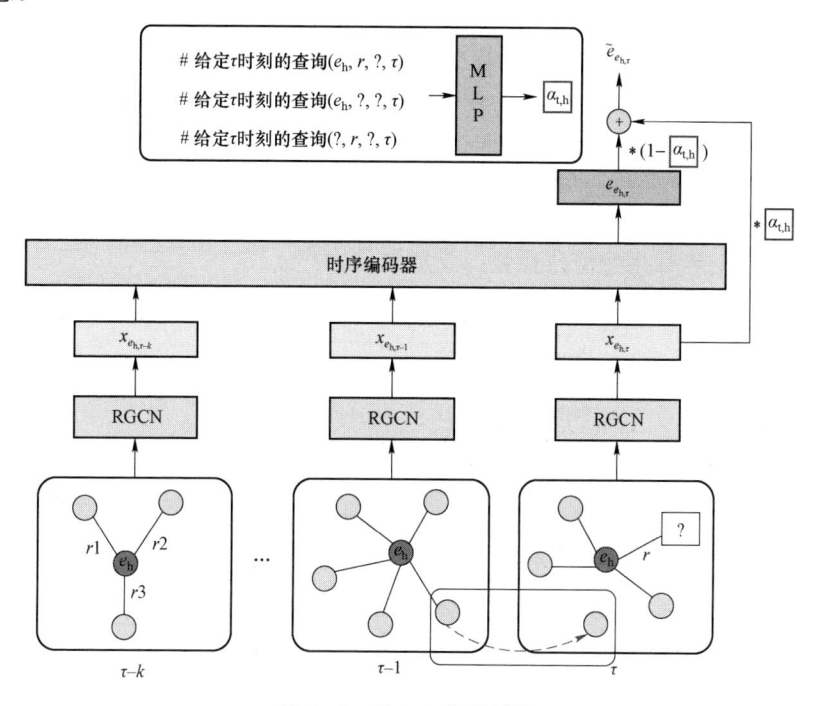

图 4-7 TeMP 模型架构

TeMP 模型结合结构编码器和时序编码器来实现实体表示。对于给定 τ 时刻的查询 $(e_h, r, ?, \tau)$,TeMP 模型将从时间戳 $\tau-k$ 到 τ 的图作为输入,计算实体 e_h 的结构向量 $\boldsymbol{x}_{h,\tau}$,时序向量 $\boldsymbol{e}_{h,\tau}$,并通过基于频率的门控网络获得最终实体向量 $\tilde{\boldsymbol{e}}_{h,\tau}$。底部的虚线箭头表示非活动实体在时间步骤 τ 的插值过程。

2)时序编码器。

TeMP 模型的第二个关键组件是时序编码器,它能够在实体表示中整合跨时间的信息。该模型采用了两种利用时间信息计算实体向量表示的方法,分别是递归架构和自注意力方法。

时序递归方法(TeMP-GRU)将传统的递归机制与权重衰减相结合,以便考虑历史事实的递减效应。令 τ^- 表示实体 e_i 在 τ 之前处于活动状态的最后一个时间戳,向下加权的实体向量 $\hat{\boldsymbol{e}}_{i,\tau^-}$ 定义为

$$\hat{\boldsymbol{e}}_{i,\tau^-} = \gamma_{i,\tau^-}^e \boldsymbol{e}_{i,\tau^-}$$

$$\gamma_{i,\tau^-}^e = \exp\{-\max(0, \lambda_e | \tau - \tau^- | + b_e)\}$$

式中，参数 γ^e 表示具有 λ_e 和 b_e 作为可学习参数的衰减率。该设计灵感来自蒙特利尔大学团队在 2018 年提出的方法，并确保 γ^e 相对于时间差单调递减（范围为 $[0, 1]$），且当 $\tau^- \in \{\tau-k,\cdots,\tau-1\}$ 时向量 $\hat{e}_{i,\tau^-}$ 非零，否则它将被分配一个零向量。最后，使用 GRU 获得基于 $\hat{e}_{i,\tau^-}$ 及其静态表示 $x_{i,\tau}$ 的实体向量 $e_{i,\tau}$，即

$$e_{i,\tau} = \mathrm{GRU}(x_{i,\tau}, \hat{e}_{i,\tau^-})$$

合并历史信息的另一种方法是选择性地关注活动时序实体表示的序列。时序自注意力方法（TeMP-SA）使用 Transformer 架构在每个时间步 $\tau' \in \{\tau-k,\cdots,\tau\}$ 对实体向量 $x_{i,\tau'}$ 执行集中池化操作，生成时序向量 $e_{i,\tau}$：

$$q_{i,j} = \frac{(x_{i,\tau}W_q)(x_{i,\tau-j}W_\theta)^\mathrm{T}}{\sqrt{d}}$$

$$v_{i,j} = q_{i,j} - \max(0, \lambda_e \cdot j + b_e) + M[i][j]$$

$$\beta[i][j] = \frac{\exp(v_{i,j})}{\sum_{j'=0}^{k} \exp(v_{i,j'})}$$

$$e_{i,\tau} = \sum_{j=0}^{k} \beta[i][j](x_{i,\tau-j}W_v)$$

式中，矩阵 $W_q, W_\theta, W_v \in \mathbb{R}^{d\times d}$ 表示线性投影矩阵；在 Transformer 架构中，矩阵 $\beta \in \mathbb{R}^{|\mathcal{E}|\times k}$ 表示通过与注意力函数相乘获得的注意力权重矩阵；参数 $\{\lambda_e, b_e\}$ 表示向下加权函数的可学习参数。矩阵 $M \in \mathbb{R}^{|\mathcal{E}|\times k}$ 定义为

$$M[i][j] = \begin{cases} 0, & \text{当 } e_i \text{ 在 } \tau-j \text{ 时刻被激活}, \\ -\infty, & \text{其他} \end{cases}$$

当 $M[i][j]$ 趋于 $-\infty$ 时，注意力权重 $\beta[i][j]$ 趋于 0，这确保了只有活动的时序实体可以被分配非零权重。

在面向时序知识图谱构建与应用的推理设置中，假设模型可以访问训练期间的所有时间戳。特别是，假设每个时间步内都缺少数据，但所有（不完整的）快照信息 $\Delta^{(\tau)}$ 在训练期间都可用，因此结合过去和未来的时序信息是有意义的。该研究通过在递归方法中使用双向 GRU，并在基于注意力的方法中关注过去和未来的时间步来做到这一点。

3）处理时序异质性。

尽管 TeMP 模型联合建模了结构和时间信息，但编码器本身不足以处理现实世界时序知识图谱中的时序异质性，即实体出现的稀疏性和可变性。该模型探索数据插值和基于频率的门控技术来解决这些时序异质性。由于时序异质性的程度在不同数据集之间差异很大，因此该模型提出的技术可以根据数据集的特征来选择模型变体以提高性能。

非活跃实体的归集。结构编码器只对同一知识图谱快照中的相邻实体进行编码。对于在时间步 τ 处于非活动状态的实体 e_i，其静态向量表示为 $x_{i,\tau}$，该实体不会被任何结构邻居通知，因此导致其在多个时间步中共享陈旧表示。该模型提出了一种插值方法，该方法将陈旧表示与非活动实体的时间表示相结合，即 $\hat{x}_{i,\tau} = \text{IM}(x_{i,\tau}, x_{i,\tau-})$，其中，$\hat{x}_{i,\tau}$ 为插值结构表示。

基于频率的门控。除了插值方法之外，该模型还实施了一种基于频率的门控方法来执行。实体的编码表示是根据其参与的最近时间事实的多少而生成的，通过学习一个门控单元，以便将来自结构编码器输出的向量 $x_{i,\tau}$ 与时序向量 $e_{i,\tau}$ 以频率相关的方式融合。最后，通过查询类型和实体位置来区分权重，以便将实体上下文转化为它们在四元组中的角色。

四元组的非空子集表示为 (e_h, r, e_t, τ)，考虑四元组（奥巴马，访问，中国，2014），（奥巴马，访问）的时间频率是指在 τ' 时间范围（如从 2000 年到 2014 年）内的四元组（奥巴马，访问，？，τ'）的数量。与四元组 (e_h, r, e_t, τ) 关联的时序模式频率（Temporal Pattern Frequency，TPF）定义如下：主体频率 $f_{e_h}^\tau$，客体频率 $f_{e_t}^\tau$，关系频率 f_r^τ，主体—关系频率 $f_{e_h,r}^\tau$，关系—客体频率 f_{r,e_t}^τ。

该方法从对象查询 $(e_h, r, ?, \tau)$ 的角度定义门控机制，其目标是预测四元组中的缺失对象。当回答对象查询 $(e_h, r, ?, \tau)$ 时，模型只能访问频率向量 $F_{e_h} = [f_{e_h}^\tau, f_r^\tau, f_{e_h,r}^\tau]$。使用频率向量 F_{e_h} 来定义查询中向量的门控项：

$$\tilde{e}_{h,\tau} = \alpha_{t,h} x_{h,\tau} + (1-\alpha_{t,h}) e_{h,\tau}$$
$$\tilde{e}_{t,\tau} = \alpha_{t,t} x_{t,\tau} + (1-\alpha_{t,t}) e_{t,\tau}$$

式中，$\alpha_{t,h} = \text{MLP}_{t,h}(F_{e_h})$ 和 $\alpha_{t,t} = \text{MLP}_{t,t}(F_{e_h})$ 是通过双层密集神经网络学习得到范围为 [0，1] 内的权重。此处对象向量 $\tilde{e}_{t,\tau}$ 的计算覆盖了所有实体。

4）解码器和训练。

给定函数 score(·) 表示分值函数，函数 DEC(·) 表示静态知识图谱的解码函

数（如 TransE 解码器）。四元组的分值定义为

$$\text{score}(e_h, r, e_t, \tau) = \text{DEC}(\tilde{e}_{h,\tau}, e_r, \tilde{e}_{t,\tau})$$

式中，向量 $\tilde{e}_{h,\tau}$ 和向量 $\tilde{e}_{t,\tau}$ 是头实体向量和尾实体向量；向量 e_r 是关系 r 的向量。为了使用这个分值函数 score(·) 训练模型，模型参数是在小批量中使用基于梯度的优化来学习的。对于每个三元组 $(e_h, r, e_t) \in \Delta^{(\tau)}$，采样一组负样本 $D^-_{(e_h, r, e_t)} = \{e'_t | (e_h, r, e'_t) \notin \Delta^{(\tau)}\}$，并定义交叉熵损失为

$$\mathcal{L} = -\sum_{\tau=1}^{T} \sum_{(e_h, r, e_t) \in \Delta^{(\tau)}} \frac{\exp(\text{score}(e_h, r, e_t, \tau))}{\sum_{e'_t \in D^-_{(e_h, r, e_t)}} \exp(\text{score}(e_h, r, e'_t, \tau))}$$

（3）总结

面向时序知识图谱推理的 TeMP 模型的主要创新之处是其采用了一种新颖的时间消息传递机制，将时间因素作为消息传递的一部分，从而捕获和理解图中的时间演变模式。这种创新性的思路为面向时序知识图谱构建与应用的动态推理提供了新的视角和方法，并有助于更好地理解和预测时序数据的动态变化。其思路是在每个时间步中，根据节点的历史信息和当前信息，生成一个时间敏感的消息，然后将这个消息传递给相邻的节点。这种方法可以较好地捕捉和理解动态图中的时间依赖关系和节点间的交互模式。具体来说，TeMP 模型能够通过联合建模多跳结构信息和来自附近时间戳的时间事实来计算实体向量，进一步引入了基于频率的门控和数据插值技术来解决时序知识图谱补全任务中的时间可变性和稀疏性问题；通过提供关于特定时间点的事实，该模型的成果对其他时序相关任务（如时间信息提取和时间问题回答）有益。此外，在实际应用中，TeMP 模型还可以与其他图神经网络模型（如图卷积网络、图注意力神经网络等）结合使用，进一步提高模型的性能和精度。

4.6.3 基于跨时间戳建模的可解释性时序知识图谱推理

（1）概述

尽管静态知识图谱在关系推理和后续任务中得到了广泛应用，但其在模拟和推理仅在一段时间内有效的知识和事实方面存在着局限性。与静态知识图谱相比，时序知识图谱本质上反映了现实世界知识的瞬时性质。因此，面向时序知识

图谱构建与应用的自动补全引起了许多研究者的兴趣,以实现更加真实的关系推理建模。然而,现有大多数用于时序知识图谱补全的模型仅是对静态知识图谱表示学习的扩展,未充分利用时序知识图谱结构,缺乏以下方面的信息支持:一是计算查询周围本地邻居中已存在的与时间相关的事件;二是基于路径的有助于进行多跳推理并提供更好的可解释性的推理。首尔大学团队在论文 Learning to Walk across Time for Interpretable Temporal Knowledge Graph Completion 中提出了 T-GAP 模型,这是一种新颖的时序知识图谱推理与补全模型,其编码器和解码器充分利用了时间信息和图结构信息。T-GAP 模型通过关注每个事件与查询时间戳之间的时间位移来编码时序知识图谱的与查询相关的子结构,并通过图中的注意力传播进行基于路径的推理。其核心思想是通过图注意力网络,对知识图谱中的实体和关系进行表示学习,同时会考虑到时间因素的影响。具体来说,T-GAP 模型会对知识图谱中的每个实体和关系进行表示学习,然后通过图注意力网络,对这些表示进行加权平均,得到最终的实体和关系表示。

知识图谱具有对结构化知识的强大表达能力,已被广泛应用于各种应用场景,如推荐系统、信息检索、概念发现和问答。此外,知识图谱固有的稀疏性引起了研究者对知识图谱自动补全任务的关注,以(头实体,关系,?)的形式推理和预测不完整查询的缺失实体,于是知识图谱补全任务应运而生。知识图谱补全任务的最新进展已经扩展到时序知识图谱这个更具挑战性的领域,正是因为知识图谱补全任务可以对具有时效性的现实事件进行建模。时序知识图谱中的三元组带有相应的时间标记,形式为(头实体,关系,尾实体,时间戳)。因此,时序知识图谱补全任务可以被公式化为(头实体,关系,?,时间戳)的形式,预测查询的缺失尾实体。

现有的大多数时序知识图谱补全方法是对传统的静态知识图谱表示学习进行直接扩展。该方法认为存在两个改进空间,分别来自编码阶段和解码阶段。首先,在编码阶段,该模型可以受益于时序知识图谱结构中丰富的邻域信息,从邻域节点及其关联的边中提取、编码、查询相关的信息,这将有助于对实体表示进行细粒度建模。邻域编码的重要性已经在静态知识图谱中得到了认可,但由于每个三元组中都有额外的时间维度,将这些模型扩展到时序知识图谱是复杂的。其次,在解码阶段,时序知识图谱上的关系推理可以利用基于路径的推理。一些工作在静态知识图谱中采用了路径遍历模型，与基于表示学习的模型相比，在关系推理中表现出更好的性能。尽管基于路径的时序知识图谱推理有助于捕捉节点之间的长期依赖关系，并在模型的推理过程中提供更好的可解释性，但这些方法在时序知识图谱补全任务中尚未得到验证。

为此，该方法提出了具有注意力传播特性的时序图神经网络 T-GAP 模型，这种新的时序知识图谱推理与补全模型有效完成了上述两个改进。其中，在编码器中，引入了一种新型的时序图神经网络，从每个实体的局部邻域中聚合与查询相关的信息。具体来说，该方法专注于对输入查询的时间戳和每条边之间的时间位移进行编码。图 4-8 呈现了一个直观的时间位移示例：回答给定查询（某病毒，感染者，?，12月20日）的两个最重要的事实是"A 在 12 月 18 日感染了某病毒"和"A 在 12 月 19 日遇到 B"。需注意的信息是，A 在关注时间的前 2 天被感染，而不是在 12 月 18 日的特定日期被感染。在考虑时间相关的事件时，最重要的是事件和关注时间之间的相对位移，而不是事件的绝对时间。为了有效地捕捉时间位移，该研究提出的编码器分别对时间位移的符号（事件的时间是否属于过去、现在或未来）和时间位移的幅度（事件距离关注时间有多远）进行编码。

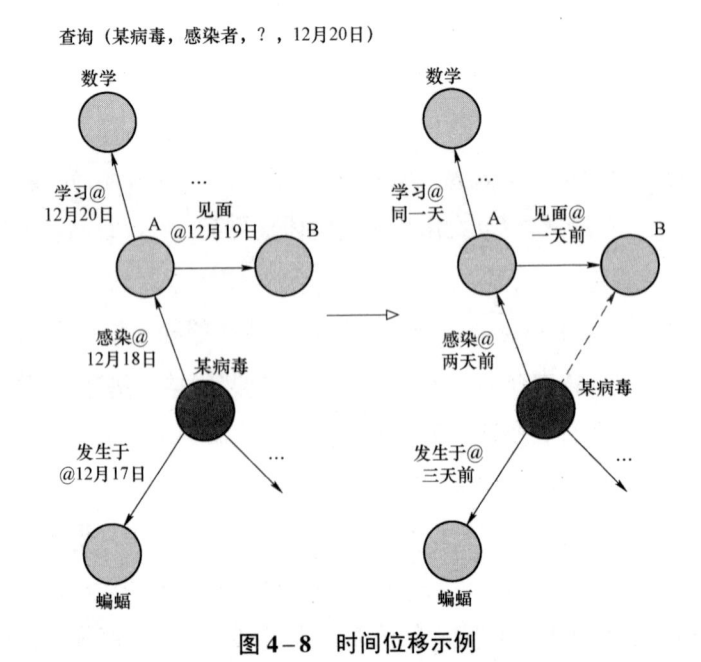

图 4-8 时间位移示例

此外，基于注意力流的概念，T-GAP 模型在时序知识图谱上执行基于路径的广义时序知识图谱推理。在每个解码步骤中，T-GAP 模型通过将每个节点的注意力值传播到其可到达的邻居节点，而不是从邻居中选择一个节点进行遍历。通过注意力传播的路径进行遍历，不仅使 T-GAP 模型能够容易地通过端到端监督学习进行训练，而且与基于向量的模型相比，T-GAP 模型在推理过程提供了更好的解释。整体而言，在 T-GAP 模型中，图注意力网络的作用是根据每个实体或关系与其他实体或关系的连接情况，以及他们之间的时间距离，动态地调整每个实体或关系的权重。这样就可以更好地反映出实体和关系的重要性，以及他们随时间的变化情况。此外，由于使用了图注意力网络，T-GAP 模型也可以很好地处理大规模的知识图谱，因此图注意力网络可以自动地选择重要的信息进行学习，而不需要对整个知识图谱进行全局扫描。

该成果还提出了一个增量式子图采样方案，通过灵活调整子图相关的超参数，该成果模型可以在降低计算复杂性和优化预测性能之间进行调整：一方面，随着增加更多的核心节点、采样边及添加到子图中的边，T-GAP 模型可以更好地处理时序知识图谱的子结构，否则这些子结构可能会被丢弃；另一方面，通过减少子图级图神经网络中的消息传递操作数量，T-GAP 模型可以很容易地扩展到大型图。

（2）技术路线

该技术将时序知识图谱表示为 $\mathcal{G}_\tau = \{(e_h, r, e_t, \tau) | e_h, e_t \in \mathcal{E}, r \in \mathcal{R}, \tau \in \mathcal{T}\}$。其中，$\mathcal{E}$ 是实体集合；$\mathcal{R}$ 是关系集合；$\mathcal{T}$ 是与关系关联的时间戳集合。给定时序知识图谱 $\mathcal{G}_\tau$ 和查询 $(e_h, r, ?, \tau)$，时序知识图谱补全被定义为预测最可能被填入该查询的尾实体 $e_t \in \mathcal{E}$。需注意的是，预测头实体 $(?, r, e_t, \tau)$ 可以在将 $\mathcal{G}_\tau$ 中每个三元组添加一个逆边后，用相似的方法进行评估。集合 $\overleftarrow{\mathcal{N}}_i$ 表示实体 e_i 的入度邻居节点集合，即指向实体 e_i 的节点；集合 $\overrightarrow{\mathcal{N}}_i$ 表示实体 e_i 的出度邻居节点集合。T-GAP 模型旨在解决时序知识图谱补全模型涉及的两个问题：一是在编码器端对时序知识图谱中的时间和结构信息的次优利用问题；二是在解码器端缺乏多跳推理和可解释性的问题。

针对第一个问题，加州大学洛杉矶分校在 2020 年提出引入一种在实体节点关联时间戳之间进行相对时间编码的图神经网络，在实体节点分类方面显示出了更佳的性能。然而，应该注意的是，时序知识图谱补全与其他图相关任务在本质上有差异，因为它依赖于查询。根据查询的类型，每个实体附近的时间信息的有效性会发生显著变化。因此，T-GAP 模型融合了每个实体的邻域信息，同时关注查询时间戳和待编码的每条边之间的时间位移。此外，该研究还将编码阶段分解为两个图神经网络，分别在输入图的不同拓扑上运行，即初始级图神经网络（Preliminary GNN，PGNN）和子图级图神经网络（Subgraph GNN，SGNN）。这种分解不仅有助于仅从原始图中提取与查询相关的信息，还可以通过查询来修剪无关边，从而实现对编码器的优化。

针对第二个问题，T-GAP 模型通过基于注意力传播的解码器和注意力流理念来进行处理。与分值函数和递归解码器不同，注意力流可以通过图中现有的边传播注意力进行多跳推理，同时，推断出的注意力分布提供了很好的可解释性。

图 4-9 概述了 T-GAP 模型用于时序知识图谱推理的过程。对于给定的 $\mathcal{G}_\tau$ 和查询 $(e_h, r, ?, \tau)$，在编码阶段，首先 T-GAP 模型使用初始级图神经网络对于 $\mathcal{G}_\tau$ 中的所有实体创建初步节点特征 h_i。其次，在每个解码步骤 $\tau \in \{1, \cdots, |\mathcal{T}|\}$，T-GAP 模型从 $\mathcal{G}_\tau$ 中迭代采样子图 $\mathcal{G}_{sub}^{(\tau)}$，该子图 $\mathcal{G}_{sub}^{(\tau)}$ 仅包含查询相关的节点和边。对于在 $\mathcal{G}_{sub}^{(\tau)}$ 中包含的每个实体 e_i，子图级图神经网络创建查询相关节点特征 $g_i^{(\tau)}$，将查询向量 q 和初步节点特征 h_i 结合起来。使用 h_i 和 $g_i^{(\tau)}$，注意力流计算转移概率，将每个节点的注意力值传播到其可到达的邻居节点，创建下一步的节点注意力分布 $a_i^{(\tau+1)}$。在最后的传播步骤之后，将注意力值最高的节点 $a_i^{(|\mathcal{T}|)}$ 推断为查询的答案。

1) 初始级图神经网络。

对于给定的时序知识图谱 $\mathcal{G}_\tau$，首先 T-GAP 模型为所有的实体 $e_i \in \mathcal{E}$ 随机初始化节点特征 h_i，然后该模型利用图结构将 $\mathcal{G}_\tau$ 中实体置于上下文中表示，初始级图神经网络中的每一层都通过聚合实体 e_i 的领域信息来更新实体的节点特征 h_i。初始级图神经网络的重要思想是，查询时间戳和每个事件的时间戳之间的时间位移是捕捉每个实体的时间相关动态的关键。因此，对 $\mathcal{G}_\tau$ 中连接实体 e_i 到实体 e_j 的关系 $r_{i,j}$ 的每个时间戳 $\tau_{i,j}$ 的时间位移的符号和大小分别进行编码，即 $\phi(\tau_{i,j}) = \tau_{i,j} - \tau_{(e_h, r, ?, \tau)}$。

首先，初始级图神经网络计算来自实体 e_i 到实体 e_j 的消息 $m_{i,j}$ 为

$$m_{i,j} = W_{\lambda(\phi(\tau_{i,j}))}(h_i + \rho_{i,j} + x_{|\phi(\tau_{i,j})|})$$

第 4 章 面向时序知识图谱构建与应用的推理 ■ 155

图 4-9 T-GAP 模型用于时序知识图谱推理的过程

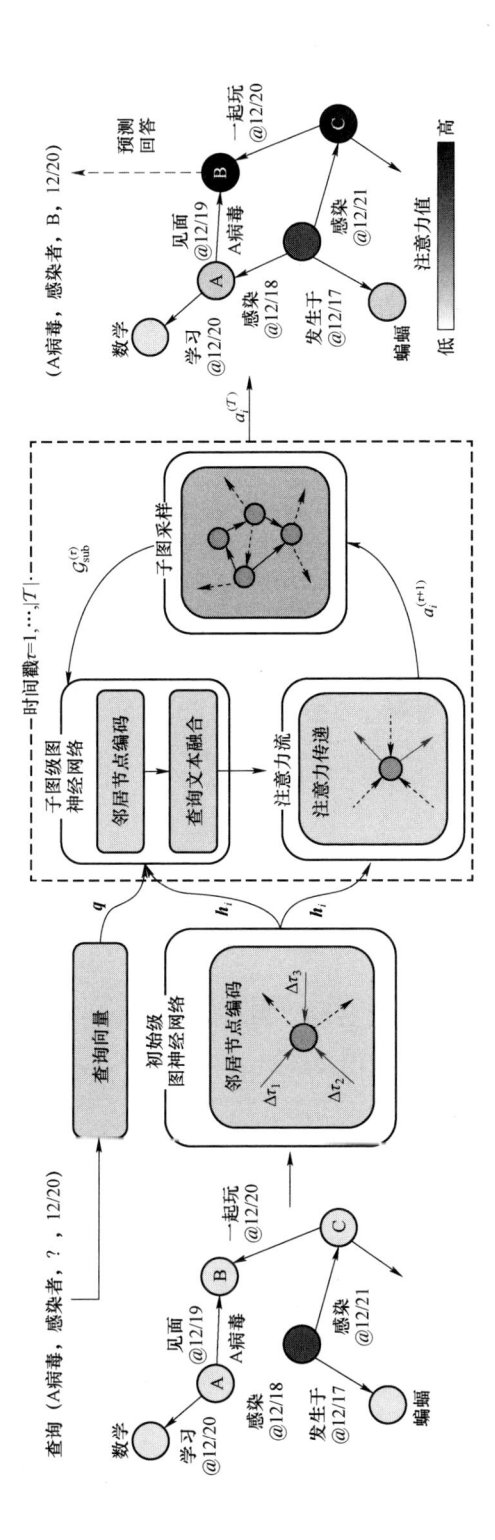

注：从查询开始，T-GAP 模型通过迭代传播注意力来探索相关节点和边，并在最终传播步骤后到达目标实体。

$$W_{\lambda(\phi(\tau_{i,j}))} = \begin{cases} W_{\text{past}}, & \text{当} \phi(\tau_{i,j}) < 0 \text{时}, \\ W_{\text{present}}, & \text{当} \phi(\tau_{i,j}) = 0 \text{时}, \\ W_{\text{future}}, & \text{当} \phi(\tau_{i,j}) > 0 \text{时} \end{cases}$$

式中，$\rho_{i,j}$ 是与 $r_{i,j}$ 相关的关系特定向量表示；$r_{i,j}$ 表示连接实体 e_i 到实体 e_j 的关系。除了实体和关系外，还学习了时间位移大小的离散向量，即上式中的 $x_{|\phi(\tau_{i,j})|}$。

其次，通过对所有传入到 e_j 的消息进行注意力加权求和来计算新的节点特征，其向量表示 h'_j 为

$$h'_j = \sum_{i \in \tilde{N}_j} a_{i,j} \cdot m_{i,j}$$

$$a_{i,j} = \text{softmax}_i(a_{i,j})$$

$$a_{i,j} = \text{LeakyReLU}((W_Q h_j)^\top (W_K m_{i,j}))$$

最终，注意力值是通过 softmax(·) 函数计算所有传入到 e_j 的边的权重。此外，将这种注意力聚合方案扩展到多头注意力，有助于稳定学习过程并共同关注不同的表示子空间。因此，上述消息聚合方案可以被修改为

$$h'_j = \sum_{k=1}^{K} \sum_{i \in \tilde{N}_j} a_{i,j}^k \cdot m_{i,j}^k$$

上式将每个注意力头独立聚合的邻域特征进行串联，其中，参数 K 是指示注意力头的数量的超参数。

2）子图级图神经网络。

在每个解码步骤 τ，子图级图神经网络为当前步骤诱导子图 $\mathcal{G}_{\text{sub}}^{(\tau)}$ 中的所有实体更新节点特征 g_i。实质上，子图级图神经网络不仅将 g_i 与相应的入边上下文联系起来，还将查询上下文向量与实体表示相融合。首先，对于新添加到子图中的实体，子图特征初始化为它们相应的初步特征 h_j。其次，子图级图神经网络执行消息传播，使用与初始级图神经网络相同的消息计算和聚合方案，但使用不同的参数：

$$\tilde{g}'_j = \sum_{k=1}^{K} \sum_{i \in \tilde{N}_j} a_{i,j}^k \cdot m_{i,j}^k$$

首先，上式创建一个中间节点特征表示 $\tilde{g}'_j$。然后，中间节点特征与查询上下文向量 q 进行串联，并经过线性变换回到节点嵌入维度，创建新的节点特征 g'_j：

$$g'_j = W_g\ [\tilde{g}'_j \| q]$$

$$q = W_c \times \text{LeakyReLU}(W_{\text{present}}(h_{\text{query}} + \rho_{\text{query}}))$$

式中，h_{query} 是 e_{query} 的初始特征；ρ_{query} 是 r_{query} 的关系参数。此外，如果待推理的四元组缺失元素是尾实体，则 e_h 为 e_{query}，r 为 r_{query}；如果待推理的四元组缺失元素是头实体，则 e_t 为 e_{query}，r 为 r_{query}。

3）注意力流机制。

T-GAP 模型利用注意力流的软近似模型来建模路径进行遍历，迭代地将每个节点的注意力值传播到其出度邻居节点。最初，节点注意力被初始化为 1，对于所有其他实体被初始化为 0。此后，在每一步骤 τ，注意力流将边注意力 $\tilde{a}_{i,j}^{(\tau)}$ 传播并聚合到节点注意力 $a_j^{(\tau)}$：

$$\tilde{a}_{i,j}^{(\tau+1)} = P_{i,j}^{(\tau+1)} \cdot a_i^{(\tau)},\ a_j^{(\tau+1)} = \sum_{i \in \mathcal{N}_j} \tilde{a}_{i,j}^{(\tau+1)}$$

式中，$P_{i,j}$ 表示转移概率。对上式的约束条件为 $\sum_i a_i^{(\tau+1)} = 1$，$\sum_{i,j} \tilde{a}_{i,j}^{(\tau+1)} = 1$。这里的关键是转移概率 $P_{i,j}$。将 $P_{i,j}$ 定义为在初步特征 h 和子图特征 g 的两个评分项的和结果值上应用 softmax(•) 函数：

$$P_{i,j}^{(\tau+1)} = \text{softmax}(\text{score}(g_i^{(\tau)}, g_j^{(\tau)}, \rho_{i,j}, x_{|\phi(\tau_{i,j})|}) + \text{score}(g_i^{(\tau)}, h_j, \rho_{i,j}, x_{|\phi(\tau_{i,j})|}))$$

$$\text{score}(i, j, r, x) = \sigma((W_Q i)^{\mathrm{T}}(W_K(j + r + x)))$$

式中，第一个分值函数 $\text{score}(g_i^{(\tau)}, g_j^{(\tau)}, \rho_{i,j}, x_{|\phi(\tau_{i,j})|})$ 仅考虑子图特征 g_i 和 g_j，为已经包含在子图中的实体提供额外的分数（注意 g_i 对未包括在子图中的实体都初始化为 0）。此外，第二个分值函数 $\text{score}(g_i^{(\tau)}, h_j, \rho_{i,j}, x_{|\phi(\tau_{i,j})|})$ 可以看作是探索项，因为它相对偏好未包含在子图中的实体。

4）子图采样。

T-GAP 模型的解码过程依赖于查询相关子图 $\mathcal{G}_{\text{sub}}^{(\tau)}$ 的迭代采样。在第一个传播步骤之前，初始子图 $\mathcal{G}_{\text{sub}}^{(0)}$ 仅包含一个节点 e_{query}。随着传播步骤的进行，通过为边分配的注意力值的大小，衡量与输入查询的相关性，会将具有高相关性的边添加到上一步的子图中。具体来说，步骤 τ 中的子图采样过程如下：第一步，发现具有最高（非零）节点注意力值 $a_i^{(\tau-1)}$ 的 x 个核心节点数；第二步，对于每个核心节点，从该节点出发采样 y 条边；第三步，在 $x \times y$ 个采样边中，查找具有最高边注意力值 $\tilde{a}_{i,j}^{(\tau)}$ 的 z 条边；第四步，添加这 z 条边到 $\mathcal{G}_{\text{sub}}^{(\tau-1)}$ 中。

在上述过程中，x，y，z 均是超参数。直观地说，该模型只收集与给定查询相关的"重要"实体（核心节点）产生的"重要的"事件，同时控制子图规模（边采样）。

图 4-10 是 T-GAP 模型中子图采样过程的示例。该示例的超参数如下：$x=2$（核心节点的最大数量）；$y=3$（每个核心节点考虑的候选边的最大数量）；$z=2$（添加到子图的采样边的数量）。具体过程是在初始状态下，仅与非零注意力 $a_i^{(0)}$ 关联的节点是查询节点 e_{query}。此外，初始子图 $\mathcal{G}_{sub}^{(0)}$ 仅包含节点 e_{query}。在第一个解码步骤 $\tau=1$ 中，首先，T-GAP 模型找到上一步 $\tau=0$ 的非零节点注意力分值 $a_i^{(0)}$。由于唯一具有非零注意力值的节点是 e_{query}，因此它被检索为核心节点。其次，T-GAP 模型最多随机抽样 $y=3$ 条起始于核心节点的边。在采样的边中，按照当前步骤的边注意力值 $\tilde{a}_{i,j}^{(1)}$ 的顺序选择前 $z=2$ 条边，并将它们添加到 $\mathcal{G}_{sub}^{(0)}$，从而生成新的子图 $\mathcal{G}_{sub}^{(1)}$。在第二个解码步骤 $\tau=2$ 中，T-GAP 模型再次找到与最高注意力值 $a_i^{(1)}$ 相应对的 x 个核心节点。然后，将具有最高注意力值 $\tilde{a}_{i,j}^{(2)}$ 的 y 条边添加到 $\mathcal{G}_{sub}^{(1)}$，创建新的子图 $\mathcal{G}_{sub}^{(2)}$。如图 4-10 所示，增量子图采样方案使得模型迭代地扩展要关注的节点和边的范围，同时保证前一步骤中的关键节点和边被包含在后面的子图中。

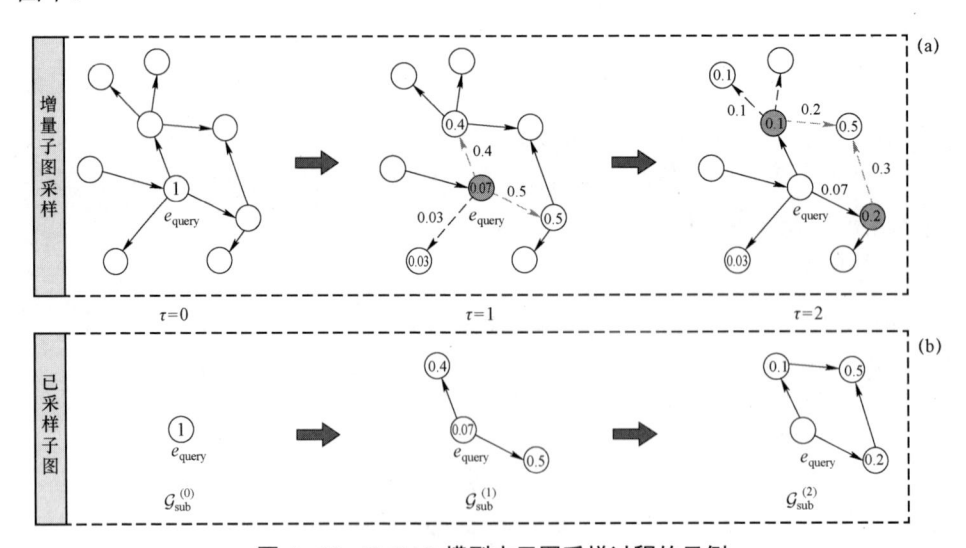

图 4-10 T-GAP 模型中子图采样过程的示例

注：图（a）表示初始状态（$\tau=0$）下的实体/关系的注意力分布，在第一次传播步骤（$\tau=1$）之后的分布，以及第二次传播步骤（$\tau=2$）后的分布。图（b）显示了每个步骤 τ 的已采样子图。

综上所述，通过灵活调整子图相关的超参数 x、超参数 y 和超参数 z，T-GAP 模型可以在降低计算复杂性和优化预测性能之间进行调整。随着增加更多的核心节点、采样边及添加到子图中的边，T-GAP 模型可以更好地处理时序知识图谱的子结构，否则这些子结构可能会被丢弃。同时，通过减少子图级图神经网络中的消息传递操作数量，T-GAP 模型可以很容易地扩展到大型图。

（3）总结

T-GAP 模型是一种基于图注意力网络的时序知识图谱表示学习模型，主要针对时序知识图谱中的时间敏感性问题进行了深入研究和改进。T-GAP 模型是将图注意力网络和时间因素结合起来的典型，用于知识图谱的表示学习。这种结合方式不仅能够有效地捕捉到实体和关系之间的空间关系，还能够捕捉到它们之间的时间关系，从而更好地处理时序知识图谱。T-GAP 模型通过图注意力网络，动态地调整每个实体或关系的权重，这样可以更好地反映出实体和关系的重要性，以及它们随时间的变化情况。具体来说，该成果通过注意力传播探索与查询相关的时序知识图谱子结构，与其他嵌入模型不同的是，该方法可以通过考虑查询与各个边之间的时序位移，有效地从现有知识图谱中收集有用信息。该成果可以协同地解决基于"编码器—解码器"架构的时序知识图谱推理过程中面临的两个突出问题：一是在编码器端对时序知识图谱中的时间和结构信息的次优利用问题；二是在解码器端缺乏多跳推理和可解释性的问题。

大量的定性分析表明，T-GAP 模型具有透明的可解释性，能够很好地推广到没有时间戳的查询，并且在推理过程中会遵循人类的直觉。通过广泛的分析，该模型还展示了以传播的注意力分布作为 T-GAP 模型的推理过程，具有可解释性且与人类直觉相吻合。此外，该成果的增量子图采样方案，还具备以下优点：首先，增量了图采样方案使模型迭代地扩展要关注的节点和边的范围，同时保证前一步骤中的关键节点和边被包含在后面的子图中；其次，通过灵活调整子图相关的超参数，T-GAP 模型可以在降低计算复杂性和优化预测性能之间进行调整，该特质使其很容易被扩展到更大规模的图结构应用中。

4.6.4　基于多视角交互框架的时序知识图谱推理

（1）概述

近年来，包括 DBpedia 和 FreeBase 等在内的许多大规模知识图谱已经被建立起来。知识图谱通常将现实世界中的知识抽象成由数十亿个三元组构成的复杂图。每个三元组以 (e_h, r, e_t) 的形式表示,其中,e_h 表示头实体(主体实体);e_t 表示尾实体(对象实体);r 表示实体之间的关系。例如,三元组(Kiel, LocatedIn, Germany)表示头实体"Kiel"(基尔)和尾实体"Germany"(德国)之间存在"LocatedIn"(位于)关系,该三元组表达了基尔这座城市位于德国。

面向复杂知识推理任务的知识图谱补全是知识图谱领域的主要挑战之一,因为大多数知识图谱都是不完整的。知识图谱补全任务旨在推理和预测不完整三元组中所缺失的要素,可以分为三类子任务:头实体预测,给定缺失头实体的不完整三元组 $(?, r, e_t)$,预测问号位置上的头实体;尾实体预测,给定缺失尾实体的不完整三元组 $(e_h, r, ?)$,预测问号位置上的尾实体;关系预测,给定缺失关系的不完整三元组 $(e_h, ?, e_t)$,预测问号位置上的关系。

然而,很多知识图谱涉及时间信息(很多知识仅在某些特定时间点上或者特定时间区间内有效),因此针对强调时间信息的时序知识图谱的补全任务应运而生。时序知识图谱补全任务可以分为两类子任务:头实体预测,给定缺失头实体的不完整四元组 $(?, r, e_t, \tau)$,预测问号位置上的头实体;尾实体预测,给定缺失尾实体的不完整四元组 $(e_h, r, ?, \tau)$,预测问号位置上的尾实体。

时序知识图谱补全近年来受到广泛关注,因为其比静态知识图谱补全更为实用。然而,传统静态知识图谱补全方法,由于忽略了时间信息,导致无法对涉及时间关系的时序知识图谱进行头实体预测或者尾实体预测,因此无法直接适用于时序知识图谱。实际上,时序知识图谱补全任务存在三类视角,分别是实体视角、关系视角、时间视角,而且时间视角与其他视角(实体视角和关系视角)是紧密耦合、存在明显交互关系的。现有的大多数关于时序知识图谱补全方法,主要是将时间特征融合为实体和关系的向量表示中,仅生成实体和关系的向量(仅显式地关注实体视角和关系视角),而不强调对时间信息的表示和建模(即不强调生成时间向量),无法对时间视角与其他视角(实体视角和关系视角)之间的交互进行理解和建模。此外,上述设置导致当前工作忽略了时间向量在下游任务中使用的可能性。同时,从客观而言,适用于三元组(关于静态知识图谱补全任务)的相似性理论不能直观地反映时序知识图谱中各种视角信息的相关性。因此,为了解决这个问题,研究人员在论文 *TAMPI: A Time-Aware Multi-Perspective*

Interaction Framework for Temporal Knowledge Graph Completion 中提出了一个用于时序知识图谱补全的全新模型 TAMPI 模型,重点解决当前时序知识图谱补全模型存在的问题:独立地对时间视角进行建模,不能考虑时间视角和其他视角(实体视角和关系视角)之间的有益且必要的相关性和交互性。因此,本模型在对时间信息进行独立建模的基础上,创新性地将时间特征融入其他视角,将多视角之间的交互关系融入各视角的向量表示建模过程中,以便更全面地表示四元组 (e_h, r, e_t, τ),实现更好的时序知识图谱补全效率。

该模型遵循经典的"编码器—解码器"架构。其中,编码器模块通过聚合邻居实体特征,从四元组中的多个视角捕获特征以生成目标实体的向量,因此实体向量里面包含了时间视角的信息(在当前的时序知识图谱补全工作中,编码器通常忽略了这一点);解码器模块首先将给定的四元组 (e_h, r, e_t, τ) 映射到包含时间视角的 4 列矩阵中,然后利用改进的时间感知卷积神经网络来提取嵌入四元组所有视角的全局交互。

(2)技术路线

基于多视角交互框架的时序知识图谱推理方法整体架构如图 4-11 所示。

1)实体向量、关系向量、时间向量初始化。

将知识图谱 $\mathcal{G}$ 中所有元素(包括实体、关系、时间)映射到统一的语义空间中,成为该语义空间中的向量(本阶段所生成的向量仅是初始化向量,待更新)。具体步骤:使用 TransE 模型,生成知识图谱 $\mathcal{G}$ 的每个实体 e 的向量 $\boldsymbol{e}$,每个关系 r 的向量 $\boldsymbol{r}$;对于时间 τ,随机对其时间向量 $\boldsymbol{\tau}$ 初始化。

2)编码器。

编码器旨在训练实体向量 $\boldsymbol{e}$ 和关系向量 $\boldsymbol{r}$ 的同时,同步地学习时间嵌入 $\boldsymbol{\tau}$,来协同地建模和理解实体视角、关系视角和时间视角之间的交互。

对于给定实体 e,定义集合 Q_e 为包含实体 e 的所有四元组的集合。在这些四元组中,该实体 e 可能出现在头实体的位置,这种情况下,四元组表示为 $(e, r, e_t, \tau) \in Q_e$;该实体 e 可能出现在尾实体的位置,这种情况下,四元组表示为 $(e_h, r, e, \tau) \in Q_e$。换句话说,$Q_e$ 表示特定实体 e 出现在头实体位置或尾实体位置的四元组。例如,如图 4-11 左侧所示,$\{e_1, e_2, e_3, e_4\}$ 表示与目标实体 e 相关的实体,$Q_e = \{(e, r_1, e_1, \tau_1),\ (e, r_2, e_2, \tau_2), (e_3, r_3, e, \tau_3), (e, r_4, e_4, \tau_4), \cdots\}$。

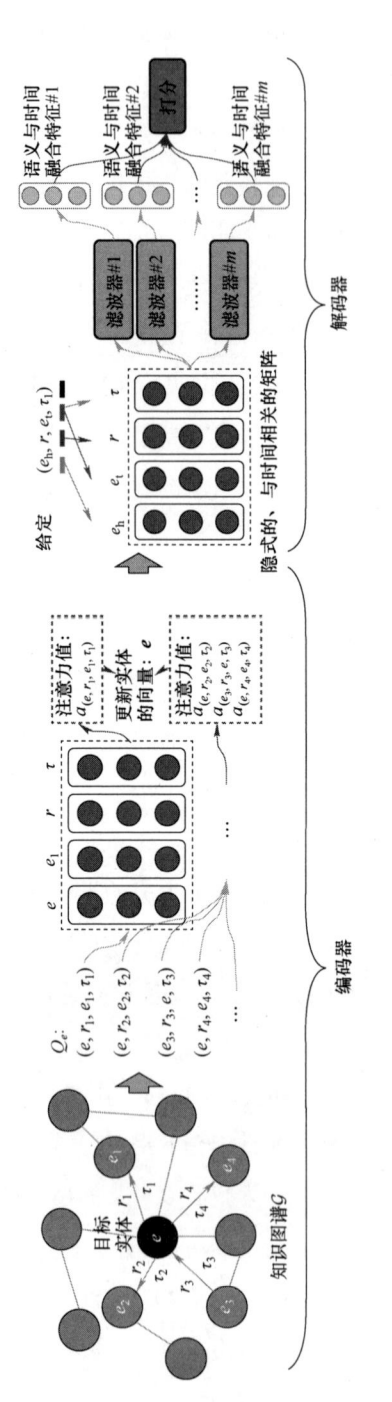

图 4-11 基于多视角交互框架的时序知识图谱推理方法整体架构

进一步地,将四元组集合 Q_e 中出现的所有实体(实体 e 本身除外)的集合表示为 $\mathcal{E}_e$,将四元组集合 Q_e 中出现的所有关系的集合表示为 $\mathcal{R}_e$,将四元组集合 Q_e 中出现的所有时间的集合表示为 $\mathcal{T}_e$。例如,在图 4-11 左侧中,四元组集合 Q_e 中,$\mathcal{E}_e = \{e_1, e_2, e_3, e_4, \cdots\}$,$\mathcal{R}_e = \{r_1, r_2, r_3, r_4, \cdots\}$,$\mathcal{T}_e = \{\tau_1, \tau_2, \tau_3, \tau_4, \cdots\}$。

四元组集合 Q_e 中不同的四元组,对目标实体 e 产生不同的影响(即需要考虑目标实体周围邻居实体对该目标实体的差异化影响),因此编码器需要有区别地学习来自目标实体 e 的邻域不同时间下的不同实体的不同特征(即不同实体的不同语义特征和时间特征)。因此,编码器将多样性的、时间敏感的注意力值,视为四元组集合 Q_e 中所涉及的四元组对目标实体 e 的不同的权重(即不同的影响力)。四元组集合 Q_e 中,每个目标实体 e 出现在头实体位置上的四元组 $(e, r, e_t, \tau) \in Q_e$ 的差异化注意力值定义为

$$a(e, r, e_t, \tau) = \text{softmax}(\hat{a}(e, r, e_t, \tau)) = \frac{\exp(\hat{a}(e, r, e_t, \tau))}{\sum_{e' \in \mathcal{E}_e} \sum_{r' \in \mathcal{R}_e} \sum_{\tau' \in \mathcal{T}_e} \exp(\hat{a}(e, r', e', \tau'))}$$

$$\hat{a}(e, r, e_t, \tau) = \text{ReLU}(M_1 \cdot [e; r; e_t; \tau])$$

式中,矩阵 M_1 表示线性转移矩阵,先随机初始化,通过模型迭代训练得到;符号 $[\cdot;\cdot]$ 表示拼接操作,$[e; r; e_t; \tau]$ 是指将向量 e、向量 e_t、向量 r、向量 τ 拼接;向量 e 和向量 e_t 分别表示头实体 e 和尾实体 e_t 的向量,r 向量表示关系 r 的向量,τ 向量表示时间 τ 的向量,这些向量的维度均为 d_1;$\text{ReLU}(\cdot)$ 表示激活函数。

同理,四元组集合 Q_e 中,每个目标实体 e 出现在尾实体位置上的四元组 $(e_h, r, e, \tau) \in Q_e$ 的差异化注意力值定义为

$$a(e_h, r, e, \tau) = \text{softmax}(\hat{a}(e_h, r, e, \tau)) = \frac{\exp(\hat{a}(e_h, r, e, \tau))}{\sum_{e' \in \mathcal{E}_e} \sum_{r' \in \mathcal{R}_e} \sum_{\tau' \in \mathcal{T}_e} \exp(\hat{a}(e', r', e, \tau'))}$$

$$\hat{a}(e_h, r, e, \tau) = \text{ReLU}(M_2 \cdot [e_h; r; e; \tau])$$

式中,矩阵 M_2 表示线性转移矩阵,先随机初始化,通过模型迭代训练得到。

对于目标实体 e,利用上述注意力值,通过聚合来自集合 Q_e 的带有时间属性的邻居实体的语义特征和时间特征,可以生成实体 e 的新的实体向量,进而实现对实体向量的更新:

$$e = \text{ReLU}\left(\left(\begin{array}{l}\sum_{e' \in \mathcal{E}_e}\sum_{r' \in \mathcal{R}_e}\sum_{t' \in T_e}a(e,r',e',t') \cdot (M_1 \cdot [e;r';e';\tau']) + \\ \sum_{e' \in \mathcal{E}_e}\sum_{r' \in \mathcal{R}_e}\sum_{t' \in T_e}a(e',r',e,t') \cdot (M_2 \cdot [e';r';e;\tau'])\end{array}\right)/2\right)$$

用于编码器模块训练的目标函数，定义为

$$\mathcal{L}_1 = \sum_{(e_h,r,e_t,\tau) \in \Delta^+}\sum_{(e'_h,r',e'_t,\tau') \in \Delta^-}[\|e_h + r + \tau - e_t\| - \|e'_h + r' + \tau' - e'_t\| + \gamma]_+$$

式中，四元组集合 Δ^+ 表示知识图谱 $\mathcal{G}$ 中存在的四元组的集合，因此 Δ^+ 是正样本集合（在训练过程中作为正例）；四元组集合 Δ^- 表示知识图谱 $\mathcal{G}$ 中不存在的四元组的集合，因此 Δ^- 是负样本集合（在训练过程中作为负例），制造负样本集合 Δ^- 的方式为随机地将正样本集合 Δ^+ 中的四元组的头实体或尾实体替换成其他实体，进而形成新的不存在于正样本集合 Δ^+ 的四元组，放入负样本集合 Δ^- 中；符号 $[\cdot]_+$ 表示取数值的正数；γ 表示参数，先随机初始化，通过模型迭代训练得到。

使用随机梯度下降算法和反向传播算法训练该目标函数，当模型收敛时，训练结束。编码器训练结束的时候，与编码器相关的所有矩阵（M_1，M_2）、向量（e，r，τ）和参数（γ）的更新截止，训练结束时候的值作为最终值。

3）解码器。

采用基于时间增强的卷积解码器，如图 4-11 右侧所示。输入到解码器的实体向量、关系向量、时间向量，均是由编码器模块训练好的向量（即编码器模块的输出）。

为每个四元组 (e_h,r,e_t,τ) 均构建一个隐式的、与时间相关的矩阵，该矩阵包含 4 列，每列分别为向量 e_h、向量 e_t、向量 r、向量 τ。因此，每列向量表示四元组的某个元素，分别对应头实体 e_h、尾实体 e_t、关系 r、时间 τ。将这个 4 列矩阵输入到卷积神经网络中，然后用 m 个卷积滤波器进行处理（m 表示滤波器的数量，表示用于理解给定四元组的不同通道的数量）以便生成多元的、语义和事件融合的特征（特征数量等同于 m）。

因此，四元组 (e_h,r,e_t,τ) 的分值函数定义为

$$\text{score}(e_h,r,e_t,\tau) = M_3 \cdot \left\{\sum_{i=1}^{m}\text{ReLU}([e_h;e_t;r;\tau]\Diamond \omega_i)\right\}$$

式中，ω_i 表示第 i 个滤波器，以向量形式表示，先随机初始化，通过模型迭代训练得到；矩阵 M_3 表示线性转移矩阵，先随机初始化，通过模型迭代训练得到，用于计算四元组 (e_h, r, e_t, τ) 的最终得分；符号 $\Diamond$ 表示卷积操作。

用于解码器模块训练的目标函数，定义为

$$\mathcal{L}_2 = \sum_{(e_h, r, e_t, \tau)} \left(-\log \frac{\text{score}(e_h, r, e_t, \tau)}{\sum_{e' \in \mathcal{E}_h} \text{score}(e_h, r, e', \tau)} - \log \frac{\text{score}(e_h, r, e_t, \tau)}{\sum_{e' \in \mathcal{E}_t} \text{score}(e', r, e_t, \tau)} \right) / 2$$

使用随机梯度下降算法和反向传播算法训练该目标函数，当模型收敛时，训练结束。解码器训练结束的时候，与解码器相关的所有矩阵 (M_3)、向量 (ω_i) 的更新截止，训练结束时候的值作为最终值。

4）推理。

推理任务分为预测缺失尾实体（预测四元组中的缺失尾实体）和预测缺失头实体（预测四元组中的缺失头实体）。

预测缺失尾实体任务给定待预测尾实体的缺失四元组 $(e_h, r, ?, \tau)$。首先，制造候选尾实体集合 $\tilde{\mathcal{E}}_t$，方式为从给定知识图谱 $\mathcal{G}$ 的实体集合中，选择其向量与向量 $e_h + r + \tau$ 的余弦相似度最大的前 50 个实体作为候选尾实体，进入候选尾实体集合 $\tilde{\mathcal{E}}_t$。其次，对于候选尾实体集合中的每个候选实体 $e' \in \tilde{\mathcal{E}}_t$，分别计算其对应的打分函数值 $\text{score}(e_h, r, e', \tau)$。最终，取打分函数值最高的候选尾实体为最终答案。

预测缺失头实体任务给定待预测头实体的缺失四元组 $(?, r, e_t, \tau)$。首先，制造候选头实体集合 $\tilde{\mathcal{E}}_h$，方式为从给定知识图谱 $\mathcal{G}$ 的实体集合中，选择其向量与向量 $e_t - r - \tau$ 的余弦相似度最大的前 50 个实体作为候选头实体，进入候选头实体集合 $\tilde{\mathcal{E}}_h$。其次，对于候选头实体集合中的每个候选实体 $e' \in \tilde{\mathcal{E}}_h$，分别计算其对应的打分函数值 $\text{score}(e', r, e_t, \tau)$。最终，取打分函数值最高的候选头实体为最终答案。

（3）总结

该成果实现了对时间视角特征与实体视角特征和关系视角特征的融合建模，既提高了对时间信号的理解程度和利用效率，也提高了面向时序知识图谱构建与应用的时序知识图谱补全任务（尾实体预测任务）的准确率。该成果的主要优势在于：强调动态知识图谱三类视角（实体视角、关系视角、时间视角）的交互，实现了时间向量与实体向量和关系向量的协同建模与理解，从而提高了动态知识图谱补全的准确率；能够显式地建模和生成时间向量，时间向量可以在下游任务（例如带有时间约束的自动问答系统等）中进行使用。

实验证明，在大多数情况下，该成果所提出的基于多视角特征交互建模的时序知识图谱补全方法在几乎所有数据集上都优于所有对比算法，尤其体现在 MRR 指标上。此外，目前提出的基于图神经网络的时序知识图谱补全模型（该成果也属于该范畴）在总体性能上优于传统的静态知识图谱补全模型的时序知识图谱补全模型，并且具有时间感知能力的时序知识图谱补全模型明显优于静态知识图谱补全模型，这是由于知识图谱中知识的结构和有效性可能随时间变化，而静态知识图谱补全模型无法处理随时间变化的知识。该成果重点解决了当前时序知识图谱补全与推理模型存在的问题：独立地对时间视角进行建模，不能考虑时间视角和其他视角（实体视角和关系视角）之间的有益且必要的相关性和交互性。因此，该成果在对时间信息进行独立建模的基础上，创新性地将时间特征融入其他视角、将多视角之间的交互关系融入各视角的向量表示建模过程中，以便更全面地表示四元组，实现更好的动态知识图谱补全效率。

4.7 基于时序点过程的时序知识图谱推理

时序点过程（特别是多维时序点过程和自激点过程）在传统机器学习和人工智能研究中，已被证实对时域信息具有卓越的感知能力、理解能力和处理能力。因此，近年来，众多研究致力于探索时序点过程如何为时序知识图谱推理任务提供赋能。此类方法通常基于"事件是点过程"的假设，进而利用时序点过程相关的模型工具来建模和模拟事件的发生，以及模拟动态图和动态关系的形成过程，以便捕捉多元事件和多元实体之间的多关系交互作用。

4.7.1 基于多变量点过程时序知识图谱推理

（1）概述

推理是人工智能中的一个关键概念，涵盖了如搜索引擎、问答系统、对话系统和社交网络等多种应用场景，这些场景都需要对底层结构化知识进行推理。因此，对这些知识进行有效表达和学习已经成为一项至关重要的任务。特别是近年来，知识图谱作为研究复杂多关系网络的重要模型而备受关注。传统观念中，知识图谱被认为是多关系数据的静态快照。然而，近期涌现的大量基于事件的交互性数据、动态性数据不仅具有多关系性质，还呈现出复杂的时间动态。这就引发了对能够表征和推理时间演化系统的方法的需求。例如，知识图谱 GDELT 和知识图谱 ICEWS 是两个主流的基于事件的数据存储库，包含有关全球实体交互的不断发展的知识。

通常而言，时序知识图谱是对传统知识图谱的增强，使其具备时序性，如图 4-12 所示。时序知识图谱能够反映事实随着时间推移而发生、重复或演变，其中，每条边都包含与其关联的时态信息。在静态知识图谱中，信息的不完整性导致其面向知识图谱构建与应用的推理能力受到限制，因此大部分关于静态图谱的研究集中在推进实体关系表示学习方面，以便根据已知的知识来推断缺失的事实。然而，这些方法在利用时序知识图谱表示的基础数据中缺乏对丰富时

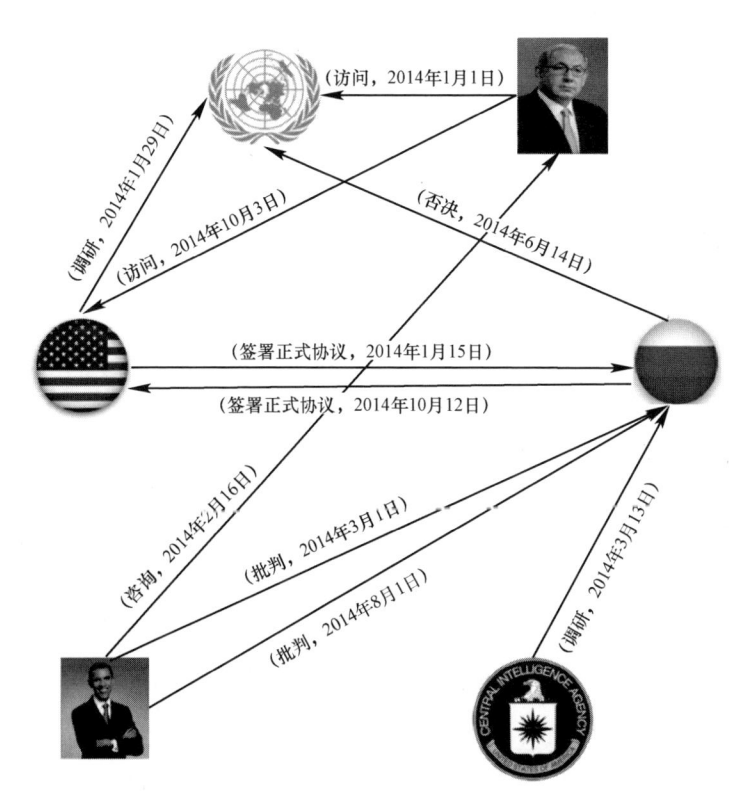

图 4-12 个人、组织和国家之间的时序知识图谱子图示例

态动态的充分应用能力。为了弥补这一不足，需要更好地整合时序信息，以便提升知识图谱的时态动态表达能力。

除了关系（结构）依赖性之外，有效捕获事实之间的时间依赖性可以提高对实体行为，以及它们如何随时间生成事实的理解。例如，可以准确回答以下问题：在对象预测方面，唐纳德·特朗普接下来会提到谁？在主题预测方面，哪个国家下个月将向美国提供物资支持？在时间预测方面，鲍勃什么时候会光顾汉堡王？

通常而言，实体会随着时间改变，它们之间的关系也会随之改变。当两个实体建立关系时，新形成的边会无形中驱动它们的偏好和行为。这种变化是由它们自身的历史因素（时间演化）和它们与其他实体的历史因素的兼容性（相互演化）相结合而实现的。例如，如果两个国家在一段时期内关系紧张，它们就更有可能发生冲突；相反，结成联盟的两个国家最有可能对彼此的敌人采取对抗立场。时间在上述过程中起着至关重要的作用，例如，一个曾经和平的国家，由于十年后可能发生的各种事实（事件），可能不再具有相同的特质。因此，捕获这种时间和进化效应可以帮助面向知识图谱构建与应用的相关推理研究，更好地推理实体间的未来关系。这种不断演化的实体及其随时间动态变化的关系的综合现象可以称为"知识演化"。

美国佐治亚理工学院团队在论文 *Know-Evolve：Deep Temporal Reasoning for Dynamic Knowledge Graphs* 中提出了一种新颖的、基于深度学习架构的时序知识图谱推理模型 Know-Evolve 模型，旨在处理多关系环境下实体间复杂的非线性交互，以便进行知识演化和推理建模。该架构的核心思想是将事实的发生建模为多维时间点的过程，其中，条件强度函数受到事实关系得分的调制，而这些关系得分则受到动态演变的实体嵌入的影响。通过这种方法，该模型能够更准确地模拟事实的出现、复发和演变过程，从而更深入地理解实体间的关系及其随时间的变化，上述建模思路的创新为时序知识图谱的表示学习提供了新的视角和方法。

该模型的核心在于其强大的时间点过程数学工具可用于模拟事实的发生，以及对双线性关系进行评分，捕捉实体间的多关系相互作用，并对上述点过程的强度函数进行调整。具体来说，将事实的发生建模为一个多变量点过程，这意味着每个事实（或边）的出现都被视为一个随机事件，其发生时间由一个密度函数决定。这个密度函数是通过基于学习的实体嵌入来计算的，即它根据实体的嵌入表示来预测事实发生的可能性。这种策略的好处是，它不仅可以预测事件的发生，还可以预测事件的复发时间，从而提供了一种对动态知识图谱中实体关系的时序演化的深入理解。此外，Know-Evolve 模型还引入了一种新的深度循环网络，用于根据实体与多关系空间中其他实体的相互作用，学习非线性和相互进化的潜在表示。时序点过程是一种常用的利用时间序列进行建模的方法，能够捕获事件之间的关联，通过对历史事件进行建模来预测未来的事件。在 Know-Evolve 模型中，时间被建模为一个随机变量，然后使用时序点过程对知识图谱中的事件的发生进行建模。由于 Know-Evolve 模型能够更准确地建模事实的时序发生和学习非线性时序演化的实体表示，因此它在预测事件的发生和复发时间方面表现出色。这种预测能力的提升使 Know-Evolve 模型在实际应用中更具价值，如在推荐系统、社交网络分析等领域，它可以根据实体的时序演化信息进行更精准的预测和决策。

（2）技术路线

Know-Evolve 模型被认为是一个统一的时序知识进化框架，用于对时序知识图谱进行推理。Know-Evolve 模型的推理能力源于以下三个主要组成部分：一是时序点过程数学工具，可以对事实的发生进行建模；二是双线性关系得分，可以捕获实体间的多关系交互并调节上述点过程的强度函数；三是深度循环网络，可以学习实体在多关系空间中的相互演化，并以非线性的方式表达它们的潜在特征。对上述三个主要组成部分，分别概述如下。

1）时序点过程。

大规模时序知识图谱展示了实体间事件的高度异构的时间模式。然而，传统的基于离散向量表示的方法来建模此类时间行为，无法捕获潜在的复杂时间依赖性。因此，该技术将时间建模为随机变量，并使用时序点过程来建模事实的发生。

具体来说，给定一组与时序知识图谱相对应的观察事件，Know-Evolve 模型构建一个关系调制的多维点过程来对这些事件的发生进行建模。$\lambda(\tau)$ 表示在给定时间 τ 之前发生事件的条件下，当前时刻发生事件的可能性。该技术用以下条件强度函数来表征这个点过程：

$$\lambda_r^{e_h,e_t}(\tau|\bar{\tau}) = f(\text{score}(e_h,r,e_t,\tau))(\tau-\bar{\tau})$$

式中，$\tau > \bar{\tau}$，τ 是当前事件的时间，$\bar{\tau} = \max(\tau^{e_h}-, \tau^{e_t}-)$ 是主体实体 e_h 或客体实体 e_t 在时间 τ 之前参与事件的最近时间点。因此，$\lambda_r^{e_h, e_t}(\tau | \bar{\tau})$ 表示在给定先前时间点 $\bar{\tau}$ 的时间 τ 涉及三元组 (e_h, r, e_t) 的事件强度，其中，e_h 或 e_t 为参与事件。上式建模和调节了当前事件的强度，基于实体时间轴上的最近活动，使其能够捕捉非周期性事件和之前未曾见过的事件情景。函数 $f(\cdot) = \exp(\cdot)$ 确保强度为正且定义明确。

2）关系化分值函数。

上式中的第一项通过特定关系中所涉及实体间的关系兼容性分值来调节强度函数。具体来说，对于在时间 τ 发生的事件，可以使用双线性公式计算得分项，即

$$\text{score}(e_h, r, e_t, \tau) = (e_h^{(\tau-)})^T \cdot A_r \cdot e_t^{(\tau-)}$$

式中，向量 $e_h, e_t \in \mathbb{R}^d$ 分别表示出现在主体位置和客体位置的实体的潜在特征嵌入。$A_r \in \mathbb{R}^{d \times d}$ 表示关系权重矩阵，试图捕获特定关系空间 r 中两个实体间的交互。该矩阵对于数据集中的每个关系 r 都是唯一的，并且是在训练期间学习的。τ 是当前事件的时间，$\tau-$ 表示时间 τ 之前的时间点。$e_h^{(\tau-)}$ 和 $e_t^{(\tau-)}$，分别表示在时间 τ 之前最近更新的主体实体和客体实体的向量表示。随着这些实体嵌入随着时间的推移而演变和更新，分值函数 $\text{score}(e_h, r, e_t, \tau)$ 能够捕获在影响其嵌入的事件历史中积累的有关实体的知识。

3）动态演化的实体表示。

Know-Evolve 模型用低维向量 $e^{(\tau)}$ 表示实体 e 在时间 τ 的潜在特征嵌入，e_h 和 e_t 分别对应头实体和尾实体，每种关系类型 r 使用特定于关系的低维表示。随着实体间建立关系，实体的潜在向量表示会随着时间而变化。因此，Know-Evolve 模型设计了基于更新函数的新型深度循环神经网络，以捕获实体在向量空间表示中的相互演化和非线性动态（见图 4-13、图 4-14）。考虑四元组形式的事件 (e_h, r, e_t, τ) 发生在时间 τ，在该事件中实体 e_h 是第 p 个事件，而实体 e_t 是第 q 个事件。由于实体以异构模式参与事件，因此，出现 $p = q$ 情况的可能性较小。观察到此事件后，该研究更新两个相关实体的向量表示。

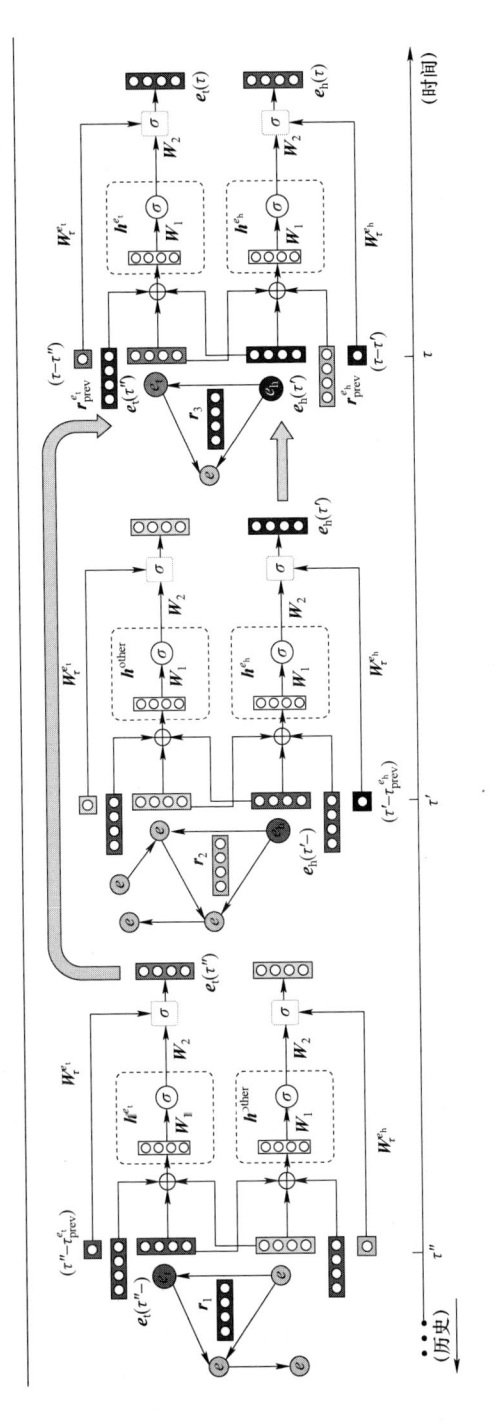

图 4-13 Know-Evolve 模型网络架构在时间轴上的实现过程

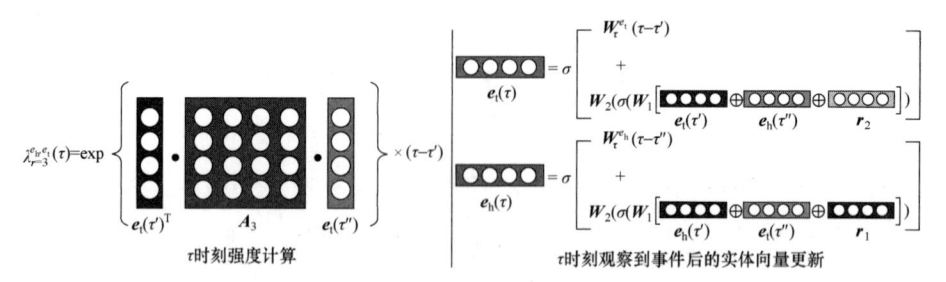

图 4-14 在观察时间 τ 的事件后 Know-Evolve 模型计算的一步可视化

对于头实体的向量表示，更新为

$$e_h^{(\tau_p)} = \sigma(W_\tau^{e_h}(\tau_p - \tau_{p-1}) + W_2 \cdot h(e_h^{(\tau_p-)}))$$

$$h(e_h^{(\tau_p-)}) = \sigma(W_1 \cdot [e_h^{(\tau_{p-1})} \oplus e_t^{(\tau_p-)} \oplus r(e_h, p-1)])$$

对于尾实体的向量表示，更新为

$$e_t^{(\tau_q)} = \sigma(W_\tau^{e_t}(\tau_q - \tau_{q-1}) + W_2 \cdot h(e_t^{(\tau_q-)}))$$

$$h(e_t^{(\tau_q-)}) = \sigma(W_1 \cdot [e_t^{(\tau_{q-1})} \oplus e_h^{(\tau_q-)} \oplus r(e_t, q-1)])$$

式中，$e_h^{(\tau_p)}, e_t^{(\tau_q)} \in \mathbb{R}^d$。$\tau_p = \tau_q$ 是观察到的事件的时间。对于实体向量更新，τ_{p-1} 是头实体 e_h 参与的前一个事件的时间点，τ_p- 是表示时间 τ_p 之前的时间点。因此，向量 $e_h^{(\tau_{p-1})}$ 代表头实体 e_h 的最新向量表示，该向量表示在该实体的第 $(p-1)$ 个事件之后更新；同理，向量 $e_t^{(\tau_{q-1})}$ 表示尾实体 e_t 的最新嵌入，该实体在 τ_q 之前的任何时间更新。因此，在头实体 e_h 的当前 (p) 和先前 $(p-1)$ 事件之间的间隔期间，实体 e_t 可能参与了某些其他事件，$r(e_h, p-1) \in \mathbb{R}^c$ 表示与实体 e_h 相关的第 $(p-1)$ 个事件的关系类型相对应的关系向量表示。向量 $h(e_h^{(\tau_p-)}), h(e_t^{(\tau_q-)}) \in \mathbb{R}^d$ 是隐状态向量。此处，关系向量是静态的，不会随时间变化。

图 4-13 中 τ''、τ' 和 τ 可能是连续的时间戳，也可能不是连续的时间戳。该研究关注时间点 τ 的事件，并展示先前的事件如何影响该事件中涉及的实体的向量表示。从头实体和尾实体向量表示公式可以看出，相应的 $\tau_{p-1} = \tau'$ 和 $\tau_{q-1} = \tau''$。$\tau_{prev}^{e_h}$ 和 $\tau_{prev}^{e_t}$ 表示 τ' 和 τ'' 之前的历史时间点。为了清晰起见，图中只标记与时间 τ 的事件直接相关的实体、关系和向量表示。

权重矩阵 $W_\tau^{e_h}, W_\tau^{e_t} \in \mathbb{R}^{d \times 1}$，$W_2 \in \mathbb{R}^{d \times d}$ 和 $W_1 \in \mathbb{R}^{1 \times (2d+c)}$ 是训练期间学习到的网络中的权重参数。其中，$W_\tau^{e_h}$ 和 $W_\tau^{e_t}$ 分别捕获主体和对象的时间漂移变化，W_2 是

捕获每个实体的经常性参与效果的共享参数，W_1 是一个共享投影矩阵，用于考虑实体在其先前关系中的兼容性。运算符 ⊕ 表示简单连接运算符。函数 $\sigma(\cdot)$ 表示非线性激活函数（在该研究的例子中为函数 $\tanh(\cdot)$）。该模型使用简单的循环神经网络单元，也可以用更具表达力的单元（如 LSTM 或 GRU）替换。

基于结构依赖的推理，隐藏层通过捕获主题实体先前关系中最新的头实体向量与尾实体向量的兼容性来推理事件。这解释了在短时间内，实体倾向于与具有相似近期行为和目标的其他实体形成关系的行为。因此，该层使用当前事件中涉及的两个节点的历史信息及它们在该事件之前创建的边。这对于隐藏层来说是对称的。

基于时间依赖性的推理，模型的设计采用了循环神经网络的结构，使用隐藏层信息来建模实体向量随时间的交织演化。具体来说，该层有两个主要组成部分，分别是随时间的漂移和在特定关系的相互演化，这两个组成部分的概述如下。

随时间的漂移，旨在捕获每个实体各自维度上连续事件之间的时间差异。这捕获了实体在事件之间可能经历的外部影响，并允许随着时间的推移平滑地改变其特征。如果一个实体在同一时间点发生多个事件，那么这一项将不起作用。虽然 $\tau_p - \tau_{p-1}$ 可能表现出较大的变化，但相应的权重参数将会捕获这些变化，并且与第二个循环项一起，将防止 $e_h^{(\tau_p)}$ 崩溃。

在特定关系的相互演化中，主体和客体实体的潜在特征相互影响。在多关系环境中，这进一步受到它们形成的关系的影响。使用来自隐藏层的信息对实体向量进行循环更新，可以捕获实体相对于其自身和特定关系空间中的其他实体的复杂非线性和进化动态。

（3）总结

该方法提出了一种基于新出现事实的随时间演化的深度学习模型 Know-Evolve 模型，该模型应用于面向时序知识图谱构建与应用的知识推理相关研究，旨在处理多关系环境下实体间复杂的非线性交互，以便进行知识演化和推理建模，可以在多关系环境中有效地学习随时间推移的非线性进化实体表示，该模型是将事实的发生建模为多变量点过程的早期代表性工作之一。该模型的核心思想是将事实的发生建模为多维时间点过程，其中，条件强度函数受到事实关系得分的调制，而这些关系得分则受到动态演变的实体嵌入的影响。具体来说，将事实的发生建模为一个多变量点过程,这意味着每个事实(或边)的出现都被视为一个随机事件,其发生时间由一个密度函数决定。这个密度函数通过基于学习的实体嵌入来计算,即它根据实体的嵌入表示来预测事实发生的可能性。此外,Know-Evolve 模型还开发了一种新的循环网络来学习非线性时序演化的实体表示。传统的时序知识图谱表示学习方法往往只关注线性的时间演化,而忽略了实体关系可能存在的复杂非线性模式。而 Know-Evolve 模型通过开发新的循环网络,成功地学习了非线性时序演化的实体表示,该模型能够更准确地捕获实体随时间变化的复杂模式。这种非线性时序演化学习能力的创新,为动态知识图谱的表示学习带来了突破性的进展。这意味着,模型可以捕获实体随时间变化的复杂模式,而不仅仅是线性的时间演化。这种能力对于理解动态知识图谱中的实体关系至关重要,因为在现实世界中,实体间的关系往往是非线性的,且随时间变化的。

综上所述,Know-Evolve 模型通过强大的时间点过程数学工具和深度网络,有效地学习了时序的非线性进化实体表示,从而实现了对动态知识图谱的高效推理。该模型能够通过动态进化网络吸收新的事实并从中学习,基于它们最近的关系和时间行为更新相关实体的嵌入。该模型不仅能够预测事实的发生,还能够对事实可能发生的时间进行预测,这被认为是先前关系学习方法所未能有效实现的创新之处。Know-Evolve 模型还支持开放世界假设,不会将缺失的链接视为错误,而是认为在未来这些链接可能潜在地发生。其通过创新的动态嵌入过程,进一步预测不可见实体的出现。总体而言,该成果通过建模事实的时序发生和开发新的循环网络来学习非线性时序演化的实体表示,为动态知识图谱的表示学习提供了新的视角和方法。在大型现实世界时序知识图谱上,该模型展示了卓越性能和高可扩展性,证明了在动态演化的关系系统中支持时间推理的重要性。与此同时,这被认为是首次在关系过程和时序点过程之间建立联系,为随时间推移推理开辟了一个新的研究方向。

4.7.2 基于图霍克斯神经网络模型的时序知识图谱推理

(1)概述

知识图谱是用于存储事实信息的多关系知识库,例如,Google 知识图谱将事

件表示为语义三元组(e_h, r, e_t)，实体e_h，$e_t \in \mathcal{E}$，关系$r \in \mathcal{R}$。$|\mathcal{E}|$表示实体的数量，$|\mathcal{R}|$表示关系的数量。通常，潜在特征模型和图特征模型是开发语义知识图谱统计模型的两种流行方法。然而，语义知识图谱中的关系并不是完全静态的，许多现实场景中实体间的关系也不是固定的，可能会随着时间的推移而变化（见图4-15）。采用这些事件的发生时间τ来扩展语义三元组，则得到此类时间事件的四元组表示(e_h, r, e_t, τ)。此外，事件也可能是持续一段时间的，例如，（约翰，住在，温哥华）可能在某些具体的时间点上为真，而（爱丽丝，认识，约翰）可能始终为真。该研究将这样的事件离散化为一系列带时间戳的事件，并以四元组的形式存储。

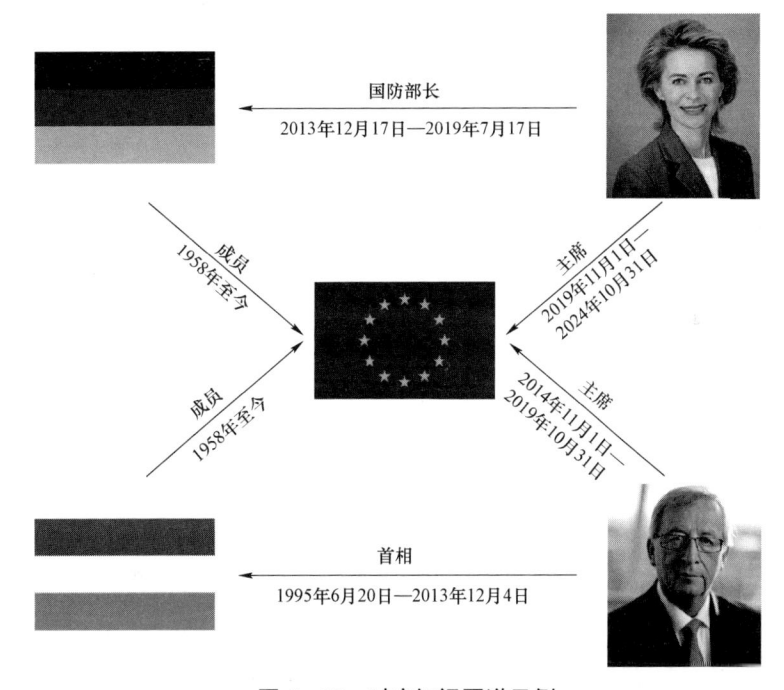

图4-15 时序知识图谱示例

因此，通过引入时间维度，知识图谱得到了扩展，并演变成为时序知识图谱。图4-15显示了一个时序知识图谱的示例。对时序知识图谱的构建与应用任务，引发了对统计学习的需求，以便捕捉时序知识图谱中实体间的动态关系。然而，时序知识图谱对实体动态关系的建模比常规事件流更具挑战性。最近关于时序知识图谱推理的研究重点是在低维空间中增强具有时间相关组件的实体向量表示。

然而，现有的时序知识图谱模型要么缺乏预测未来事件发生时间的原则性方法，要么忽略同一时间片内的并发事实。

综上所述，如何对复杂的时间事件进行建模，成为当下时序知识图谱表示与推理领域的一个值得重点关注的问题。例如，问题：如果两国政治关系变得更加紧张，是否会影响两国之间的国际贸易？如果是的话，哪些行业将首当其冲受到影响？回答这个问题的关键是，对可能会受到国际关系影响的相关事件进行建模。对此，一种可行的方法是将事件嵌入到以四元组的形式存储事件的多关系数据库时序知识图谱中。

通常而言，事件是点过程，过去点过程模型已广泛应用于许多现实世界场景，例如，社交网络分析、用户行为预测，以及金融领域消费者行为评估。众所周知的泊松过程仅限于对彼此独立发生的时间事件进行建模。研究人员曾提出了一种自我激励的点过程（霍克斯过程），它假设过去的事件对未来事件的发生可能性有激励作用，并且这种激励作用随着时间呈指数衰减。该模型已被证明可以有效地模拟地震。然而，它无法捕获一些现实世界中的情况，比如，不同类型的过去事件可能对未来事件产生抑制作用，像购买滑板可能会抑制自行车购买。为了解决这一限制，神经霍克斯过程使用具有连续状态空间的循环神经网络概括了霍克斯过程，使过去的事件可以用复杂而现实的方式激发和抑制未来的事件。然而，神经霍克斯过程通常仅能对少量事件类型的事件序列进行建模，无法准确捕捉大规模时态多关系数据中的相互影响。

通过观察不难发现，动态图序列中不断演变的链接中，节点之间的链接可以被视为不同的事件类型。当链接是定向的且带有标签时，问题变得更加具有挑战性。在面向时序知识图谱的构建与应用任务中，为了对图序列中的方向和标记链接的动态进行建模，慕尼黑大学和西门子公司团队在论文 Graph Hawkes Neural Network for Forecasting on Temporal Knowledge Graphs 中设计了一种新颖的深度学习架构来捕获时序知识图谱的时间依赖性，称为图霍克斯神经网络模型，其利用基于时间戳事件流的多元点过程模型捕获跨事实的潜在动态，通过连续时间递归神经网络估计未来任意实例发生事件的概率。图霍克斯神经网络模型作为一种用于时序知识图谱推理的神经网络模型，它结合了图神经网络和霍克斯过程来捕捉知识图谱中的动态变化，该模型旨在解决时序知识图谱中的实体和关系的时序依赖问题，通过建模实体和事件之间的触发关系来预测未来的实体交互，使该成果能够很好地捕捉事件之间的因果关系和时间依赖性。这意味着该模型不仅能够考虑事件本身的属性，还能够考虑事件发生的时间顺序，从而更准确地预测未来的事件。

图霍克斯神经网络模型利用霍克斯过程来建模实体间的触发关系，是该成果的主要亮点之一。通常而言，霍克斯过程是一种自激点过程，它可以描述事件之间的相互激发关系，即一个事件的发生可能会触发其他事件的发生。在图霍克斯神经网络模型中，每个实体被表示为一个节点，实体间的关系被表示为边。因此，模型通过霍克斯过程来建模节点之间的触发关系，即一个节点的激活可能会触发相邻节点的激活。图霍克斯神经网络模型的创新性和里程碑意义在于它将霍克斯过程与图神经网络相结合，用于时序知识图谱的表示学习，这种结合使模型能够同时考虑时序依赖和结构信息，为时序知识图谱的表示学习提供了新的思路和方法。

（2）技术路线

面向时序知识图谱推理任务的图霍克斯神经网络模型，可用于对连续时间的离散大规模多关系图序列进行建模，主要由以下两个核心模块组成：一是邻域聚合模块，用于捕获同一时间戳发生的并发事件的信息；二是图霍克斯过程模块，用于对未来事实的发生进行建模，其中，该技术使用循环神经网络来学习这个时序点过程。该技术不仅处理链接预测任务和时间预测任务，还学习实体和关系指定的潜在表示，首先定义每个推理任务的相关历史事件序列，并将这些序列作为图霍克斯神经网络模型的输入，然后提供图霍克斯神经网络模型中提出的模块的详细信息。

1）相关历史事件序列。

在这项工作中，将时序知识图谱 $\mathcal{G}$ 视为图切片序列 $\{\mathcal{G}_1,\mathcal{G}_2,\cdots,\mathcal{G}_{|T|}\}$，其中，$\mathcal{G}_\tau=\{(e_h,r,e_t,\tau)\in\mathcal{G}\}$ 表示图切片由发生在时间戳 τ 的事实组成。φ_i 表示由 $(e_{h_i},r_i,e_{t_i},\tau_i)$ 组成的事件（即用符号表示四元组），其中，e_{h_i},r_i,e_{t_i} 分别表示事件 φ_i 的头实体、关系和尾实体，使用 τ_i 表示事件 φ_i 发生时的时间戳。

此外，受南加利福尼亚大学团队 2019 年提出的方法启发，该技术假设属于同一图切片的并发事件（即在同一时间戳发生的事件），在给定过去观察到的图切片的情况下彼此条件独立。因此，为了预测查询 $(e_{h_i},r_i,?,\tau_i)$ 的缺失尾实体，评

估所有候选实体的条件概率 $P(e_{t_i}|e_{h_i},r_i,\tau_i,\mathcal{G}_{\tau_{i-1}},\mathcal{G}_{\tau_{i-2}},\cdots,\mathcal{G}_1)$。为了简化这项工作中的模型复杂性，该技术假设缺失实体与给定头实体 e_{h_i} 相对于时间戳 τ_i 处的关系 r_i 形成链接的条件概率直接取决于包括 e_{h_i} 和 r_i 的过去事件，并将这些事件定义为相关历史事件序列 Δ_i^{tail}，用于预测缺失的尾实体 e_{t_i}：

$$\Delta_i^{\text{tail}} = \left\{ \bigcup_{0 \leq \tau_j < \tau_i} (e_{h_i}, r_i, \mathcal{E}_{\tau_j}(e_{h_i}, r_i), \tau_j) \right\}$$

式中，集合 $\mathcal{E}_{\tau_j}(e_{h_i}, r_i)$ 表示一组尾实体集合，它们在时间戳 $\tau_j(0 \leq \tau_j < \tau_i)$ 处与关系 r_i 下的头实体 e_{h_i} 形成链接。操作符 ∪ 表示并集操作。

因此，可以将给定查询 $(e_{h_i}, r_i, ?, \tau_i)$ 和过去的知识图谱切片（即从第 1 个到第 $(i-1)$ 个）的尾实体候选 e_t 的条件概率记作

$$P(e_t|e_{h_i}, r_i, \tau_i, \mathcal{G}_{\tau_{i-1}}, \mathcal{G}_{\tau_{i-2}}, \cdots, \mathcal{G}_1) = P(e_t|e_{h_i}, r_i, \tau_i, \Delta_i^{\text{tail}})$$

为了捕捉具有不同头实体或关系的其他过去事件对当前查询的影响，该技术使用共享潜在表示的策略来建模出现在不同四元组中的实体。对于训练集中的每个观察到的四元组形式的事件，涉及事件的两个实体会从一个实体的邻域传播信息到另一个实体。因此，在训练后，该模型还能够捕捉多跳邻域之间的各种关系动态。

类似地，该技术定义一个相关的、四元组集合形式的历史事件序列 Δ_i^{head} 来预测查询 $(?, r_i, e_{t_i}, \tau_i)$ 缺失的头实体 e_{h_i}。且对于时间预测任务，假设事件 (e_{h_i}, r_i, e_{t_i}) 下一次发生的时间直接依赖于过去的事件。因此，定义预测查询 $(e_{h_i}, r_i, e_{t_i}, ?)$ 的时间戳 τ 处的条件概率密度函数和过去的图切片形式为

$$P(\tau|e_{h_i}, e_{t_i}, r_i, \mathcal{G}_{\tau_{i-1}}, \mathcal{G}_{\tau_{i-2}}, \cdots, \mathcal{G}_1) = P(\tau|e_{h_i}, e_{t_i}, r_i, \Delta_i^{\text{tail}}, \Delta_i^{\text{head}})$$

2）邻域聚合。

由于头实体可以在同一时间片内与多个尾实体形成链接，因此该技术使用平均聚合策略从相关历史事件序列的并发事件中提取邻域信息。为了预测查询 $(e_{h_i}, r_i, ?, \tau_i)$ 中缺失的尾实体，该平均聚合策略计算 $\mathcal{E}_{\tau_j}(e_{h_i}, r_i)$ 中尾实体的嵌入向量的元素均值：

$$g(\mathcal{E}_{\tau_j}(e_{h_i}, r_i)) = \frac{1}{|\mathcal{E}_{\tau_j}(e_{h_i}, r_i)|} \sum_{e_t \in \mathcal{E}_{\tau_j}(e_{h_i}, r_i)} e_t$$

因此，将相邻尾实体向量的平均聚合表示为 $g(\mathcal{E}_{\tau_j}(e_{h_i}, r_i))$。

3）图霍克斯过程。

事件之间的时间跨度通常会对潜在的、复杂的时间依赖关系产生重大影响。因此，该研究将时间建模为一个随机变量，并在时序知识图谱上部署霍克斯过程以捕获潜在的动态关系，称为图霍克斯过程。与基于参数形式的经典霍克斯过程不同，该研究使用递归神经网络来估计图霍克斯过程的强度函数 λ_k。传统意义上，递归神经网络用于均匀间隔的顺序数据。然而，时序知识图谱中的事件是随机分布在连续时间空间中的。因此，受神经霍克斯过程的启发，该技术使用具有显式依赖时间的隐藏状态的连续时间长短时记忆网络（Continuous Long Short-Term Memory，CLSTM），其中，隐藏状态随着每次事件的发生而即时更新，并随着两个相邻事件之间的时间流逝而持续演化。以面向时序知识图谱构建与应用的尾实体预测推理任务为例，给定一个缺失尾实体的查询 $(e_{h_i}, r_i, ?, \tau_i)$ 及其相关历史事件序列 Δ_i^{tail}，定义候选尾实体 e_t 的强度函数为

$$\lambda(e_t | e_{h_i}, r_i, \tau_i, \Delta_i^{\text{tail}}) = f(W_\lambda(e_{h_i} \oplus h(e_t, e_{h_i}, r_i, \tau_i, \Delta_i^{\text{tail}}) \oplus r_i) \cdot e_t)$$

式中，向量 e_{h_i}, r_i, e_t 分别是事件的当前头实体 e_{h_i}、当前关系 r_i 和候选尾实体 e_t 的向量表示；向量 $h(e_t, e_{h_i}, r_i, \tau_i, \Delta_i^{\text{tail}})$ 表示连续时间递归神经网络的隐藏状态，以 Δ_i^{tail} 为输入，汇总相关历史事件序列的信息；符号 $\oplus$ 表示串联算子；矩阵 W_λ 是一个权重矩阵。上式捕捉了给定头实体 e_{h_i} 和候选尾实体 e_t 之前参与的事件，考虑了它们之间的兼容性。

为了让 $h(e_t, e_{h_i}, r_i, \tau_i, \Delta_i^{\text{tail}})$ 能够学习历史序列 Δ_i^{tail} 的数量、顺序和时间的复杂依赖关系，该技术采用了 CLSTM。然而，当两个事件之间的时间间隔相当大时，离散时间方法可能无法对两个事件之间隐藏状态的变化进行建模。为此，CLSTM 的核心功能建模为

$$k_m(e_{h_i}, r_i, \Delta_i^{\text{tail}}) = g(\mathcal{E}_{\tau_m}(e_{h_i}, r_i)) \oplus e_{h_i} \oplus r_i$$

$$c(\tau) = \bar{c}_{m+1} + (c_{m+1} - \bar{c}_{m+1}) \exp(-\delta_{m+1}(\tau - \tau_m))$$

$$h(e_{h_i}, r_i, e_{t_i}, \tau, \Delta_i^{\text{tail}}) = e_{t_i} \cdot \tanh(c(\tau)), \tau \in (\tau_m, \tau_{m+1})$$

为了捕获历史事件序列中的累积知识，上式中向量 $k_m(e_{h_i}, r_i, \Delta_i^{\text{tail}})$，将基于四元组形式的事件集合 $\mathcal{E}_{\tau_m}(e_{h_i}, r_i)$ 的邻域聚合与相应头实体和关系的嵌入向量连接

起来作为 CLSTM 的输入。记忆单元向量 $c(\tau)$ 在 CLSTM 的每次更新时不连续地跳转到初始单元状态 c_{m+1}，然后连续漂移到目标单元状态 $\bar{c}_{m+1}$，进而控制隐藏单元状态 $h(e_{h_i}, r_i, e_{t_i}, \tau, \Delta_i^{\text{tail}})$ 以及强度函数。$c_{m+1} - \bar{c}_{m+1}$ 项与过去事件影响当前事件的程度有关。$c(\tau)$ 的每个元素的影响可能是兴奋性的或抑制性的，具体取决于衰减向量 $\delta_{m+1}(\tau - \tau_m)$ 相应元素的符号。因此，隐藏状态向量反映了系统对特定事件下一次发生的期望如何随着时间的流逝而变化，并对给定的时序知识图谱中的结构和时间一致性进行建模。

4）推理和参数学习。

针对链接预测任务的推理和参数学习过程可概述如下。以面向时序知识图谱构建与应用的尾实体预测推理任务为例，给定一个查询 $(e_{h_i}, r_i, ?, \tau_i)$ 及其相关历史事件序列 Δ_i^{tail}，可推导出候选尾实体 e_t 的条件密度函数，即

$$P(e_t | e_{h_i}, r_i, \tau_i, \Delta_i^{\text{tail}}) = \lambda(e_t | e_{h_i}, r_i, \tau_i, \Delta_i^{\text{tail}}) \exp\left(-\int_{\tau_L}^{\tau_i} \lambda_{\text{surv}}(e_{h_i}, r_i, \tau) \mathrm{d}\tau\right)$$

式中，τ_L 表示 Δ_i^{tail} 中最近事件的时间戳。上式中的积分表示给定的头实体 e_{h_i} 和关系 r_i 的所有可能事件 $\{(e_{h_i}, r_i, e_t) | e_t \in \mathcal{E}\}$ 的项，具体定义为

$$\lambda_{\text{surv}}(e_{h_i}, r_i, \tau) = \sum_{e_t=1}^{|\mathcal{E}|} \lambda(e_{h_i}, r_i, e_t, \tau)$$

所有候选尾实体共享相同的 $\lambda_{\text{surv}}(e_{h_i}, r_i, \tau)$ 和相同的 τ_L 值。因此，在时序知识图谱推理时可以直接比较它们的强度函数 $\lambda(e_t | e_{h_i}, r_i, \tau_i, \Delta_i^{\text{tail}})$，而不是比较每个尾实体候选 e_t 的条件密度函数，以避免计算量大的积分评估。

给定一个事件 (e_{h_i}, r_i, e_{t_i})，旨在基于观察到的事件预测其下一次可能发生的时间点。由于该技术拥有有关涉及的头实体和尾实体的完整信息，故而可以同时利用事件序列 Δ_i^{tail} 和事件序列 Δ_i^{head}。因此，事件类型 (e_{h_i}, r_i, e_{t_i}) 在未来时间 τ 发生的强度定义为

$$\begin{aligned}\lambda(\tau | e_{h_i}, r_i, e_{t_i}, \Delta_i^{\text{tail}}, \Delta_i^{\text{head}}) = \\ f(W_\lambda(e_{h_i} \oplus h(e_{t_i}, e_{h_i}, r_i, \tau_i, \Delta_i^{\text{tail}}) \oplus r_i) \cdot e_{t_i}) + \\ f(W_\lambda(e_{t_i} \oplus h(e_{h_i}, e_{t_i}, r_i, \tau_i, \Delta_i^{\text{head}}) \oplus r_i) \cdot e_{h_i})\end{aligned}$$

传统的霍克斯过程预测下一个事件何时发生，并未考虑事件类型。而该技术

是预测给定事件类型 (e_{h_i}, r_i, e_{t_i}) 下一次发生的时间。因此，该技术使用具有单一事件类型的霍克斯过程来执行时间预测，相应的条件密度函数，即

$$P(\tau | e_{h_i}, r_i, e_{t_i}, \Delta_i^{\text{tail}}, \Delta_i^{\text{head}}) =$$

$$\lambda(\tau | e_{h_i}, r_i, e_{t_i}, \Delta_i^{\text{tail}}, \Delta_i^{\text{head}}) \exp\left(-\int_{\tau_L}^{\tau} \lambda\left(\tau | e_{h_i}, r_i, e_{t_i}, \Delta_i^{\text{tail}}, \Delta_i^{\text{head}}\right) d\tau\right)$$

因此，下一个事件时间的期望计算为

$$\hat{\tau}_i = \int_{\tau_L}^{\infty} \tau \cdot P(\tau | e_{h_i}, r_i, e_{t_i}, \Delta_i^{\text{tail}}, \Delta_i^{\text{head}}) d\tau$$

上述两个方程中的积分是根据梯形规则估计的。

因为链接预测可以被视为多类分类任务，其中，每个类对应一个候选实体，所以该技术使用如下交叉熵损失来学习链接预测。最终，参数学习过程为

$$\mathcal{L}_{\text{tail}} = -\sum_{i=1}^{|\mathcal{R}|}\sum_{j=1}^{|\mathcal{E}|} y_{e_j} \cdot \log(P(e_{t_i} = e_j | e_{h_i}, r_i, \tau_i, \Delta_i^{\text{tail}}))$$

$$\mathcal{L}_{\text{head}} = -\sum_{i=1}^{|\mathcal{R}|}\sum_{j=1}^{|\mathcal{E}|} y_{e_j} \cdot \log(P(e_{h_i} = e_j | e_{t_i}, r_i, \tau_i, \Delta_i^{\text{head}}))$$

式中，$\mathcal{L}_{\text{tail}}$ 是给定缺失尾实体的查询 $(e_{h_i}, r_i, ?, \tau_i)$ 的尾实体预测损失，$\mathcal{L}_{\text{head}}$ 是给定缺失头实体的查询 $(?, r_i, e_{t_i}, \tau_i)$ 的头实体预测损失，并且 y_{e_j} 是一个二元指示符，用于指示 e_j 是否为预测 e_{h_i}（或预测 e_{t_i}）的正确答案。另外，该技术使用均方误差作为时间预测损失 $\mathcal{L}_{\text{time}} = \sum_{i=1}^{|\mathcal{R}|}(\tau_i - \hat{\tau}_i)^2$。因此，总损失是时间预测损失和链接预测损失之和，即

$$\mathcal{L} = \mathcal{L}_{\text{tail}} + \mathcal{L}_{\text{head}} + \nu \cdot \mathcal{L}_{\text{time}}$$

式中，超参数 ν 用来平衡时间预测损失和链接预测损失。

（3）总结

图霍克斯神经网络模型是一种用于时序知识图谱表示的模型，它结合了图神经网络和霍克斯过程的特点，为时序知识图谱的表示学习与推理提供了新的思路和方法。霍克斯过程是一个自激励的时间点过程，用于模拟连续时间内发生的连续离散事件，霍克斯过程已成为建模不同事件类型的自激事件序列的标准方法。霍克斯过程的特点是某个事件的发生可能会影响后续事件的发生概率，即一个事件的发生可能会增强或减弱其他事件发生的可能性。这种特性使霍克斯过程非常

适合于建模具有时间依赖性的事件序列。例如，社交网络中的事件流或者股市交易中的事件流。为了更全面、真实地捕捉过去事件对未来事件的影响，可将霍克斯过程推广为神经自调节多元点过程。因此，该模型提出了图霍克斯神经网络模型，它可以动态捕获不断演变的图序列，并预测未来时间实例中事件的发生。

具体来说，图霍克斯神经网络模型用图神经网络来表示知识图谱的结构，用霍克斯过程来表示知识图谱中的时间依赖性。模型中的每个节点都会有一个对应的霍克斯过程，这个霍克斯过程会根据该节点的历史事件来预测未来的事件。同时，模型还会利用图神经网络来整合图中各节点的信息，以便更好地进行预测。这项模型被认为是使用霍克斯过程来解释和捕获时序知识图谱的潜在时间动态的开创性工作和代表性工作之一，它既可以有效处理复杂的时序数据，又可以充分利用知识图谱的结构信息，因此在很多领域都有广泛的应用前景。此外，该模型还对连续时间内事件的发生概率进行建模，使模型能够在任意时间戳处计算事件发生的概率，增强了模型的灵活性。

4.7.3　基于异构霍克斯过程的时序知识图谱推理

（1）概述

在各种实际应用（如社交网络、电商平台和学术图谱等）中，都存在着复杂的图结构。近年来，针对图结构的表示学习技术备受关注，其目标是将高维非欧几里得结构编码到低维向量空间中，它在解决节点分类和链接预测等图分析问题方面发挥了重要作用。

大多数现有的图表示学习方法侧重于建模静态的同质图，其边和节点都属于同一类型且不会随时间变化。然而，在现实世界中，复杂系统通常涉及不同类型节点之间的多个时间交互，形成所谓的动态异构图。以图 4-16（b）为例，两类节点（"作者"和"场地"）之间存在两种类型的交互（"合作"和"出席"），每次交互都标记有连续的时间戳来描述其发生时间，相对于图 4-16（a）中的静态图，动态异构图确实描述了除结构信息之外更丰富的语义和动态，表明节点表示的多重演化。

考虑到图中丰富的语义信息，已经出现了几种面向知识图谱推理的异构图表示学习方法，在学习表示时同时考虑节点和边的类型。早期方法采用基于元路径生成的异构序列的浅层 Skip-Gram 模型，而最近的研究应用了更深层次的图神经网络，从异构邻域中收集信息以增强节点表示。此外，为了捕获动态图的时间演化、更好地适用于时序知识图谱构建与应用任务，按照时间来将整个图拆分为多个快照（或切片），并通过将所有基于快照的嵌入输入到长短时记忆网络和门控循环单元等序列模型中来生成表示。最近，意识到历史事件会影响并激发当前交互的生成，一些研究人员尝试将时序点过程（特别是霍克斯过程），引入时序知识图谱的表示学习模型中建模动态图及动态关系的形成过程。

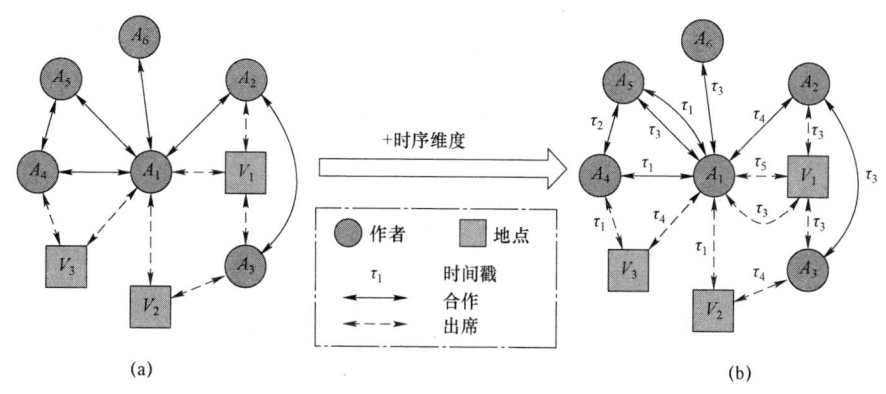

图 4-16　静态和动态异构图的示例

（a）静态异构图；（b）动态异构图

然而，嵌入动态异构图的工作还相对有限。语义和动态性引入了两个基本挑战。首先，针对"如何建模异构交互的持续动态"的关键问题，尽管一些工作试图将形成过程描述为序列异构快照（或切片），但异构动态只能通过快照的数量来反映，而不同类型的边实际上是随着时间的推移不断生成的。例如，像"合作"和"出席（学术会议）"这样的异构事件会随着时间的推移不断产生，并且历史联系可以激发当前事件。受学者们的启发，一个朴素的想法是将霍克斯过程集成到图嵌入中。然而，这些方法处理的是同质事件，不能直接引入异构图中。其次，针对"如何建模不同语义的复杂影响"关键问题，虽然不同的语义表示信息的不同视角，但它们通常会以不同的模式影响当前的各种交互。现有的方法仅对语义的差异进行建模，却忽略了对不同类型的当前或未来事件的影响可能是非常不同的。例如，作者 A_1 和作者 A_5 在 τ_3 时刻的合作可能更多地来自作者 A_1 和作者 A_5 的历史合作事件，而不是作者 A_1 出席会议 V_3。同时，τ_4 时刻作者 A_1 出席会议 V_3 会

更多地受到作者 A_1 历史出席事件的影响。总之，不同类型的历史事件会以不同的方式激发不同类型的当前事件。

受这些挑战的推动，研究人员在论文 *Dynamic Heterogeneous Graph Embedding via Heterogeneous Hawkes Process* 提出了动态异构图嵌入的异构霍克斯过程（Heterogeneous Hawkes Process for Dynamic Heterogeneous Graph Embedding，HPGE）模型。为了处理连续动态问题，该成果将异构交互视为多个时间事件，这些事件随着时间逐渐发生。通过设计异构条件强度来模拟历史异构事件对当前事件的激励，引入霍克斯过程到异构图嵌入中。为了处理语义的复杂影响，进一步设计了异构演化注意力机制，该机制同时考虑历史事件的内部类型的时间重要性，以及多个历史事件对当前类型事件的时间影响。此外，考虑到当前事件更多地受到过去重要交互的影响，采用时间重要性采样策略，从历史候选事件中选择代表性事件，以平衡它们的重要性和新近度。综上所述，该成果主要贡献在于提出了一个新的时序知识图谱表示与推理技术方案，该方法通过异构霍克斯过程来模拟图中的事件动态，从而更好地捕捉和表示复杂和动态图结构中的复杂结构和动态行为。

（2）技术路线

面向时序知识图谱构建与应用需求，动态异构知识图谱表示学习的异构霍克斯过程包含三个主要组成部分：一是异质条件强度函数，用于学习异质时间事件形成过程中的语义和动态；二是异质演化注意力机制，用于衡量从历史邻居到当前类型事件的重要性和演变；三是时间重要性采样（Temporal Importance Sampling，TIS），用于处理有效提取代表性事件。

具体来说，首先，如图 4-17（a）所示，HPGE 模型给定作者 A_1、作者 A_3 和会议 V_1 各自的时间异构邻居，HPGE 模型通过类型影响度量来评估每个节点与其邻居之间的亲和力。随后，基于异质条件强度函数积累了历史异质邻居的影响，表征了当前的到达率。其次，HPGE 模型设计了一种注意力机制，如图 4-17（b）所示，注意力来捕获相同类型邻域的时间重要性，以及从历史类型到当前类型的演变。再次，随着时序知识图谱的演变事件的数量逐渐增加，如图 4-17（c）所示。进一步，为了实现有效且高效的 HPGE 模型建模，采用时间重要性采样策略来提取时间和结构维度上的代表性邻居，而不是使用低效的全邻居，或仅基于新

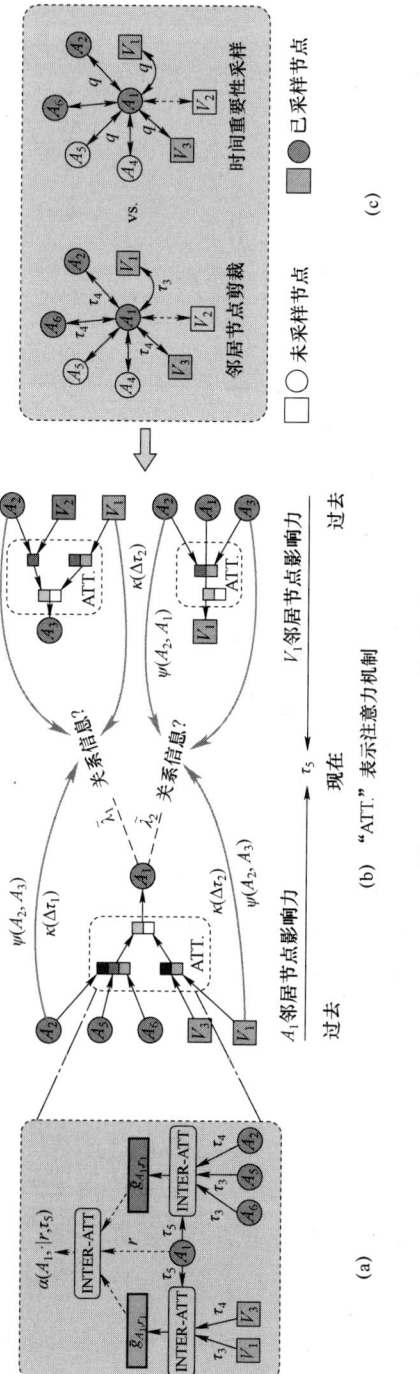

图 4-17 HPGE 模型的整体架构

(a) 异质条件强度;(b) 异质演化注意力;(c) 时间重要性采样

(b) "ATT." 表示注意力机制

注:(a) 为异质条件强度函数,用于模拟作者 A_1、作者 A_3 或会议 V_1 的异质时间影响;(b) 为异质演化注意力,用于衡量历史邻居与当前类型事件的相关性和演化,包括类型内和事件间时间注意力;(c) 为异质事件时间重要性采样,其中,q 表示采样概率,与朴素类型截止策略相比,白色节点未采样。

近的传统截断策略。

1）异质条件强度建模。

在动态异构知识图谱上，随着时间的推移不断建立各种类型的交互，可以将其视为一系列观察到的异构事件。直观上，当前事件受到过去事件的影响，事件的异质性意味着不同强度的影响。例如，当前会议的出席情况受到不同历史情况的影响，包括过去的出席情况和作者合作情况。因此，给定四元组形式的当前事件 (e_h, r, e_t, τ)，引入一般异质条件强度函数为

$$\tilde{\lambda}(e_h, r, e_t, \tau) = \mu_r(e_h, e_t) + \\ \gamma_1 \sum_{r' \in \mathcal{R}} \sum_{e' \in \mathcal{N}_{e_h, r', <\tau}} \alpha(e', (e_h, r, e_t, \tau)) \psi(e', e_t) \kappa_{e_h}(\tau - \tau_{e'}) \\ + \gamma_2 \sum_{r' \in \mathcal{R}} \sum_{e' \in \mathcal{N}_{e_t, r', <\tau}} \alpha(e', (e_h, r, e_t, \tau)) \psi(e', e_h) \kappa_{e_t}(\tau - \tau_{e'})$$

式中，参数 γ_1 和 γ_2 是平衡参数。上式面向时序知识图谱推理的条件强度函数由三个主要部分组成，包括类型基础率、头节点 e_h 和尾节点 e_t 上的异构邻域影响率。

首先，给定时序知识图谱中的头实体 e_h 和尾实体 e_t 及事件类型 r，基础率 $\mu_r(e_h, e_t)$ 定义为

$$\mu_r(e_h, e_t) = -\sigma(f(e_h W_{\phi(e_h)} - e_t W_{\phi(e_t)}) W_r + b_r)$$

式中，$e_h \in \mathbb{R}^d$ 和 $e_t \in \mathbb{R}^d$ 分别表示头实体 e_h 和尾实体 e_t 的向量表示；d 是实体向量的维度；矩阵 $W_{\phi(\cdot)} \in \mathbb{R}^{d \times d}$ 表示 $\phi(\cdot)$ 类型投影矩阵；函数 $f(\cdot)$ 表示元素级非负运算来衡量头实体 e_h 和尾实体 e_t 的对称相似性，通常采用自 Hadamard 积，即 $f(X) = X \odot X$；矩阵 W_r 和参数 b_r 为 r 类事件的投影和偏差；函数 $\sigma(\cdot)$ 是非线性激活函数。由上述定义可知，在基础率评估中，节点（实体）和边（关系）的类型都被考虑在内。

此外，历史邻居可以不断激发当前事件 (e_h, r, e_t, τ) 的发生。以邻域对头节点的影响为例，给定头节点的历史邻居集合 $\{\mathcal{N}_{e_h, r', <\tau} | r' \in \mathcal{R}\}$，激励有关三个方面：一是到当前时间的时间跨度；二是尾节点 e_t 的相关历史邻居；三是历史邻居对头节点 e_h 的重要性。由于不同节点的时间衰减不同，将函数 $\kappa_i(\cdot)$ 设计为 $\exp(-\delta_i(\cdot))$ 形式，其中，δ_i 是可学习的个性化参数并随着时间的推移而出现影响力呈指数减弱。历史邻居和尾节点之间的相关性也与其类型有关，即

$$\psi(e', e_t) = -\|e' W_{\phi(e')} - e_t W_{\phi(e_t)}\|_2^2$$

其中，操作符 $\|\cdot\|_2^2$ 表示欧氏距离度量；负号表示更近的实体节点可能产生更大的影响。为了衡量历史邻居对头节点的重要性，注意力机制在静态异构图上表现出了强大的性能。然而，在处理异构形成过程时，不同语义之间复杂时间影响仍然是一个重要的挑战。

2）异构演化注意力机制。

在时序知识图谱构建与应用的相关应用中，历史互动的激发不仅与历史事件的类型有关，还取决于当前事件的类型。因此，四元组形式的当前事件 (e_h, r, e_t, τ) 的重要性 $\alpha(e', (e_h, r, e_t, \tau))$ 定义为

$$\alpha(e', (e_h, r, e_t, \tau)) = \xi(e', \tau_{e'} | r', e_h, \tau) \beta(r | r', e_h, \tau)$$

式中，关系 r' 和关系 r 分别表示历史事件和当前事件的类型；$\tau_{e'}$ 和 τ 是对应的时间戳；函数 $\xi(e', \tau_{e'} | r', e_h, \tau)$ 是类型内异构时间注意力，计算公式定义为

$$\xi(e', \tau_{e'} | r', e_h, \tau) = \text{softmax}(\sigma(\kappa_{e_h}(\tau - \tau_{e'})[e_h W_{\phi(e_h)} \oplus e_t W_{\phi(e_t)}] W_\xi))$$

式中，矩阵 $W_\xi \in \mathbb{R}^{2d \times 1}$ 表示需要学习的注意力投影矩阵；操作符 $\oplus$ 表示级联操作；函数 $\text{softmax}(x)$ 的形式定义为 $\exp(x) / \sum_{x'} \exp(x')$。需要注意的是，异质性和时间衰减都被考虑在内。此外，还设计了类型间的函数 $\beta(r | r', e_h, \tau)$ 来模拟历史类型与当前类型的相关性，即

$$\beta(r | r', e_h, \tau) = \text{softmax}(\tanh(\tilde{g}_{e_h} W_r) w_r)^\mathrm{T}$$

式中，矩阵 $W_r \in \mathbb{R}^{d|\mathcal{R}| \times d_m}$ 和向量 $w_r \in \mathbb{R}^{d_m \times 1}$ 是需要学习的投影矩阵和向量；参数 d_m 是潜在维度的长度，设置 $d_m = 0.5d$；$\tilde{g}_{e_h}$ 在这里是历史激励的串联，即 $\tilde{g}_{e_h} = [\tilde{g}_{e_h, r_1} \oplus \tilde{g}_{e_h, r_2} \oplus \cdots \oplus \tilde{g}_{e_h, r_{|\mathcal{R}|}}]$，来自 r' 类邻居的子激励计算为

$$\tilde{g}_{e_h, r'} = \sigma\left(\left[\sum_{e'} \xi(e', \tau_{e'} | r', e_h, \tau) e' W_{\phi(e')} \kappa_{e_h}?(\tau - \tau_{e'})\right] W_{\beta, r'} + b_{\beta, r'}\right)$$

式中，矩阵 $W_{\beta, r'} \in \mathbb{R}^{d \times d}$ 和 $b_{\beta, r'}$ 分别是需要学习的投影矩阵和偏差。通过观察可以发现，上式是基于内部类型注意力的时间激励聚合。

3）时间重要性采样。

在时序知识图谱推理任务中，随着时间的推移，事件的积累导致生成异质条件强度函数变得成本高昂。为了提高效率，同构知识图谱上现有的霍克斯过程切

断了遥远的过去发生的事件，只关注最近的事件。然而，截断点往往是任意的且难以设定。此外，仅考虑最近事件的策略可能会忽略随着时间的推移而频繁互动的结构重要邻居。如图 4-17（b）所示，基于最近策略，作者 A_5 可能会被截断，但由于作者 A_5 与作者 A_1 频繁交互，因此最好保留作者 A_5 进行建模。

面向时序知识图谱构建与应用需求，为了有效地提取具有最近性和结构重要性的代表性候选者，受重要性采样的启发，提出了时间重要性采样策略，重点在于同时考虑时间和结构信息以提取代表性邻居。该研究根据激励率和时间衰减函数的加权，设计了时间重要性采样的采样器，公式为

$$P(e'|e_h,r',\tau) = \frac{\kappa_{e_h}(\tau-\tau_{e'})\text{cout}_{e_h}(e')}{\sum_{e''\in\mathcal{N}_{e_h,r',<\tau}}\kappa_{e_h}(\tau-\tau_{e''})\text{cout}_{e_h}(e'')}$$

式中，$P(e'|e_h,r',\tau)$ 表示采样概率，取决于节点 e_h 与事件类型 r' 相关的重要性、历史发生次数 $\text{cout}_{e_h}(e')$ 及时间 τ。

（3）总结

在实际场景中，面向各类应用的图结构的形成是一个逐步生成不同类型时间事件的过程，涵盖丰富的语义和动态信息。为了对异构事件的完整形成过程进行建模，该研究提出了一种基于异构霍克斯过程的动态图嵌入方法 HPGE。首先，设计异质条件强度来模拟异质历史事件引起的基准率和时间影响；其次，设计异构进化注意力机制来确定对不同类型当前事件的细粒度激励；最后，采用时间重要性采样策略，有效地对代表性事件进行采样，实现激励传播的高效性。

该成果的主要创新性在于将霍克斯过程引入动态异构知识图谱的表示学习与推理中，通过学习所有异构时间事件的形成过程来保留语义和动态。具体来说，该成果有效探索了"异质性—时序性—霍克斯过程"的三位一体的时序知识图谱推理解决方案：一是异质性，能够处理异质图（即图中包含多种类型的节点和边），这在许多现实世界的应用中是非常常见的，例如，社交网络、知识图谱、推荐系统等领域都存在着大量的异质图结构；二是时序性，很多实际应用中的图结构中的节点和边可能会随着时间的变化而发生变化，这一点在很多实际应用中也是非

常重要的，例如，社交媒体上的用户互动变化等；三是霍克斯过程，采用霍克斯过程来建模时序知识图谱中的事件动态，这是一个具有挑战性的研究方向，霍克斯过程是一种自激过程，可以很好地模拟事件的集群效应，这对于理解和预测图中的动态行为具有重要意义。此外，与其他尝试建模图动态生成过程的研究不同，该成果更加关注历史和当前事件的类型，不仅集成了动态事件的复杂进化机理，还能有效提取代表性的过去事件。

第 5 章
总结与展望

5.1 总结

"世界在动态演进，事物在发展变化"——处理时间要素的能力，对于人工智能技术的研发与应用至关重要。知识图谱作为重要基础设施与智库资源，对人工智能领域诸多应用的赋能效果显著。然而传统静态知识图谱构建与应用技术，无法处理无处不在同时对人工智能技术至关重要的时间要素，无法满足当前大数据与智能化时代对于时变数据的高效合理利用的需求。为此，时序知识图谱构建与应用技术应运而生，其不仅成为以知识图谱为核心的知识工程的核心任务之一，也成为当前人工智能技术研发与应用的热点技术方向。近年来，面向时序知识图谱构建与应用的时序知识图谱推理相关研究不断深化，典型成果不断涌现。

从基于翻译模型的时序知识图谱推理角度，时序知识图谱构建与应用技术作为面向时序知识图谱构建与应用的知识表示与推理研究的主要技术路径之一，代表了该领域研究的最早期和最直观的方法。受到传统静态知识图谱推理中基于翻译模型的启发，通过引入时间演化矩阵、时间一致性约束等创新性改造，赋予了传统静态知识图谱推理模型处理时间信息和理解时间信息的能力。这些改造措施不仅增强了模型对时序知识图谱中时间动态性的掌控，还扩展了其在时序推理任务中的应用范围，从而为时序知识图谱的构建与应用提供了强有力的技术支持。

从基于张量分解模型的时序知识图谱推理角度，由于在静态知识图谱构建与应用的推理研究领域中张量分解模型与翻译模型并列为关键的方法论，因此，如何将张量分解模型应用于时序知识图谱推理成为另一套热点实施方案，该方案已成为解决时序知识图谱推理问题的一个直观且重要的途径。此类方法通过引入历时嵌入的表示学习、时序推理任务相关的正则化以及针对特定时态的归纳偏差等策略，有效地扩展了传统静态知识图谱推理任务中的张量分解模型，使其具备时序知识图谱推理的能力。

从基于图神经网络的时序知识图谱推理角度，由于图神经网络相关技术近年来已成为静态时序知识表示与推理任务的主流方法之一，因此时序知识图谱推理领域的相关研究者正在积极探索如何强化图神经网络对时序信息的感知与理解，以构建面向时序知识图谱构建与应用的推理能力。这类方法通常强调利用图神经网络的信息传递能力与聚合能力以及注意力机制，通过多跳结构信息和时间事实来增强推理预测能力，进而缓解时序知识图谱中实体分布的时间稀疏性和可变性等问题。

从基于时序点过程的时序知识图谱推理角度，鉴于时序点过程（特别是多维时序点过程和自激点过程）在传统机器学习和人工智能研究中，已被证实对时域信息具有卓越的感知能力、理解能力和处理能力，近年来众多研究致力于探索时序点过程如何为时序知识图谱推理任务提供赋能。此类方法通常基于"事件是点过程"的假设，进而利用时序点过程相关的模型工具来建模和模拟事件的发生，以及动态图和动态关系的形成过程，以捕捉多元事件和多元实体之间的多关系交互作用。

5.2 趋势展望

随着数据生成速度的提高、信息传播渠道的扩展、算力承载能力的提升，同时伴随着前沿人工智能技术的发展和各领域对于人工智能技术需求迫切性的提升，面向时序知识图谱构建与应用的时序知识图谱推理的理论内涵与实现途径，正在潜移默化地发生着变化。可以预见，时序知识图谱的构建与应用的未来发展趋势，概述如下。

（1）超大规模时序知识图谱构建与应用

超大规模时序知识图谱构建与应用主要涉及如何从超大规模时序数据中抽取实体、关系和属性，构建超大规模时序知识图谱，并利用推理算法对体量庞大的图谱进行推理和推断。研究内容包括时序数据的流式预处理、海量数据中实体和关系的识别与抽取、超大规模时序知识图谱的构建方法、推理算法的设计与优化等。

超大规模时序知识图谱构建与应用在许多领域具有重要的应用价值，如金融市场分析、健康医疗、自然灾害预警等领域。通过对超大规模时序数据的分析和推理，可以从纷繁复杂数据中发现隐藏的模式和趋势，为决策制订提供有力支持。此外，超大规模时序知识图谱还可以促进大数据时代跨领域的数据融合和知识共享，推动各行业之间的交流与合作。

随着数据规模的持续增长，未来超大规模时序知识图谱构建与应用技术将更加注重算法的并行化和分布式处理能力。同时，随着深度学习技术的发展，基于深度学习的实体和关系抽取方法将进一步提高准确率。此外，随着自然语言处理技术的进步，未来还可能出现基于自然语言描述的时序知识图谱构建与应用方法。

（2）时序知识图谱构建与应用的可解释性提升

时序知识图谱构建与应用的可解释性提升主要关注如何使时序知识图谱的推理结果更具可解释性和透明度。时序知识图谱构建与应用的可解释性提升是一个重要的研究方向，旨在提高时序知识图谱的可靠性和准确性，促进用户对推理结果的理解和信任。随着技术的不断进步，未来将有更多的可解释性增强方法和可视化技术应用于时序知识图谱构建与应用中，为用户提供更加直观、更加准确的推理结果。该研究内容包括可解释性推理算法的设计与实现、推理过程的可视化呈现、可解释性评估与优化等。

随着人工智能技术的广泛应用，可解释性成了一个重要的研究问题。对于时序知识图谱构建与应用，可解释性的提升有助于增强用户对推理结果的信任度，并更好地理解推理过程。同时，可解释性的提升还有助于发现和修正推理算法中的错误，提高算法的可靠性和准确性。

随着可解释人工智能技术的不断发展，未来时序知识图谱构建与应用的可解释性的提升将更加注重多模态的可解释性呈现。例如，结合可视化技术，将时序知识图谱以动态图、时间线等形式呈现，使用户更直观地理解推理过程和结果。此外，随着深度学习技术的发展，基于深度学习的可解释性增强方法将进一步提高推理结果的准确性和可靠性。同时，结合强化学习技术，未来还可能出现基于强化学习的时序知识图谱构建与应用方法，以进一步提高可解释性和性能。

（3）长尾时序知识图谱构建与应用

长尾时序知识图谱构建与应用主要关注长尾分布下的时序数据的知识表示和推理。长尾分布是指少数头部实体占据大部分关注，而大量长尾实体则占据少量关注的分布规律。该研究内容包括如何从长尾分布的时序数据中有效识别和抽取实体、关系和属性，如何构建长尾时序知识图谱，以及如何设计高效的长尾时序知识图谱推理算法等。

长尾时序知识图谱构建与应用在处理大量稀疏数据方面具有重要应用价值，如社交媒体分析、网络流量监测等。通过对长尾分布的时序数据进行有效分析和推理，可以挖掘出隐藏的长尾实体间的关联和模式，为理解和预测长尾现象提供有力支持。同时，长尾时序知识图谱还有助于提高数据利用效率和知识发现的全面性。

随着人工智能和大数据技术的不断发展，长尾时序知识图谱构建与应用技术将更加注重对稀疏数据的处理能力。同时，随着深度学习算法的优化，基于深度学习的实体和关系抽取方法在长尾时序数据上的准确率将进一步提高。此外，结合自然语言处理技术，未来还可能出现基于自然语言描述的长尾时序知识图谱构建与应用方法。

（4）时序知识图谱动态更新

时序知识图谱动态更新主要涉及如何根据实时数据流对已构建的时序知识图谱进行动态更新和维护。该研究内容包括实时数据的采集、实时数据的预处理、实体和关系的实时更新、图谱的动态演化算法等。

时序知识图谱动态更新在处理实时数据流方面具有重要应用价值，如实时金融市场分析、实时交通监测等。通过对实时数据流进行动态更新和维护，可以保证时序知识图谱的实时性和准确性，为实时决策提供有力支持。同时，动态更新的时序知识图谱还有助于提高数据利用率和降低数据处理成本。

随着物联网和边缘计算技术的发展，未来时序知识图谱动态更新技术将更加注重在分布式环境下的实时数据处理能力。同时，随着机器学习技术的发展，基于机器学习的动态演化算法将进一步提高更新效率和准确性。此外，为了更好地支持实时决策，未来还可能出现基于强化学习的时序知识图谱动态更新方法。

（5）时序知识图谱敏捷在线表示学习

时序知识图谱快速在线表示学习主要关注如何快速地、有效地在线学习时序知识图谱的表示。这涉及设计高效的算法，在处理大规模、高维度的时序数据时，能够快速地学习到有用的特征表示。具体的研究内容包括但不限于在线学习算法的设计、优化与实现，时序数据的有效特征提取，以及表示学习在时序预测和其他相关任务中的应用。

随着大数据和云计算技术的发展，面临的数据量越来越大，对处理速度的要求也越来越高。传统的表示学习方法在处理大规模、高维度的时序数据时，往往效率低下。因此，发展高效的在线表示学习方法，对于及时处理和利用大规模的时序数据具有重要的实际意义。此外，从理论角度来看，快速在线表示学习也是对机器学习和人工智能理论的重要贡献。

未来技术发展趋势包括以下方面。一是算法优化，随着计算能力的提升和算法理论的深入，未来将进一步优化在线表示学习方法，以适应更大规模、更高维度的时序数据。例如，分布式计算、图形处理器（graphics processing unit，GPU）加速等技术的应用，将有助于提高算法的执行效率。二是深度学习与在线学习的结合，深度学习已经在许多领域取得了显著的成果，未来在线表示学习可能会与深度学习进一步结合，利用深度学习的强大特征提取能力，进一步提高在线学习的效果。

（6）基于大语言模型的时序知识图谱推理

基于大语言模型的时序知识图谱推理主要涉及如何利用大语言模型对时序知识图谱进行理解和推理。该研究内容包括大语言模型的设计与优化、基于大语言模型的时序知识表示、推理算法的设计与实现等。

基于大语言模型的时序知识图谱推理在自然语言处理领域具有重要的应用价值。通过利用大语言模型对时序知识图谱进行理解和推理，可以实现自然语言描述下的时间序列分析和预测，为用户提供更直观、更易理解的分析结果。同时，基于大语言模型的推理方法还有助于提高自然语言处理的智能化水平。

随着生成式人工智能技术的不断发展，未来基于大语言模型的时序知识图谱推理技术将更加注重模型的泛化能力和可解释性。同时，随着多模态学习技术的进步，结合图像、视频等多媒体数据的基于大语言模型的推理方法将进一步丰富时序知识图谱的应用场景。

参考文献

[1] CAI H Y, ZHENG V W, CHANG K C C. A comprehensive survey of graph embedding: problems, techniques, and applications[J]. IEEE transactions on knowledge and data engineering, 2018, 30(9): 1616–1637.

[2] WANG Y S, LI L, JIAN M, et al. A novel semantic-enhanced time-aware model for temporal knowledge graph completion[C]//Proceedings of the 12th CCF international conference on natural language processing and chinese computing (2023). lecture notes in computer science, vol 13028. springer, cham: springer nature switzerland, 2023: 148–160.

[3] WANG Y S, ZHANG H H. HARP: A novel hierarchical attention model for relation prediction[J]//ACM Transactions on knowledge discovery from data, 2021, 15(2), 17: 1–22.

[4] NICKEL M, MURPHY K, TRESP V, et al. A review of relational machine learning for knowledge graphs[J]. Proceedings of the IEEE, 2015, 104(1): 11–33.

[5] NICKEL M, TRESP V, KRIEGEL H P. A three-way model for collective learning on multi-relational data[C]//ICML. 2011, 11(10. 5555): 3104482–3104584.

[6] JI Y, YIN M, YANG H, et al. Accelerating large-scale heterogeneous interaction graph embedding learning via importance sampling[J]. ACM Transactions on knowledge discovery from data, 2020, 15(1): 1–23.

[7] ATKINSON K. An introduction to numerical analysis[M]. State of New Jersey: John wiley & sons, 1991.

[8] DALEY D J, VERE-JONES D. An introduction to the theory of point processes,

volume Ⅱ: general theory and structure[M]. Berlin: Springer science & business media, 2007.

[9] NGUYEN D Q. An overview of embedding models of entities and relationships for knowledge base completion[J]. arXiv preprint, 2017: 1703. 08098.

[10] OU M, CUI P, PEI J, et al. Asymmetric transitivity preserving graph embedding[C]//Proceedings of the 22nd ACM SIGKDD international conference on knowledge discovery and data mining, 2016: 1105 – 1114.

[11] VASWANI A, SHAZEER N, PARMAR N, et al. Attention is all you need[J]. Advances in neural information processing systems, 2017, 30.

[12] LACROIX T, USUNIER N, OBOZINSKI G. Canonical tensor decomposition for knowledge base completion[C]//International conference on machine learning 2018: 2863 – 2872.

[13] SREBRO N, SALAKHUTDINOV R R. Collaborative filtering in a non-uniform world: learning with the weighted trace norm[J]. Advances in neural information processing systems, 2010, 23.

[14] WINTER S D, DECUYPERE T, MITROVIĆ S, et al. Combining temporal aspects of dynamic networks with node2vec for a more efficient dynamic link prediction[C]//2018 IEEE/ACM international conference on advances in social networks analysis and mining(ASONAM), 2018: 1234 – 1241.

[15] TROUILLON T, WELBL J, RIEDEL S, et al. Complex embeddings for simple link prediction[C]//International conference on machine learning, 2016: 2071 – 2080.

[16] VASHISHTH S, SANYAL S, NITIN V, et al. Composition-based multi-relational graph convolutional networks[J]. arXiv preprint 2019, 2019: 1911. 03082.

[17] WANG Y, OUYANG X, ZHU X, et al. Concept commons enhanced knowledge graph representation[C]//Proceedings of 15th international conference on knowledge science, engineering and management(2022). Springer, Cham, 2022, Lecture Notes in Computer Science 13368: 413 – 424.

[18] DETTMERS T, MINERVINI P, STENETORP P, et al. Convolutional 2d knowledge graph embeddings[C]//Proceedings of the AAAI conference on artificial intelligence, 2018, 32(1).

[19] AUER S, BIZER C, KOBILAROV G, et al. Dbpedia: A nucleus for a web of open data[C]//International semantic web conference. Berlin, Heidelberg: Springer Berlin Heidelberg, 2007: 722-735.

[20] PEROZZI B, AL-RFOU R, SKIENA S. Deepwalk: Online learning of social representations[C]//Proceedings of the 20th ACM SIGKDD international conference on knowledge discovery and data mining, 2014: 701-710.

[21] LEBLAY J, CHEKOL M W. Deriving validity time in knowledge graph[C]// Companion proceedings of the the web conference 2018, 2018: 1771-1776.

[22] GOEL R, KAZEMI S M, BRUBAKER M, et al. Diachronic embedding for temporal knowledge graph completion[C]//Proceedings of the AAAI conference on artificial intelligence, 2020, 34(04): 3988-3995.

[23] MANESSI F, ROZZA A, MANZO M. Dynamic graph convolutional networks[J]. Pattern recognition, 2020, 97: 107000.

[24] SANKAR A, WU Y, GOU L, et al. Dynamic graph representation learning via self-attention networks[J]. arXiv preprint, 2018: 1812.09430.

[25] YANG L, XIAO Z, JIANG W, et al. Dynamic heterogeneous graph embedding using hierarchical attentions[C]//Advances in information retrieval: 42nd european conference on IR research, ECIR 2020, Lisbon, Portugal, April 14–17, 2020, Proceedings, Part Ⅱ 42. Springer International Publishing, 2020: 425-432.

[26] JI Y, JIA T, FANG Y, et al. Dynamic heterogeneous graph embedding via heterogeneous hawkes process[C]//Machine learning and knowledge discovery in databases. Research Track: European Conference, ECML PKDD 2021, Bilbao, Spain, September 13-17, 2021, Proceedings, Part Ⅰ 21, Springer International Publishing, 2021: 388-403.

[27] LUO W, ZHANG H, YANG X, et al. Dynamic heterogeneous graph neural

network for real-time event prediction[C]//Proceedings of the 26th ACM SIGKDD international conference on knowledge discovery & data mining. 2020: 3213-3223.

[28] ZHOU L, YANG Y, REN X, et al. Dynamic network embedding by modeling triadic closure process[C]//Proceedings of the AAAI conference on artificial intelligence, 2018, 32(1).

[29] XU X, FENG W, JIANG Y, et al. Dynamically pruned message passing networks for large-scale knowledge graph reasoning[J]. arXiv preprint, 2019: 1909. 11334.

[30] GOYAL P, KAMRA N, HE X, et al. Dyngem: deep embedding method for dynamic graphs[J]. arXiv preprint, 2018: 1805. 11273.

[31] TRIVEDI R, FARAJTABAR M, BISWAL P, et al. Dyrep: Learning representations over dynamic graphs[C]//International conference on learning representations, 2019.

[32] SANKAR A, WU Y, GOU L, et al. Dysat: Deep neural representation learning on dynamic graphs via self-attention networks[C]//Proceedings of the 13th international conference on web search and data mining, 2020: 519-527.

[33] YANG B, YIH W, HE X, et al. Embedding entities and relations for learning and inference in knowledge bases[J]. arXiv preprint, 2014: 1412. 6575.

[34] MA Y, TRESP V, DAXBERGER E A. Embedding models for episodic knowledge graphs[J]. Journal of web semantics, 2019, 59: 100490.

[35] ZUO Y, LIU G, LIN H, et al. Embedding temporal network via neighborhood formation[C]//Proceedings of the 24th ACM SIGKDD international conference on knowledge discovery & data mining, 2018: 2857-2866.

[36] JIANG T, LIU T, GE T, et al. Encoding temporal information for time-aware link prediction[C]//Proceedings of the 2016 conference on empirical methods in natural language processing, 2016: 2350-2354.

[37] LIU Z, XIONG C, SUN M, et al. Entity-duet neural ranking: understanding the role of knowledge graph semantics in neural information retrieval[J]. arXiv

preprint, 2018: 1805. 07591.

[38] BACRY E, JAISSON T, MUZY J F. Estimation of slowly decreasing hawkes kernels: application to high-frequency order book dynamics[J]. Quantitative finance, 2016, 16(8): 1179−1201.

[39] PAREJA A, DOMENICONI G, CHEN J, et al. evolvegcn: Evolving graph convolutional networks for dynamic graphs[C]//Proceedings of the AAAI conference on artificial intelligence, 2020, 34(4): 5363−5370.

[40] WANG X, WANG D, XU C, et al. Explainable reasoning over knowledge graphs for recommendation[C]//Proceedings of the AAAI conference on artificial intelligence, 2019, 33(1): 5329−5336.

[41] RENDLE S. Factorization machines with libfm[J]. ACM Transactions on intelligent systems and technology, 2012, 3(3): 1−22.

[42] KOREN Y. Factorization meets the neighborhood: a multifaceted collaborative filtering model[C]//Proceedings of the 14th ACM SIGKDD international conference on knowledge discovery and data mining, 2008: 426−434.

[43] CHEN J, MA T, XIAO C. Fastgcn: fast learning with graph convolutional networks via importance sampling[J]. arXiv preprint, 2018: 1801. 10247.

[44] BOLLACKER K, EVANS C, PARITOSH P, et al. Freebase: a collaboratively created graph database for structuring human knowledge[C]//Proceedings of the 2008 ACM SIGMOD international conference on management of data, 2008: 1247−1250.

[45] LEETARU K, SCHRODT P A. Gdelt: global data on events, location, and tone, 1979—2012[C]//ISA annual convention, citeseer, 2013, 2(4): 1−49.

[46] DAS R, DHULIAWALA S, ZAHEER M, et al. Go for a walk and arrive at the answer: reasoning over paths in knowledge bases using reinforcement learning[J]. arXiv preprint, 2017: 1711. 05851.

[47] VELICKOVIC P, CUCURULL G, CASANOVA A, et al. Graph attention networks[J]. Stat, 2017, 1050(20): 10−48550.

[48] HAN Z, MA Y, WANG Y, et al. Graph hawkes neural network for forecasting on

temporal knowledge graphs[J]. arXiv preprint, 2020: 2003. 13432.

[49] GAO H, JI S. Graph u-nets[C]//International conference on machine learning (PMLR), 2019: 2083–2092.

[50] CAO S, LU W, XU Q. Grarep: learning graph representations with global structural information[C]//Proceedings of the 24th ACM international on conference on information and knowledge management, 2015: 891–900.

[51] WANG Y, ZHANG H. HARP: a novel hierarchical attention model for relation prediction[J]//ACM transactions on knowledge discovery from data, 2021, 15(2), 17: 1–22.

[52] WANG X, JI H, SHI C, et al. Heterogeneous graph attention network[C]//The world wide web conference, 2019: 2022–2032.

[53] HU Z, DONG Y, WANG K, et al. Heterogeneous graph transformer[C]//Proceedings of the web conference 2020. 2020: 2704–2710.

[54] ZHAO J, WANG X, SHI C, et al. Heterogeneous graph structure learning for graph neural networks[C]//Proceedings of the AAAI conference on artificial intelligence, 2021, 35(5): 4697–4705.

[55] WANG Y, ZHANG H. Hierarchical concept-driven language model[J]//ACM transactions on knowledge discovery from data, 2021, 15(6), 104: 1–22.

[56] FU T, LEE W C, LEI Z. Hin2vec: explore meta-paths in heterogeneous information networks for representation learning[C]//Proceedings of the 2017 ACM on conference on information and knowledge management, 2017: 1797–1806.

[57] MA Y, HILDEBRANDT M, TRESP V, et al. Holistic representations for memorization and inference[C]//UAI, 2018: 403–413.

[58] NICKEL M, ROSASCO L, POGGIO T. Holographic embeddings of knowledge graphs[C]//Proceedings of the AAAI conference on artificial intelligence, 2016, 30(1).

[59] XU K, HU W, LESKOVEC J, et al. How powerful are graph neural networks? [J]. arXiv preprint, 2018: 1810. 00826.

[60] DASGUPTA S S, RAY S N, TALUKDAR P. Hyte: hyperplane-based temporally aware knowledge graph embedding[C]//Proceedings of the 2018 conference on empirical methods in natural language processing, 2018: 2001 – 2011.

[61] WARD M D, BEGER A, CUTLER J, et al. Comparing GDELT and ICEWS event data[J]. Analysis, 2013, 21(1): 267-297.

[62] FATEMI B, RAVANBAKHSH S, POOLE D. Improved knowledge graph embedding using background taxonomic information[C]//Proceedings of the AAAI conference on artificial intelligence, 2019, 33(1): 3526 – 3533.

[63] HAMILTON W, YING Z, LESKOVEC J. Inductive representation learning on large graphs[J]. Advances in neural information processing systems, 2017, 30.

[64] YAO X, VAN D B. Information extraction over structured data: question answering with freebase[C]//Proceedings of the 52nd annual meeting of the association for computational linguistics(volume 1: long papers), 2014: 956 – 966.

[65] WANG Y, ZHANG H. Introducing graph neural networks for few-shot relation prediction in knowledge graph completion task[C]//Proceedings of 14th international conference on knowledge science, engineering and management (2021). Lecture Notes in Computer Science, vol 12815. Springer, Cham. 2021: 294 – 306.

[66] ERXLEBEN F, GÜNTHER M, KRÖTZSCH M, et al. Introducing wikidata to the linked data web[C]//The semantic Web–ISWC 2014: 13th international semantic Web conference, Riva del Garda, Italy, October 19 – 23, 2014. Proceedings, Part I 13. Springer International Publishing, 2014: 50 – 65.

[67] GARCÍA-DURÁN A, NIEPERT M. Kblrn: end-to-end learning of knowledge base representations with latent, relational, and numerical features[J]. arXiv preprint, 2017: 1709. 04676.

[68] TRIVEDI R, DAI H, WANG Y, et al. Know-evolve: deep temporal reasoning for dynamic knowledge graphs[C]//International conference on machine learning, 2017: 3462 – 3471.

[69] KADLEC R, BAJGAR O, KLEINDIENST J. Knowledge base completion: baselines strike back[J]. arXiv preprint, 2017: 1705. 10744.

[70] TROUILLON T, DANCE C R, GAUSSIER É, et al. Knowledge graph completion via complex tensor factorization[J]. Journal of machine learning research, 2017, 18(130): 1−38.

[71] WANG Z, ZHANG J, FENG J, et al. Knowledge graph embedding by translating on hyperplanes[C]//Proceedings of the AAAI conference on artificial intelligence, 2014, 28(1).

[72] GUO S, WANG Q, WANG L, et al. Knowledge graph embedding with iterative guidance from soft rules[C]//Proceedings of the AAAI conference on artificial intelligence, 2018, 32(1).

[73] WANG Q, MAO Z, WANG B, et al. Knowledge graph embedding: a survey of approaches and applications[J]. IEEE transactions on knowledge and data engineering, 2017, 29(12): 2724−2743.

[74] DONG X, GABRILOVICH E, HEITZ G, et al. Knowledge vault: a web-scale approach to probabilistic knowledge fusion[C]//Proceedings of the 20th ACM SIGKDD international conference on knowledge discovery and data mining, 2014: 601−610.

[75] WEST R, GABRILOVICH E, MURPHY K, et al. Knowledge base completion via search-based question answering[C]//Proceedings of the 23rd international conference on world wide web, 2014: 515−526.

[76] BORDES A, USUNIER N, CHOPRA S, et al. Large-scale simple question answering with memory networks[J]. arXiv preprint, 2015: 1506. 02075.

[77] NATHANI D, CHAUHAN J, SHARMA C, et al. Learning attention-based embeddings for relation prediction in knowledge graphs[J]. arXiv preprint, 2019: 1906. 01195.

[78] KUMAR S, ZHANG X, LESKOVEC J. Learning dynamic embeddings from temporal interactions[J]. arXiv preprint, 2018: 1812. 02289.

[79] LIN Y, LIU Z, SUN M, et al. Learning entity and relation embeddings for

knowledge graph completion[C]//Proceedings of the AAAI conference on artificial intelligence, 2015, 29(1).

[80] NARAYAN A, ROE P H O N. Learning graph dynamics using deep neural networks[J]. Ifac-papersonline, 2018, 51(2): 433–438.

[81] CHO K, MERRIËNBOER B V, GULCEHRE C, et al. Learning phrase representations using RNN encoder-decoder for statistical machine translation [J]. arXiv preprint, 2014: 1406. 1078.

[82] GARCÍA-DURÁN A, DUMANČIĆ S, NIEPERT M. Learning sequence encoders for temporal knowledge graph completion[J]. arXiv preprint, 2018: 1809. 03202.

[83] ZHOU K, ZHA H, SONG L. Learning social infectivity in sparse low-rank networks using multi-dimensional hawkes processes[C]//Artificial intelligence and statistics, 2013: 641–649.

[84] BORDES A, WESTON J, COLLOBERT R, et al. Learning structured embeddings of knowledge bases[C]//Proceedings of the AAAI conference on artificial intelligence, 2011, 25(1): 301–306.

[85] MINERVINI P, D'AMATO C, FANIZZI N, et al. Learning to propagate knowledge in web ontologies[C]//URSW, 2014: 13–24.

[86] FOYGEL R, SHAMIR O, SREBRO N, et al. Learning with the weighted trace-norm under arbitrary sampling distributions[J]. Advances in neural information processing systems, 2011, 24.

[87] TANG J, QU M, WANG M, et al. Line: large-scale information network embedding[C]//Proceedings of the 24th international conference on world wide web, 2015: 1067–1077.

[88] LIU W, LÜ L. Link prediction based on local random walk[J]. Europhysics letters, 2010, 89(5): 58007.

[89] FU X, ZHANG J, MENG Z, et al. Magnn: metapath aggregated graph neural network for heterogeneous graph embedding[C]//Proceedings of the web conference 2020, 2020: 2331–2341.

[90] KOREN Y, BELL R, VOLINSKY C. Matrix factorization techniques for recommender systems[J]. Computer, 2009, 42(8): 30 – 37.

[91] WANG Y, OUYANG X, GUO D, et al. MEGA: meta-graph augmented pre-training model for knowledge graph completion[J]//ACM Transactions on knowledge discovery from data, 2023, 18(1), 30: 1 – 24.

[92] DONG Y, CHAWLA N V, SWAMI A. Metapath2vec: scalable representation learning for heterogeneous networks[C]//Proceedings of the 23rd ACM SIGKDD international conference on knowledge discovery and data mining, 2017: 135 – 144.

[93] JEON I, PAPALEXAKIS E E, FALOUTSOS C, et al. Mining billion-scale tensors: algorithms and discoveries[J]. The VLDB journal, 2016, 25: 519 – 544.

[94] XU X, ZU S, GAO C, et al. Modeling attention flow on graphs[J]. arXiv preprint, 2018: 1811. 00497.

[95] WU W, LIU H, ZHANG X, et al. Modeling event propagation via graph biased temporal point process[J]. IEEE Transactions on neural networks and learning systems, 2020, 34(4): 1681 – 1691.

[96] ZITNIK M, AGRAWAL M, LESKOVEC J. Modeling polypharmacy side effects with graph convolutional networks[J]. Bioinformatics, 2018, 34(13): i457 – i466.

[97] SCHLICHTKRULL M, KIPF T N, BLOEM P, et al. Modeling relational data with graph convolutional networks[C]//The semantic web: 15th international conference, ESWC 2018, Heraklion, Crete, Greece, June 3–7, 2018, proceedings 15. Springer International Publishing, 2018: 593 – 607.

[98] BUCHMAN D, POOLE D. Negation without negation in probabilistic logic programming[C]//Fifteenth international conference on the principles of knowledge representation and reasoning, 2016.

[99] BIAN R, KOH Y S, DOBBIE G, et al. Network embedding and change modeling in dynamic heterogeneous networks[C]//Proceedings of the 42nd international ACM SIGIR conference on research and development in information retrieval, 2019: 861 – 864.

[100] MITCHELL T, COHEN W, HRUSCHKA E, et al. Never-ending learning[J]. Communications of the ACM, 2018, 61(5): 103–115.

[101] GROVER A, LESKOVEC J. Node2vec: scalable feature learning for networks[C]//Proceedings of the 22nd ACM SIGKDD international conference on knowledge discovery and data mining, 2016: 855–864.

[102] FRIEDLAND S, LIM L H. Nuclear norm of higher-order tensors[J]. Mathematics of computation, 2018, 87(311): 1255–1281.

[103] RENDLE S, SCHMIDT-THIEME L. Pairwise interaction tensor factorization for personalized tag recommendation[C]//Proceedings of the third ACM international conference on Web search and data mining, 2010: 81–90.

[104] SUN Y, HAN J, YAN X, et al. Pathsim: meta path-based top-k similarity search in heterogeneous information networks[J]. Proceedings of the VLDB endowment, 2011, 4(11): 992–1003.

[105] JIN W, COLEY C, BARZILAY R, et al. Predicting organic reaction outcomes with weisfeiler-lehman network[J]. Advances in neural information processing systems, 2017, 30.

[106] KOLLER D, FRIEDMAN N. Probabilistic graphical models: principles and techniques[M]. Gambridge, MA, U.S.A. MIT press, 2009.

[107] XIONG C, CALLAN J. Query expansion with freebase[C]//Proceedings of the 2015 international conference on the theory of information retrieval, 2015: 111–120.

[108] WANG Y, HUANG H, FENG C, et al. Query expansion with local conceptual word embeddings in microblog retrieval[J]//IEEE Transactions on knowledge and data engineering, 2021, 33(4): 1737–1749.

[109] DONG L, WEI F, ZHOU M, et al. Question answering over freebase with multi-column convolutional neural networks[C]//Proceedings of the 53rd annual meeting of the association for computational linguistics and the 7th international joint conference on natural language processing(Volume 1: Long Papers), 2015: 260–269.

[110] JIN W, ZHANG C, SZEKELY P, et al. Recurrent event network for reasoning over temporal knowledge graphs[J]. arXiv preprint, 2019: 1904. 05530.

[111] JIN W, QU M, JIN X, et al. Recurrent event network: autoregressive structure inference over temporal knowledge graphs[J]. arXiv preprint, 2019: 1904. 05530.

[112] DU N, DAI H, TRIVEDI R, et al. Recurrent marked temporal point processes: embedding event history to vector[C]//Proceedings of the 22nd ACM SIGKDD international conference on knowledge discovery and data mining, 2016: 1555 – 1564.

[113] CHE Z, PURUSHOTHAM S, CHO K, et al. Recurrent neural networks for multivariate time series with missing values[J]. Scientific reports, 2018, 8(1): 6085.

[114] MINERVINI P, COSTABELLO L, MUÑOZ E, et al. Regularizing knowledge graph embeddings via equivalence and inversion axioms[C]//Machine learning and knowledge discovery in databases: european conference, ECML PKDD 2017, skopje, macedonia, september 18–22, 2017, proceedings, Part I 10. Springer International Publishing, 2017: 668 – 683.

[115] BUSBRIDGE D, SHERBURN D, CAVALLO P, et al. Relational graph attention networks[J]. arXiv preprint, 2019: 1904. 05811.

[116] HAMILTON W L, YING R, LESKOVEC J. Representation learning on graphs: methods and applications[J]. arXiv preprint, 2017: 1709. 05584.

[117] SUN Z, DENG Z H, NIE J Y, et al. Rotate: knowledge graph embedding by relational rotation in complex space[J]. arXiv preprint, 2019: 1902. 10197.

[118] KIPF T N, WELLING M. Semi-supervised classification with graph convolutional networks[J]. arXiv preprint, 2016: 1609. 02907.

[119] KAZEMI S M, POOLE D. Simple embedding for link prediction in knowledge graphs[J]. Advances in neural information processing systems, 2018, 31.

[120] TUCKER L R. Some mathematical notes on three-mode factor analysis[J]. Psychometrika, 1966, 31(3): 279 – 311.

[121] OGATA Y. Space-time point-process models for earthquake occurrences[J]. Annals of the institute of statistical mathematics, 1998, 50: 379–402.

[122] HAWKES A G. Spectra of some self-exciting and mutually exciting point processes[J]. Biometrika, 1971, 58(1): 83–90.

[123] MA Y, GUO Z, REN Z, et al. Streaming graph neural networks[C]// Proceedings of the 43rd international ACM SIGIR conference on research and development in information retrieval, 2020: 719–728.

[124] CHANG J, GU J, WANG L, et al. Structure-aware convolutional neural networks[J]. Advances in neural information processing systems, 2018, 31.

[125] SEO Y, DEFFERRARD M, VANDERGHEYNST P, et al. Structured sequence modeling with graph convolutional recurrent networks[C]//Neural information processing: 25th international conference, ICONIP 2018, Siem Reap, Cambodia, December 13–16, 2018, Proceedings, Part I 25. Springer International Publishing, 2018: 362–373.

[126] WANG Y, HAN J, LIU W, et al. TAMPI: a time-aware multi-perspective interaction framework for temporal knowledge graph completion[C]// International conference on autonomous unmanned systems 2023. Singapore: Springer Nature Singapore, 2023: 67–77.

[127] KOTOV A, ZHAI C X. Tapping into knowledge base for concept feedback: leveraging conceptnet to improve search results for difficult queries[C]// Proceedings of the fifth ACM international conference on Web search and data mining, 2012: 403–412.

[128] JAIN P, RATHI S, CHAKRABARTI S. Temporal knowledge base completion: New algorithms and evaluation protocols[J]. arXiv preprint, 2020: 2005.05035.

[129] XU C, NAYYERI M, ALKHOURY F, et al. Temporal knowledge graph embedding model based on additive time series decomposition[J]. arXiv preprint, 2019: 1911.07893.

[130] LU Y, WANG X, SHI C, et al. Temporal network embedding with micro-and

macro-dynamics[C]//Proceedings of the 28th ACM international conference on information and knowledge management, 2019: 469−478.

[131] KOLDA T G, BADER B W. Tensor decompositions and applications[J]. SIAM review, 2009, 51(3): 455−500.

[132] LACROIX T, OBOZINSKI G, USUNIER N. Tensor decompositions for temporal knowledge base completion[J]. arXiv preprint, 2020: 2004.04926.

[133] JIA Z, ABUJABAL A, SAHA R R, et al. Tequila: temporal question answering over knowledge bases[C]//Proceedings of the 27th ACM international conference on information and knowledge management, 2018: 1807−1810.

[134] MEI H, EISNER J M. The neural hawkes process: A neurally self-modulating multivariate point process[J]. Advances in neural information processing systems, 2017, 30.

[135] KAZEMI S M, GOEL R, EGHBALI S, et al. Time2vec: learning a vector representation of time[J]. arXiv preprint, 2019: 1907.05321.

[136] CARLSON A, BETTERIDGE J, KISIEL B, et al. Toward an architecture for never-ending language learning[C]//Proceedings of the AAAI conference on artificial intelligence. 2010, 24(1): 1306−1313.

[137] CANGEA C, VELIČKOVIĆ P, JOVANOVIĆ N, et al. Towards sparse hierarchical graph classifiers[J]. arXiv preprint, 2018: 1811.01287.

[138] JIANG T, LIU T, GE T, et al. Towards time-aware knowledge graph completion[C]//Proceedings of COLING 2016, the 26th international conference on computational linguistics: Technical Papers. 2016: 1715−1724.

[139] BORDES A, USUNIER N, GARCIA-DURAN A, et al. Translating embeddings for modeling multi-relational data[J]. Advances in neural information processing systems, 2013, 26.

[140] BALAŽEVIĆ I, ALLEN C, HOSPEDALES T M. Tucker: tensor factorization for knowledge graph completion[J]. arXiv preprint, 2019: 1901.09590.

[141] ZHANG Y, DAI H, KOZAREVA Z, et al. Variational reasoning for question answering with knowledge graph[C]//Proceedings of the AAAI conference on

artificial intelligence, 2018, 32(1).

[142] VRANDEČIĆ D, KRÖTZSCH M. Wikidata: a free collaborative knowledgebase[J]. Communications of the ACM, 2014, 57(10): 78－85.

[143] FABIAN M, GJERGJI K, GERHARD W. Yago: a core of semantic knowledge unifying wordnet and wikipedia[C]//16th International world wide web conference, WWW. 2007: 697－706.

[144] HOFFART J, SUCHANEK F M, BERBERICH K, et al. YAGO2: a spatially and temporally enhanced knowledge base from Wikipedia[J]. Artificial intelligence, 2013, 194: 28－61.

[145] HOFFART J, SUCHANEK F M, BERBERICH K, et al. YAGO2: exploring and querying world knowledge in time, space, context, and many languages[C]//Proceedings of the 20th international conference companion on world wide web, 2011: 229－232.